# Formelsammlung für Metalltechnik

von

Michael Hötger

Marcus Molitor

Volker Tammen

2., überarbeitete Auflage

Handwerk und Technik – Hamburg

**Quellenhinweis:**

PAL-Befehlscodierungen Seite 173 – 184 mit freundlicher Genehmigung der IHK Stuttgart

ISBN 978-3-582-8**3290**-0 Best.-Nr. 3290

Die Normblattangaben werden wiedergegeben mit Erlaubnis des DIN Deutsches Institut für Normung e.V. Maßgebend für das Anwenden der Norm ist deren Fassung mit dem neuesten Ausgabedatum, die bei der Beuth Verlag GmbH, Burggrafenstraße 6, 10787 Berlin, erhältlich ist.

---



Verlag Handwerk und Technik GmbH

Lademannbogen 135, 22339 Hamburg; Postfach 63 05 00, 22331 Hamburg – 2021

E-Mail: info@handwerk-technik.de – Internet: www.handwerk-technik.de

Satz und Layout: FOXDESiGNER, 35085 Ebsdorfergrund

Umschlagmotiv: Ingenieurteam Harald Kontny, 21109 Hamburg

Zeichnungen: Future Mindset 2050 GmbH, 30989 Gehrden, Ingenieurteam Harald Kontny, 21109 Hamburg

Druck: RCOM Print GmbH, 97222 Würzburg-Rimpar

## Vorwort

Diese Formelsammlung wurde für die Anwendung in Schule, Studium, Handwerk und Beruf für den metalltechnischen Bereich verfasst. Sie stellt ein wichtiges Hilfsmittel im Umgang mit Formeln dar und basiert auf dem Tabellenbuch für Metalltechnik, Bestell-Nr. 3291. Die Seiten sind übersichtlich gehalten und klar strukturiert. **Jede Formel ist nach allen in ihr enthaltenen Variablen umgestellt.** Eine zugehörige Abbildung dient dem besseren Verständnis. Weiterhin werden alle Formelzeichen mit den gängigsten Einheiten separat aufgeführt. Ein kurzes **Beispiel** verdeutlicht jeweils den Umgang mit der Formel.

Dieses Werk soll all jenen bei ihrer Arbeit helfen, die Probleme mit dem Umstellen von Formeln haben. So können die benötigten, umgestellten Formeln einfach entnommen und verwendet werden. Darüber hinaus stellt die Formelsammlung auch einen idealen **Trainingsbegleiter** für das Arbeiten mit Formeln dar. Der Benutzer kann selbständig das Umstellen von Formeln üben und sein Ergebnis mithilfe dieser Formelsammlung sofort auf Richtigkeit überprüfen.

Insgesamt ist die Formelsammlung in fünf Kapitel gegliedert, die im **Inhaltverzeichnis** detailliert aufgeführt sind. Hierbei handelt es sich um **Grundlagen Mathematik** mit Flächen, Oberflächen, Volumen etc., **Grundlagen Physik** mit Hebeln, Drücken, Wärmelehre etc., **Fertigungstechnik** mit diversen Zerspanungsmethoden, Tiefziehen etc. sowie **CNC-Technik mit PAL-Befehlen** und **Qualitätsmanagement** etc., **Maschinenelemente** mit Zahn- und Riementrieben etc. und **SRT / Fluidtechnik** mit Zylinderkolbenkräften, Volumenströmen und Pumpenleistungen etc.

Die einzelnen Schlagworte sind am Ende der Formelsammlung im **Sachwortverzeichnis** aufgeführt und ermöglichen ein schnelles und präzises Auffinden der gesuchten Formeln für ein erfolgreiches Arbeiten.

Autoren und Verlag

## Inhaltsübersicht

# Inhaltsverzeichnis

## Grundlagen Mathematik



## Grundlagen Physik

**Fertigungstechnik**



**CNC-Programmierung**



**Qualitätsmanagement**

## Maschinenelemente



## SRT / Fluidtechnik



## Anhang

## Beziehungen zwischen Einheiten 1

| Erläuterung | Zeichen | Einheit | Formelzeichen | Physikalische Größe |
|---|---|---|---|---|
| 1 µm = 0,001 mm | µm | Mikrometer | *l, s* | Längen |
| 1 mm = 0,1 cm = 0,01 dm = 0,001 m | mm | Millimeter | | |
| 1 cm = 10 mm = 0,1 dm = 0,01 m | cm | Zentimeter | | |
| 1 dm = 10 cm = 100 mm = 0,1 m | dm | Dezimeter | | |
| 1 m = 10 dm = 100 cm = 1000 mm | m | Meter | | |
| 1 km = 1000 m = 100 000 cm | km | Kilometer | | |
| 1 inch = 1 Zoll = 25,4 mm | | | | |
| 1 englische Meile = 1609 m | | | | |
| 1 internationale Seemeile = 1852 m | | | | |
| 1 $mm^2$ = 0,01 $cm^2$ | $mm^2$ | Quadratmillimeter | *A, S* | Flächen |
| 1 $cm^2$ = 100 $mm^2$ = 0,01 $dm^2$ = 0,0001 $m^2$ | $cm^2$ | Quadratzentimeter | | |
| 1 $dm^2$ = 100 $cm^2$ = 10 000 $mm^2$ = 0,01 $m^2$ | $dm^2$ | Quadratdezimeter | | |
| 1 $m^2$ = 100 $dm^2$ = 10 000 $cm^2$ = 1 000 000 $mm^2$ | $m^2$ | Quadratmeter | | |
| 1 a = 100 $m^2$ | a | Ar | | |
| 1 ha = 100 a = 10 000 $m^2$ | ha | Hektar | | |
| 1 $km^2$ = 100 ha = 10 000 a = 1 000 000 $m^2$ | $km^2$ | Quadratkilometer | | |
| 1 $mm^3$ = 0,001 $cm^3$ = 0,001 ml | $mm^3$ | Kubikmillimeter | *V* | Volumen |
| 1 $cm^3$ = 1000 $mm^3$ = 0,001 $dm^3$ = 1 ml = 0,001 l | $cm^3$ | Kubikzentimeter | | |
| 1 $dm^3$ = 1000 $cm^3$ = 1 000 000 $mm^3$ = 0,001 $m^3$ | $dm^3$ | Kubikdezimeter | | |
| 1 $m^3$ = 1000 $dm^3$ = 1 000 000 $cm^3$ | $m^3$ | Kubikmeter | | |
| 1 ml = 0,001 l = 1 $cm^3$ | ml | Milliliter | | |
| 1 l = 1000 ml = 1 $dm^3$ | l, L | Liter | | |
| 1 hl = 100 l = 100 $dm^3$ | hl | Hektoliter | | |
| 1 US. gallon (United States gallon) = 3,785 l | | | | |

1

## Beziehungen zwischen Einheiten 2

| Physikalische Größe | Formelzeichen | Einheit | Zeichen | Erläuterung |
|---|---|---|---|---|
| Ebener Winkel | $\alpha, \beta, \gamma, \ldots$ | Sekunde | $''$ | $1'' = \frac{1'}{60} = \frac{\pi}{648\,000}$ rad |
| | | Minute | $'$ | $1' = 60'' = \frac{1^\circ}{60} = \frac{\pi}{10\,800}$ rad |
| | | Grad | $^\circ$ | $1^\circ = 60' = 3600'' = \frac{\pi}{180}$ rad |
| | | Radiant | rad | $1\,\text{rad} = 57{,}2957^\circ = \frac{180^\circ}{\pi}$; $360^\circ = 2\pi \cdot \text{rad}$ |
| Zeit, Zeitspanne, Dauer | $t$ | Millisekunde | ms | $1\,\text{ms} = 10^{-3}\,\text{s} = 16{,}66 \cdot 10^{-6}\,\text{min}$ |
| | | Sekunde | s | $1\,\text{s} = 10^{3}\,\text{ms} = 16{,}66 \cdot 10^{-3}\,\text{min}$ |
| | | Minute | min | $1\,\text{min} = 60 \cdot 10^{3}\,\text{ms} = 60\,\text{s}$ |
| | | Stunde | h | $1\,\text{h} = 3{,}6 \cdot 10^{6}\,\text{ms} = 3600\,\text{s} = 60\,\text{min}$ |
| | | Tag | d | $1\,\text{d} = 86\,400\,\text{s} = 1440\,\text{min} = 24\,\text{h}$ |
| | | Jahr | a | |
| Umdrehungsfrequenz (Drehzahl) | $n$ | 1 pro Sekunde | $\frac{1}{\text{s}}$ | $\frac{1}{\text{s}} = \text{s}^{-1} = 60\,\frac{1}{\text{min}} = 60\,\text{min}^{-1}$ |
| | | 1 pro Minute | $\frac{1}{\text{min}}$ | $\frac{1}{\text{min}} = 1\,\text{min}^{-1} = \frac{1}{60\,\text{s}} = \frac{1}{60}\,\text{s}^{-1}$ |

## Beziehungen zwischen Einheiten 3

| Erläuterung | Zeichen | Einheit | Formelzeichen | Physikalische Größe |
|---|---|---|---|---|
| $1\,\frac{\text{m}}{\text{s}} = \frac{60\,\text{m}}{\text{min}} = 3600\,\frac{\text{m}}{\text{h}} = 3{,}6\,\frac{\text{km}}{\text{h}}$<br>$1\,\frac{\text{m}}{\text{min}} = 60\,\frac{\text{m}}{\text{h}} = \frac{60}{3600}\,\frac{\text{m}}{\text{s}} = \frac{1}{60}\,\frac{\text{m}}{\text{s}}$<br>$1\,\frac{\text{km}}{\text{h}} = 1000\,\frac{\text{m}}{\text{h}} = \frac{1000}{3600}\,\frac{\text{m}}{\text{s}} = \frac{1}{3{,}6}\,\frac{\text{m}}{\text{s}}$<br>1 Knoten (kn) = 1,852 km/h<br>1 Meile pro Stunde (mph bzw. mi/h) = 1,60934 km/h | $\frac{\text{m}}{\text{s}}$<br>$\frac{\text{m}}{\text{min}}$<br>$\frac{\text{km}}{\text{h}}$ | Meter pro Sekunde<br>Meter pro Minute<br>Kilometer pro Stunde | $v$ | Geschwindigkeit |
| $\omega = 2\pi \cdot n,\ n$ in $\frac{1}{\text{s}}$ | $\frac{1}{\text{s}}$<br>$\frac{\text{rad}}{\text{s}}$ | 1 pro Sekunde<br>Radiant pro Sekunde | $\omega$ | Winkelgeschwindigkeit |
| $1\,\frac{\text{m}}{\text{s}^2} = 1\,\frac{\text{N}}{\text{kg}} = \frac{1\text{m/s}}{\text{s}}$<br>Fall- bzw. Erdbeschleunigung $g = 9{,}81\,\text{m/s}^2$<br>(grober Richtwert: $g \approx 10\,\text{m/s}^2$) | $\frac{\text{m}}{\text{s}^2}$ | Meter pro $\text{s}^2$ (Quadratsekunde) | $a, g$ | Beschleunigung |

| Beziehungen zwischen Einheiten 4 | | | | |
|---|---|---|---|---|
| Physikalische Größe | Formelzeichen | Einheit | Zeichen | Erläuterung |
| Masse | *m* | Milligramm<br>Gramm<br>Kilogramm<br>Dezitonne<br>Tonne | mg<br>g<br>kg<br>dt<br>t | 1 mg = 0,001 g<br>1 g = 1000 mg = 0,001 kg<br>1 kg = 1000 g = 0,01 dt<br>1 dt = 100 kg = 0,1 t<br>1 t = 1000 kg = 10 dt<br><br>1 metrisches Karat (Kt) = 0,2 g = 200 mg<br>(Masseneinheit für Edelsteine) |
| Längenbezogene Masse | *m′* | Kilogramm pro Meter | $\frac{\text{kg}}{\text{m}}$ | $1\,\frac{\text{kg}}{\text{m}} = 1\,\frac{\text{g}}{\text{mm}}$<br><br>Zur Berechnung der Masse von z. B. Profilen und Rohren. |
| Flächenbezogene Masse | *m″* | Kilogramm pro $m^2$<br>(Quadratmeter) | $\frac{\text{kg}}{\text{m}^2}$ | $1\,\frac{\text{kg}}{\text{m}^2} = 0{,}1\,\frac{\text{g}}{\text{cm}^2}$<br><br>Zur Berechnung der Masse von z. B. Blechen. |
| Dichte | $\varrho$ | Kilogramm pro $dm^3$<br>(Kubikdezimeter) | $\frac{\text{kg}}{\text{dm}^3}$ | $1\,\frac{\text{g}}{\text{cm}^3} = 1\,\frac{\text{kg}}{\text{dm}^3} = 1\,\frac{\text{t}}{\text{m}^3} = 1\,\frac{\text{g}}{\text{ml}} = 1\,\frac{\text{kg}}{\text{l}}$ |

## Beziehungen zwischen Einheiten 5

| Erläuterung | Zeichen | Einheit | Formelzeichen | Physikalische Größe |
|---|---|---|---|---|
| $1\,\text{N} = 1\,\frac{\text{kg}\cdot\text{m}}{\text{s}^2} = 1\,\frac{\text{J}}{\text{m}}$<br>$1\,\text{kN} = 1000\,\text{N}$ | N | Newton | $F$<br>$G, F_G$ | Kraft<br>Gewichtskraft |
| $1\,\text{N}\cdot\text{m}^{1)} = 1\,\frac{\text{kg}\cdot\text{m}^2}{\text{s}^2} = 1\,\text{J}$ | N · m | Newtonmeter | $M$ | Drehmoment,<br>Kraftmoment |
| $1\,\text{Pa} = 1\,\frac{\text{N}}{\text{m}^2} = 0{,}01\,\text{mbar} = 1\,\frac{\text{kg}}{\text{m}\cdot\text{s}^2}$<br>$1\,\text{hPa} = 100\,\text{Pa} = 1\,\text{mbar}$<br>$1\,\text{MPa} = 1\,\frac{\text{N}}{\text{mm}^2} = 10\,\text{bar}$ | Pa | Pascal | $p$ | Druck |
| $1\,\text{bar} = 10\,\frac{\text{N}}{\text{cm}^2} = 100000\,\frac{\text{N}}{\text{m}^2} = 100000\,\text{Pa}$<br>1 bar = 10 m Wassersäule (WS)<br>1 bar = 14,5 psi (Pfund pro Quadratinch) | bar | Bar | | |
| $1\,\frac{\text{N}}{\text{mm}^2} = 10\,\text{bar} = 1\,\text{MPa}$<br>$10\,\frac{\text{N}}{\text{mm}^2} = 1\,\frac{\text{kN}}{\text{cm}^2}$ | $\frac{\text{N}}{\text{mm}^2}$ | Newton pro $\text{mm}^2$ (Quadratmillimeter) | $\sigma, \tau$ | Mechanische Spannung |

[1)] DIN 1301-1 lässt bei zusammengesetzten Einheiten wahlweise die Schreibweise mit Leerzeichen oder mit Malzeichen zu. Zur besseren Übersicht wird in der Formelsammlung die Schreibweise mit Malzeichen verwendet.

## Beziehungen zwischen Einheiten 6

| Physikalische Größe | Formelzeichen | Einheit | Zeichen | Erläuterung |
|---|---|---|---|---|
| Energie<br>Arbeit<br>Wärmemenge | *E*<br>*W*<br>*Q* | Joule<br>Wattsekunde<br>Newtonmeter<br>Kilowattstunde<br>Kilojoule<br>Megajoule | J | $1\,\text{J} = 1\,\text{N}\cdot\text{m} = 1\,\text{W}\cdot\text{s} = 1\,\frac{\text{kg}\cdot\text{m}^2}{\text{s}^2}$<br>$1\,\text{kW}\cdot\text{h} = 1000\,\text{W}\cdot\text{h} = 3{,}6\cdot 10^6\,\text{W}\cdot\text{s} = 3{,}6\cdot 10^3\,\text{kJ}$<br>$1\,\text{MJ} = \frac{1}{3{,}6}\,\text{kW}\cdot\text{h}$ |
| Leistung | *P* | Watt<br>Newtonmeter pro Sekunde<br>Joule pro Sekunde | W<br>$\frac{\text{N}\cdot\text{m}}{\text{s}}$<br>$\frac{\text{J}}{\text{s}}$ | $1\,\text{W} = 1\,\frac{\text{N}\cdot\text{m}}{\text{s}} = 1\,\frac{\text{J}}{\text{s}} = 1\,\frac{\text{kg}\cdot\text{m}^2}{\text{s}^3} = 1\,\text{V}\cdot 1\,\text{A}$<br>$1\,\text{kW} = 1000\,\text{W}$<br>Geläufige, aber veraltete Einheiten:<br>1 PS (Pferdestärke) ≈ 0,735 kW<br>1 kW ≈ 1,36 PS<br>1 kcal/h (Kilokalorie pro Stunde) = 1,16 W |
| Temperatur<br>1. thermodynamisch | $T, \Theta$ | Kelvin | K | 0 K = –273,15 °C |
| 2. Celsius | $t, \vartheta$ | Grad Celsius | °C | 0 °C = 273,15 K<br>$t = T - 273{,}15$<br>0 °C = 32 °F (Fahrenheit)<br>0 °F = –17,77 °C |

## Beziehungen zwischen Einheiten 7

| Erläuterung | Zeichen | Einheit | Formel-zeichen | Physikalische Größe |
|---|---|---|---|---|
| $1\,\frac{\text{MJ}}{\text{kg}} = 1000000\,\frac{\text{J}}{\text{kg}}$<br>$1\,\frac{\text{MJ}}{\text{m}^3} = 1000000\,\frac{\text{J}}{\text{m}^3}$ | $\frac{\text{J}}{\text{kg}}$<br>$\frac{\text{J}}{\text{m}^3}$ | Joule pro Kilogramm<br>Joule pro Kubikmeter | $H_u$ | Spezifischer Heizwert |
| $1\,\frac{\text{kcal}}{\text{kg}\cdot\text{K}} = 4{,}19\,\frac{\text{kJ}}{\text{kg}\cdot\text{K}}$ | $\frac{\text{J}}{\text{kg}\cdot\text{K}}$ | Joule pro kg und Kelvin | $c$ | Spezifische Wärmekapazität |
| $1\,\text{A} - 1\,\frac{\text{V}}{\Omega}$ | A | Ampere | $I$ | Elektrischer Strom (Stromstärke) |
| $1\,\text{V} = 1\,\frac{\text{W}}{\text{A}} = 1\,\frac{\text{W}\cdot\text{s}}{\text{A}\cdot\text{s}} = 1\,\frac{\text{J}}{\text{C}}$ | V | Volt | $U$ | Elektrische Spannung |
| $1\,\Omega = 1\,\frac{\text{V}}{\text{A}}$ | Ω | Ohm | $R$ | Elektrischer Widerstand |

1

| Beziehungen zwischen Einheiten 8 | | | | |
|---|---|---|---|---|
| Physikalische Größe | Formelzeichen | Einheit | Zeichen | Erläuterung |
| Spezifischer Widerstand | $\varrho$ | Ohm mal Meter | $\Omega \cdot \mathrm{m}$ | $10^{-6}\ \Omega \cdot \mathrm{m} = \frac{1\,\Omega \cdot \mathrm{mm}^2}{\mathrm{m}}$ <br> $\varrho = \frac{1}{\kappa}$ in $\frac{\Omega \cdot \mathrm{mm}^2}{\mathrm{m}}$ |
| Elektrische Leitfähigkeit | $\kappa$ | Siemens pro Meter | $\frac{S}{m}$ | $\kappa = \frac{1}{\varrho}$ in $\frac{\mathrm{m}}{\Omega \cdot \mathrm{mm}^2}$ |
| Elektrische Arbeit | $W$ | Joule | J | $1\,\mathrm{J} = 1\,\mathrm{W} \cdot 1\,\mathrm{s} = 1\,\mathrm{W} \cdot \mathrm{s} = 1\,\mathrm{N} \cdot \mathrm{m}$ <br> $1\,\mathrm{kW} \cdot \mathrm{h} = 3{,}6 \cdot 10^6\,\mathrm{Ws} = 3{,}6 \cdot 10^3\,\mathrm{kJ}$ |
| Elektrische Leistung | $P$ | Watt | W | $1\,\mathrm{W} = 1\,\frac{\mathrm{N} \cdot \mathrm{m}}{\mathrm{s}} = 1\,\frac{\mathrm{J}}{\mathrm{s}} = 1\,\mathrm{V} \cdot \mathrm{A}$ |
| Frequenz | $f$ | Hertz | Hz | $1\,\mathrm{Hz} = \frac{1}{\mathrm{s}}$ <br> $1000\,\mathrm{Hz} = 1\,\mathrm{kHz}$ |

## Prozentrechnung, Zinsrechnung

| Formelzeichen / Einheiten | | Formel / Formelumstellung | Abbildung |
|---|---|---|---|
| $w$ Prozentwert, Teilmenge vom Grundwert<br>$g$ Grundwert<br>$p$ Prozentsatz, Teilmenge von 100 % | (z. B.) €, mm<br>(z. B.) €, mm<br>% | $w = \frac{p}{100\,\%} \cdot g$<br>$p = \frac{w}{g} \cdot 100\,\%$<br>$g = \frac{w}{p} \cdot 100\,\%$ | **Prozentrechnung**<br> |

**Beispiel**

$g = 2200\,€$

$p = 3{,}5\,\%$

$w = ?$

$$w = \frac{p}{100\,\%} \cdot g$$

$$w = \frac{3{,}5\,\%}{100\,\%} \cdot 2200\,€ = 77 \frac{\%\cdot €}{\%} = \underline{\underline{77\,€}}$$

| Formelzeichen / Einheiten | | Formel / Formelumstellung | Abbildung |
|---|---|---|---|
| $p$ Zinssatz (pro Jahr)<br>$K_G$ Grundkapital<br>$Z$ Zinsen<br>$t$ Zeitraum<br><br>1 Zinsjahr = 360 Tage<br>1 Zinsmonat = 30 Tage | %<br>(z. B.) €<br>(z. B.) €<br>Tage | $Z = \frac{K_G \cdot p \cdot t}{100\,\% \cdot 360} = K_G \cdot \frac{p}{100\,\%} \cdot \frac{t}{360}$<br>$K_G = \frac{Z \cdot 100\,\% \cdot 360}{p \cdot t} = Z \cdot \frac{100\,\%}{p} \cdot \frac{360}{t}$<br>$p = \frac{Z \cdot 100\,\% \cdot 360}{K_G \cdot t} = \frac{Z}{K_G} \cdot 100\,\% \cdot \frac{360}{t}$<br>$t = \frac{Z \cdot 100\,\% \cdot 360}{K_G \cdot p} = \frac{Z}{K_G} \cdot \frac{100\,\%}{p} \cdot 360$ | **Zinsrechnung** |

**Beispiel**

$K_G = 5000\,€$

$p = 2\,\%$

$t = 270$ Tage

$Z = ?$

$$Z = \frac{K_G \cdot p \cdot t}{100\,\% \cdot 360}$$

$$Z = \frac{5000\,€ \cdot 2\,\% \cdot 270\text{ Tage}}{100\,\% \cdot 360\text{ Tage}} = 75 \frac{€ \cdot \% \cdot \text{Tage}}{\% \cdot \text{Tage}} = \underline{\underline{75\,€}}$$



1

1

## Flächen

| Abbildung | Formel / Formelumstellung | Formelzeichen / Einheiten |
|---|---|---|
| **Quadrat** | $U = 4 \cdot l$<br>$l = \frac{U}{4}$<br>$A = l^2$<br>$l = \sqrt{A}$<br>$e = l \cdot \sqrt{2}$<br>$l = \frac{e}{\sqrt{2}}$ | $U$ Umfang (z. B.) mm, cm, dm, m<br>$A$ Fläche (z. B.) $mm^2$, $cm^2$, $dm^2$, $m^2$<br>$l$ Seitenlänge (z. B.) mm, cm, dm, m<br>$e$ Diagonale (z. B.) mm, cm, dm, m |

**Beispiel**

$l = 900\,mm$

$U = ?$

$U = 4 \cdot l$

$U = 4 \cdot 900\,mm = \underline{\underline{3600\,mm}}$

## Flächen

| Formelzeichen / Einheiten | | | Formel / Formelumstellung | Abbildung |
|---|---|---|---|---|
| $U$ | Umfang | (z. B.) mm, cm, m | $U = 2 \cdot (l + b)$ | **Rechteck** |
| $A$ | Fläche | (z. B.) mm², cm², m² | $l = \frac{U}{2} - b$ | |
| $l$ | Grundseite | (z. B.) mm, cm, m | $b = \frac{U}{2} - l$ | |
| $b$ | Breite | (z. B.) mm, cm, m | $A = l \cdot b$ | |
| $e$ | Diagonale | (z. B.) mm, cm, m | $l = \frac{A}{b}$ | |
| | | | $b = \frac{A}{l}$ | |
| | | | $e = \sqrt{l^2 + b^2}$ | |
| | | | $l = \sqrt{e^2 - b^2}$ | |
| | | | $b = \sqrt{e^2 - l^2}$ | |



**Beispiel**

$l = 500\,\text{mm}$

$b = 350\,\text{mm}$

$A = ?$

$A = l \cdot b$

$A = 500\,\text{mm} \cdot 350\,\text{mm} = \underline{\underline{175\,000\,\text{mm}^2}}$

1

1

## Flächen

| Abbildung | Formel / Formelumstellung | | Formelzeichen / Einheiten | | |
|---|---|---|---|---|---|
| **Parallelogramm (Rhomboid)** 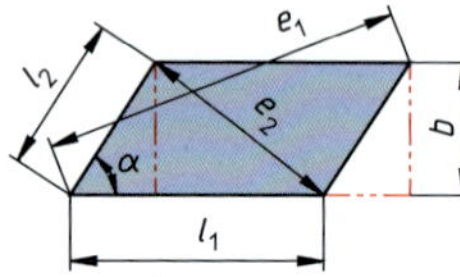  | $A = l_1 \cdot l_2 \cdot \sin\alpha$ | $A = l_1 \cdot b$ | $A$ | Fläche | (z. B.) mm², cm², m² |
| | $l_1 = \frac{A}{l_2 \cdot \sin\alpha}$ | $l_1 = \frac{A}{b}$ | $l_1, l_2$ | Seitenlängen | (z. B.) mm, cm, m |
| | $l_2 = \frac{A}{l_1 \cdot \sin\alpha}$ | $b = \frac{A}{l_1}$ | $\alpha$ | Winkel | in ° (Grad) |
| | $U = 2 \cdot (l_1 + l_2)$ | | $U$ | Umfang | (z. B.) mm, cm, m |
| | $l_1 = \frac{U}{2} - l_2$ | | $b$ | Breite | (z. B.) mm, cm, m |
| | $l_2 = \frac{U}{2} - l_1$ | | $e_1, e_2$ | Diagonalen | (z. B.) mm, cm, m |
| | $e_1 = \sqrt{(l_1 + b \cdot \cot\alpha)^2 + b^2}$ | | | | |
| | $e_2 = \sqrt{(l_1 - b \cdot \cot\alpha)^2 + b^2}$ | | | | |

**Beispiel**

$l_1 = 250\,\text{mm}$

$l_2 = 175\,\text{mm}$

$U = ?$

$$U = 2 \cdot (l_1 + l_2)$$

$$U = 2 \cdot (250\,\text{mm} + 175\,\text{mm}) = \underline{\underline{850\,\text{mm}}}$$

## Flächen

| Formelzeichen / Einheiten | | | Formel / Formelumstellung | Abbildung |
|---|---|---|---|---|
| $A$ | Fläche | (z. B.) $mm^2$, $cm^2$, $m^2$ | $A = l \cdot b$<br>$l = \frac{A}{b}$<br>$b = \frac{A}{l}$<br>$U = 4 \cdot l$<br>$l = \frac{U}{4}$<br>$A = l_1^2 \cdot \sin\alpha$ $\quad l_1 = \sqrt{\frac{A}{\sin\alpha}}$ $\quad \sin\alpha = \frac{A}{l_1^2}$ | **Raute**<br>**(Rhombus)**<br>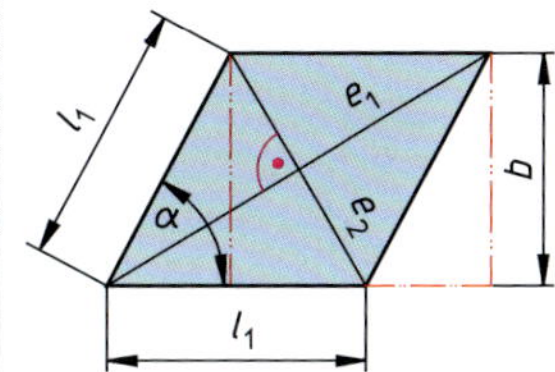 |
| $U$ | Umfang | (z. B.) mm, cm, m | | |
| $l$ | Seitenlänge | (z. B.) mm, cm, m | | |
| $b$ | Breite | (z. B.) mm, cm, m | | |

**Beispiel**

$l = 500\,mm$

$b = 300\,mm$

$A = ?$

$A = l \cdot b$

$A = 500\,mm \cdot 300\,mm = \underline{\underline{150000\,mm^2}}$

1

1

## Flächen

| Abbildung | Formel / Formelumstellung | Formelzeichen / Einheiten |
|---|---|---|
| **Dreieck** 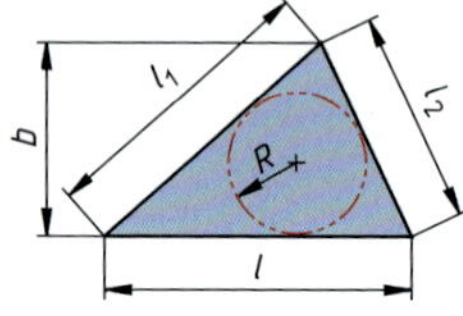  | $A = \frac{l \cdot b}{2}$ $\quad A = \frac{R \cdot U}{2}$<br>$l = \frac{2 \cdot A}{b}$ $\quad R = \frac{2 \cdot A}{U}$<br>$b = \frac{2 \cdot A}{l}$ $\quad U = \frac{2 \cdot A}{R}$<br>$U = l + l_1 + l_2$<br>$l = U - l_1 - l_2$<br>$l_1 = U - l - l_2$<br>$l_2 = U - l - l_1$<br>$A = \frac{1}{4} \cdot \sqrt{U \cdot (U - 2 \cdot l) \cdot (U - 2 \cdot l_1) \cdot (U - 2 \cdot l_2)}$ | $U$ Umfang (z. B.) mm, cm, m<br>$A$ Fläche (z. B.) $mm^2$, $m^2$<br>$l$ Grundseite (z. B.) mm, cm, m<br>$b$ Breite (z. B.) mm, cm, m<br>$l_1$, $l_2$ Dreieckseiten (z. B.) mm, cm, m<br>$R$ Innenkreisradius (z. B.) mm, cm, m |

**Beispiel**

$l = 75\,\text{mm}$

$b = 55\,\text{mm}$

$A = ?$

$$A = \frac{l \cdot b}{2}$$

$$A = \frac{75\,\text{mm} \cdot 55\,\text{mm}}{2} = \underline{\underline{2062{,}5\,\text{mm}^2}}$$

## Flächen

| Formelzeichen / Einheiten | Formel / Formelumstellung | Abbildung |
|---|---|---|
| $A$ Fläche (z. B.) $mm^2$, $cm^2$, $dm^2$, $m^2$<br>$l$ Seitenlänge (z. B.) mm, cm, dm, m<br>$h$ Höhe (z. B.) mm, cm, dm, m | $A = \frac{l^2}{4} \cdot \sqrt{3} \approx 0{,}433 \cdot l^2$<br>$l = \sqrt{\frac{A}{0{,}433}}$<br>$h = \frac{l}{2} \cdot \sqrt{3} \approx 0{,}866 \cdot l$<br>$l = \frac{h}{0{,}866}$ | **Dreieck (gleichseitig)**<br>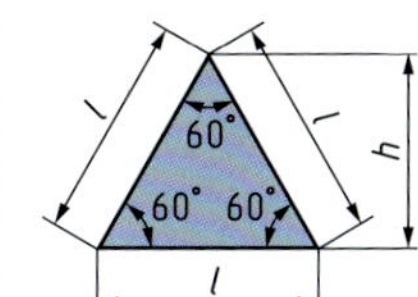<br> |

**Beispiel**

$l = 50\,mm$

$A = ?$

$A = 0{,}433 \cdot l^2$

$A = 0{,}433 \cdot (50\,mm)^2 = \underline{\underline{1082{,}5\,mm^2}}$

1

1

## Flächen

| Abbildung | Formel / Formelumstellung | Formelzeichen / Einheiten | | |
|---|---|---|---|---|
| **Sechseck** 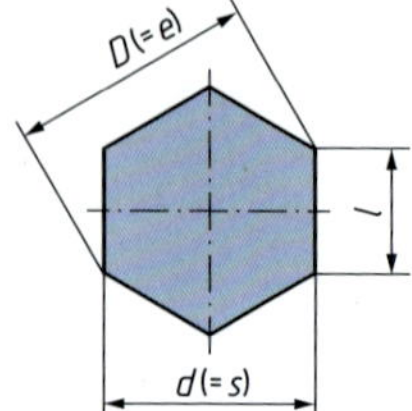  | $A = 0{,}866 \cdot d^2$ | $A$ | Fläche | (z. B.) $mm^2$, $cm^2$, $m^2$ |
| | $d = \sqrt{\frac{A}{0{,}866}}$ | $d, s$ | Inkreisdurchmesser bzw. Schlüsselweite | (z. B.) mm, cm, m |
| | $d = s$ | | | |
| | $D = d \cdot 1{,}155$ | $D, e$ | Umkreisdurchmesser bzw. Eckenmaß | (z. B.) mm, cm, m |
| | $d = \frac{D}{1{,}155}$ | $U$ | Umfang | (z. B.) mm, cm, m |
| | $D = e$ | $l$ | Seitenlänge | (z. B.) mm, cm, m |
| | $U = 6 \cdot l$ | | | |
| | $l = \frac{U}{6}$ | | | |

**Beispiel**

$l = 100\,mm$

$U = ?$

$U = 6 \cdot l$

$U = 6 \cdot 100\,mm = \underline{\underline{600\,mm}}$

## Flächen

| Formelzeichen / Einheiten | | | Formel / Formelumstellung | Abbildung |
|---|---|---|---|---|
| $A$ | Fläche | (z. B.) $mm^2$, $cm^2$, $m^2$ | $A = \frac{l_1 + l_2}{2} \cdot b$ | **Trapez** 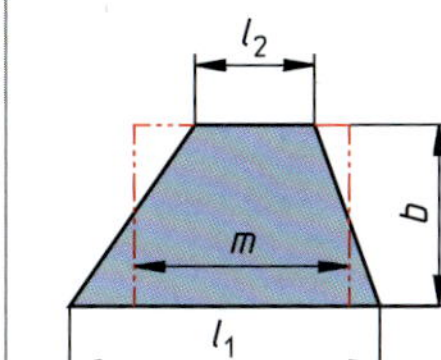  |
| $l_1, l_2$ | Seitenlängen | (z. B.) mm, cm, m | $l_1 = \frac{2 \cdot A}{b} - l_2$ | |
| $b$ | Breite | (z. B.) mm, cm, m | $l_2 = \frac{2 \cdot A}{b} - l_1$ | |
| $m$ | mittlere Seitenlänge | (z. B.) mm, cm, m | $b = \frac{2 \cdot A}{l_1 + l_2}$ | |
| | | | $A = m \cdot b$ | |
| | | | $m = \frac{l_1 + l_2}{2}$ | |
| | | | $l_1 = 2 \cdot m - l_2$ | |
| | | | $l_2 = 2 \cdot m - l_1$ | |

**Beispiel**

$l_1 = 150\,\text{mm}$

$l_2 = 90\,\text{mm}$

$b = 110\,\text{mm}$

$A = ?$

$$A = \frac{l_1 + l_2}{2} \cdot b$$

$$A = \frac{150\,\text{mm} + 90\,\text{mm}}{2} \cdot 110\,\text{mm} = \underline{\underline{13200\,\text{mm}^2}}$$

1

handwerk-technik.de

## Flächen – Regelmäßiges Vieleck 1

**Abbildung**

**Regelmäßiges Vieleck**

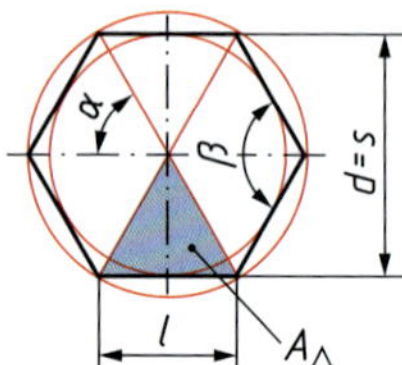


**Formel / Formelumstellung**

$$A = \frac{n \cdot l \cdot d}{4}$$

$$n = \frac{4 \cdot A}{l \cdot d}$$

$$l = \frac{4 \cdot A}{n \cdot d}$$

$$d = \frac{4 \cdot A}{n \cdot l}$$

$$\alpha = 180° - \beta$$

$$\beta = 180° - \alpha$$

$$A = A_{\Delta} \cdot n$$

$$A_{\Delta} = \frac{A}{n}$$

$$n = \frac{A}{A_{\Delta}}$$

$$\alpha = \frac{360°}{n}$$

$$n = \frac{360°}{\alpha}$$

$$\beta = \frac{(n-2) \cdot 180°}{n}$$

**Formelzeichen / Einheiten**

| | | |
|---|---|---|
| $A$ | Vieleckfläche | (z. B.) mm², m² |
| $A_{\Delta}$ | Teilfläche | (z. B.) mm², m² |
| $n$ | Eckenzahl | |
| $l$ | Seitenlänge | (z. B.) mm, m |
| $d, s$ | Inkreisdurchmesser bzw. Schlüsselweite bei gerader Eckenzahl | (z. B.) mm, m |
| $\alpha$ | Mittelpunktswinkel | in ° (Grad) |
| $\beta$ | Eckenwinkel | in ° (Grad) |

**Beispiel**

$n = 6$

$l = 15\,\text{mm}$

$d = 26\,\text{mm}$

$A = ?$

$$A = \frac{n \cdot l \cdot d}{4}$$

$$A = \frac{6 \cdot 15\,\text{mm} \cdot 26\,\text{mm}}{4} = 585\,\text{mm} \cdot \text{mm} = \underline{\underline{585\,\text{mm}^2}}$$

## Flächen – Regelmäßiges Vieleck 2

| Formelzeichen / Einheiten | | | Formel / Formelumstellung | Abbildung |
|---|---|---|---|---|
| $U$ | Umfang | (z. B.) mm, m | $U = l \cdot n$ | **Regelmäßiges Vieleck** |
| $l$ | Seitenlänge | (z. B.) mm, m | $l = \frac{U}{n}$ | |
| $n$ | Eckenzahl | | $n = \frac{U}{l}$ | |
| $D, e$ | Umkreisdurchmesser bzw. Eckenmaß | (z. B.) mm, m | $l = D \cdot \sin\left(\frac{180°}{n}\right)$ | |
| $d, s$ | Inkreisdurchmesser bzw. Schlüsselweite bei gerader Eckenzahl | (z. B.) mm, m | $D = \frac{l}{\sin\left(\frac{180°}{n}\right)}$ | |
| | | | $D = \sqrt{l^2 + d^2}$ | |
| | | | $l = \sqrt{D^2 - d^2}$ | |
| | | | $d = \sqrt{D^2 - l^2}$ | |



**Beispiel**

$l = 280\,\text{m}$

$n = 6$

$U = ?$

$U = l \cdot n$

$U = 280\,\text{mm} \cdot 6 = \underline{\underline{1680\,\text{mm}}}$

1

## Flächen

| Abbildung | Formel / Formelumstellung | Formelzeichen / Einheiten |
|---|---|---|
| **Kreis**<br>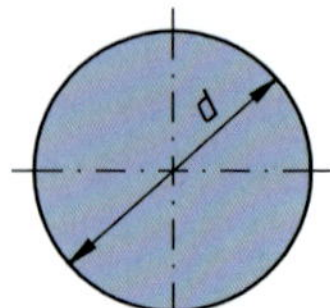<br> | $U = d \cdot \pi$<br>$d = \frac{U}{\pi}$<br>$A = \frac{d^2 \cdot \pi}{4}$<br>$A = 0{,}785... \cdot d^2$<br>$d = \sqrt{\frac{4 \cdot A}{\pi}}$<br>$\pi = 3{,}14159...$ | $U$ Umfang (z. B.) mm, cm, m<br>$A$ Fläche (z. B.) $mm^2$, $cm^2$, $m^2$<br>$d$ Durchmesser (z. B.) mm, cm, m |

**Beispiel**

$d = 660{,}4\,mm$

$U = ?$

$U = d \cdot \pi$

$U = 660{,}4\,mm \cdot \pi = \underline{\underline{2074{,}71\,mm}}$

## Flächen

| Formelzeichen / Einheiten | Formel / Formelumstellung | Abbildung |
|---|---|---|
| $\widehat{l}_b$ Bogenlänge (z. B.) mm, cm, m<br>$\alpha$ Zentrierwinkel in ° (Grad)<br>$A$ Kreisausschnittsfläche (z. B.) mm², cm², m²<br>$d$ Durchmesser (z. B.) mm, cm, m<br>$r$ Radius (z. B.) mm, cm, m | $\widehat{l}_b = \frac{d \cdot \pi \cdot \alpha}{360°}$ $\quad A = \frac{d^2 \cdot \pi}{4} \cdot \frac{\alpha}{360°}$<br>$d = \frac{\widehat{l}_b \cdot 360°}{\pi \cdot \alpha}$ $\quad d = \sqrt{\frac{4 \cdot 360° \cdot A}{\pi \cdot \alpha}}$<br>$\alpha = \frac{\widehat{l}_b \cdot 360°}{d \cdot \pi}$ $\quad \alpha = \frac{4 \cdot 360° \cdot A}{d^2 \cdot \pi}$<br>$\widehat{l}_b = 2 \cdot r \cdot \sin\frac{\alpha}{2}$ $\quad A = \frac{\widehat{l}_b \cdot r}{2}$<br>$r = \frac{\widehat{l}_b}{2 \cdot \sin\frac{\alpha}{2}}$ $\quad \widehat{l}_b = \frac{2 \cdot A}{r}$ $\quad r = \frac{2 \cdot A}{\widehat{l}_b}$ | **Kreisausschnitt (Kreisbogen)**<br>$\widehat{l}_b$, $A$, $\alpha$, $r$, $d$ |

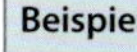

**Beispiel**

$d = 40\,\text{mm}$

$\alpha = 90°$

$A = ?$

$$A = \frac{d^2 \cdot \pi}{4} \cdot \frac{\alpha}{360°}$$

$$A = \frac{(40\,\text{mm})^2 \cdot \pi}{4} \cdot \frac{90°}{360°} = 314{,}16\,\text{mm}^2 \cdot \frac{\cancel{1°}}{\cancel{1°}} = \underline{\underline{314{,}16\,\text{mm}^2}}$$

## Flächen – Kreisabschnitt 1

| Abbildung | Formel / Formelumstellung | Formelzeichen / Einheiten | | |
|---|---|---|---|---|
| **Kreisabschnitt (Bogenhöhe, Sehnenlänge)**<br>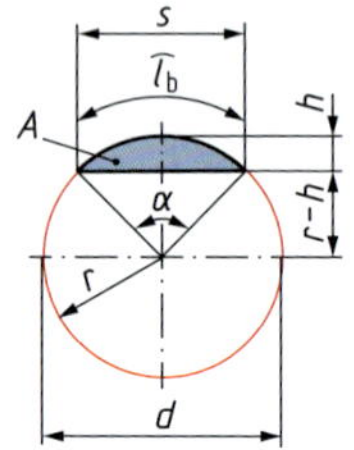 | $A = \frac{\pi \cdot d^2}{4} \cdot \frac{\alpha}{360°} - \frac{s \cdot (r-h)}{2}$<br>$d = \sqrt{\left(A + \frac{s \cdot (r-h)}{2}\right) \cdot \frac{4 \cdot 360°}{\pi \cdot \alpha}}$<br>$\alpha = \left(A + \frac{s \cdot (r-h)}{2}\right) \cdot \frac{4 \cdot 360°}{d^2 \cdot \pi}$<br>$h = r + \left(A - \frac{d^2 \cdot \pi}{4} \cdot \frac{\alpha}{360°}\right) \cdot \frac{2}{s}$<br>$A = \frac{\widehat{l}_b \cdot r - s \cdot (r-h)}{2}$<br>$A \approx \frac{2}{3} \cdot s \cdot h$<br>$r = \frac{d}{2}$ $d = 2 \cdot r$ | $A$ | Kreisabschnittfläche | (z. B.) $mm^2$, $cm^2$, $m^2$ |
| | | $d$ | Durchmesser | (z. B.) mm, cm, m |
| | | $\alpha$ | Bogenwinkel | in ° (Grad) |
| | | $s$ | Sehnenlänge | (z. B.) mm, cm, m |
| | | $r$ | Radius | (z. B.) mm, cm, m |
| | | $h$ | Bogenhöhe | (z. B.) mm, cm, m |
| | | $\widehat{l}_b$ | Bogenlänge | (z. B.) mm, cm, m |

**Beispiel**

$r = 30\,\text{mm}$

$\alpha = 80°$

$s = 38{,}6\,\text{mm}$

$h = 7\,\text{mm}$

$A = ?$

$$A = \frac{\pi \cdot d^2}{4} \cdot \frac{\alpha}{360°} - \frac{s \cdot (r-h)}{2}$$

$$A = \frac{\pi \cdot (60\,\text{mm})^2}{4} \cdot \frac{80°}{360°} - \frac{38{,}6\,\text{mm} \cdot (30\,\text{mm} - 7\,\text{mm})}{2} = \underline{\underline{184{,}4\,\text{mm}^2}}$$

## Flächen – Kreisabschnitt 2

| Formelzeichen / Einheiten | | Formel / Formelumstellung | Abbildung |
|---|---|---|---|
| $\widehat{l}_b$ Bogenlänge | (z. B.) mm, cm, m | $\widehat{l}_b = \frac{d \cdot \pi \cdot \alpha}{360°}$ | **Kreisabschnitt (Bogenhöhe, Sehnenlänge)** |
| $d$ Durchmesser | (z. B.) mm, cm, m | $\alpha = \frac{\widehat{l}_b \cdot 360°}{d \cdot \pi}$ | |
| $\alpha$ Bogenwinkel | in ° (Grad) | $d = \frac{\widehat{l}_b \cdot 360°}{\pi \cdot \alpha}$ | |
| $h$ Bogenhöhe | (z. B.) mm, cm, m | $d = h + \frac{s^2}{4 \cdot h}$ | |
| $s$ Sehnenlänge | (z. B.) mm, cm, m | $s = d \cdot \sin\frac{\alpha}{2} = 2 \cdot r \cdot \sin\frac{\alpha}{2}$ | |
| $r$ Radius | (z. B.) mm, cm, m | $s = 2 \cdot \sqrt{h \cdot (2 \cdot r - h)}$ | |
| | | $h = \frac{s}{2} \cdot \tan\frac{\alpha}{4}$ | |
| | | $h = r - \sqrt{r^2 - \frac{s^2}{4}}$ | |

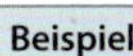

**Beispiel**

$d = 100\,\text{mm}$

$\alpha = 70°$

$\widehat{l}_b = ?$

$$\widehat{l}_b = \frac{d \cdot \pi \cdot \alpha}{360°}$$

$$\widehat{l}_b = \frac{100\,\text{mm} \cdot \pi \cdot 70°}{360°} = 61{,}1 \frac{\text{mm} \cdot \cancel{1°}}{\cancel{1°}} = \underline{\underline{61{,}1\,\text{mm}}}$$

1

## Flächen

| Abbildung | Formel / Formelumstellung | Formelzeichen / Einheiten |
|---|---|---|
| **Kreisring**<br>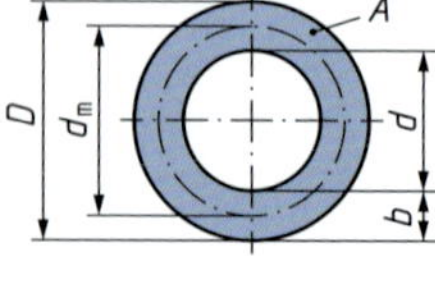<br> | $A = \frac{D^2 \cdot \pi}{4} - \frac{d^2 \cdot \pi}{4} = \frac{\pi}{4} \cdot (D^2 - d^2)$<br>$D = \sqrt{\frac{4 \cdot A}{\pi} + d^2}$<br>$d = \sqrt{D^2 - \frac{4 \cdot A}{\pi}}$<br>$d_m = \frac{D + d}{2}$<br>$A = d_m \cdot \pi \cdot b$<br>$d_m = \frac{A}{\pi \cdot b}$<br>$b = \frac{A}{d_m \cdot \pi}$<br>$b = \frac{D - d}{2}$ | $A$ Fläche (z. B.) $mm^2$, $cm^2$, $m^2$<br>$D$ Außendurchmesser (z. B.) mm, cm, m<br>$d$ Innendurchmesser (z. B.) mm, cm, m<br>$d_m$ mittlerer Durchmesser (z. B.) mm, cm, m<br>$b$ Ringbreite (z. B.) mm, cm, m |

**Beispiel**

$D = 44\,mm$

$d = 26\,mm$

$A = ?$

$$A = \frac{\pi}{4} \cdot (D^2 - d^2)$$

$$A = \frac{\pi}{4} \cdot \left((44\,mm)^2 - (26\,mm)^2\right) = \underline{\underline{989{,}6\,mm^2}}$$

## Flächen

| Formelzeichen / Einheiten | | Formel / Formelumstellung | Abbildung |
|---|---|---|---|
| $A$ Fläche | (z. B.) $mm^2$, $cm^2$, $m^2$ | $A = \left(\frac{D^2 \cdot \pi}{4} - \frac{d^2 \cdot \pi}{4}\right) \cdot \frac{\alpha}{360°}$ | **Kreisringausschnitt** |
| $\alpha$ Bogenwinkel | in ° (Grad) | $A = \left(D^2 - d^2\right) \cdot \frac{\pi}{4} \cdot \frac{\alpha}{360°}$ | |
| $D$ Außendurchmesser | (z. B.) mm, cm, m | $D = \sqrt{d^2 + \frac{4 \cdot 360° \cdot A}{\pi \cdot \alpha}}$ | |
| $d$ Innendurchmesser | (z. B.) mm, cm, m | $d = \sqrt{D^2 - \frac{4 \cdot 360° \cdot A}{\pi \cdot \alpha}}$ | |
| | | $\alpha = \frac{4 \cdot 360° \cdot A}{\pi \cdot \left(D^2 - d^2\right)}$ | |



**Beispiel**

$D = 78\,\text{mm}$

$d = 45\,\text{mm}$

$\alpha = 180\,°$

$A = ?$

$$A = \left(D^2 - d^2\right) \cdot \frac{\pi}{4} \cdot \frac{\alpha}{360°}$$

$$A = \left((78\,\text{mm})^2 - (45\,\text{mm})^2\right) \cdot \frac{\pi}{4} \cdot \frac{180°}{360°} = \underline{\underline{1593{,}97\,\text{mm}^2}}$$

1

1

## Flächen

| Abbildung | Formel / Formelumstellung | Formelzeichen / Einheiten |
|---|---|---|
| **Ellipse** 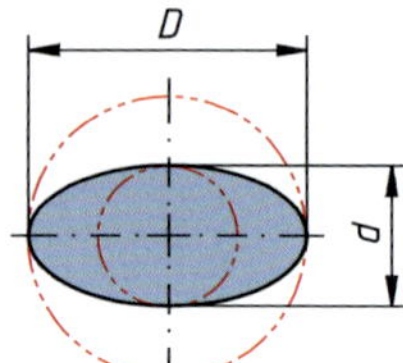  | $A = \frac{\pi \cdot d \cdot D}{4}$<br>$d = \frac{4 \cdot A}{\pi \cdot D}$<br>$D = \frac{4 \cdot A}{\pi \cdot d}$<br>$U = \pi \cdot \frac{D + d}{2}$<br>$D = \frac{2 \cdot U}{\pi} - d$<br>$d = \frac{2 \cdot U}{\pi} - D$ | *A* Fläche (z. B.) $mm^2$, $cm^2$, $m^2$<br>*U* Umfang (z. B.) mm, cm, m<br>*D* Durchmesser Umkreis (z. B.) mm, cm, m<br>*d* Durchmesser Inkreis (z. B.) mm, cm, m |

**Beispiel**

$D = 40\,mm$

$d = 20\,mm$

$A = ?$

$U = ?$

$$A = \frac{\pi \cdot d \cdot D}{4}$$

$$A = \frac{\pi \cdot 20\,mm \cdot 40\,mm}{4} = \underline{\underline{628{,}32\,mm^2}}$$

$$U = \pi \cdot \frac{D + d}{2}$$

$$U = \pi \cdot \frac{40\,mm + 20\,mm}{2} = \underline{\underline{94{,}25\,mm}}$$

1

## Flächen

### Formelzeichen / Einheiten

| | | |
|---|---|---|
| $A$ | Fläche | (z. B.) $mm^2$, $cm^2$, $m^2$ |
| $A_1, A_2, \ldots$ | Teilflächen | (z. B.) $mm^2$, $cm^2$, $m^2$ |
| $U$ | Umfang | (z. B.) mm, cm, m |
| $l_1, l_2, \ldots$ | Seitenlängen | (z. B.) mm, cm, m |
| $b_1, b_2, \ldots$ | Breiten | (z. B.) mm, cm, m |

$U$ = Summe aus den Seitenlängen aller Teildreiecke, ohne die Längen der übereinander liegenden Seiten zweier aneinandergrenzender Teildreiecke.

### Formel / Formelumstellung

$$A = A_1 + A_2 + \ldots$$

$$A_1 = \frac{l_1 \cdot b_1}{2}$$

$$l_1 = \frac{A \cdot 2}{b_1}$$

$$b_1 = \frac{A_1 \cdot 2}{l_1}$$

$$A_2 = \frac{l_2 \cdot b_2}{2}$$

$$l_2 = \frac{A_2 \cdot 2}{b_2}$$

$$b_2 = \frac{A_2 \cdot 2}{l_2}$$

### Abbildung

**Zusammengesetzte Flächen**

**(Unregelmäßiges Vieleck)**

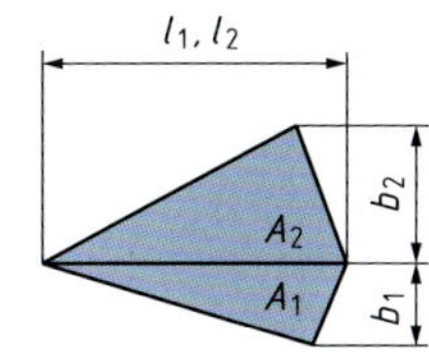


### Beispiel

$l_1 = l_2 = 300\,mm$

$b_1 = 150\,mm$

$b_2 = 80\,mm$

$A_1 = 225\,mm^2$

$A = ?$

$$A_2 = \frac{l_2 \cdot b_2}{2}$$

$$A_2 = \frac{300\,mm + 80\,mm}{2} = \underline{\underline{190\,mm^2}}$$

$$A = A_1 + A_2$$

$$A = 225\,mm^2 + 190\,mm^2 = \underline{\underline{415\,mm^2}}$$

## Lehrsatz des Pythagoras, Höhensatz des Euklid

| Abbildung | Formel / Formelumstellung | Formelzeichen / Einheiten |
|---|---|---|
| **Lehrsatz des Pythagoras** | $a^2 + b^2 = c^2$<br>$a = \sqrt{c^2 - b^2}$<br>$b = \sqrt{c^2 - a^2}$<br>$c = \sqrt{a^2 + b^2}$ | $a, b$ Katheten (z. B.) mm, cm, m<br>$c$ Hypotenuse (z. B.) mm, cm, m<br><br>Die **Hypotenuse** ist die längste Seite eines rechtwinkeligen Dreiecks. Sie liegt dem rechten Winkel (90°-Winkel) gegenüber. |
| **Beispiel**<br>$a = 300\,\text{mm}$<br>$b = 400\,\text{mm}$<br>$c = ?$ | $c = \sqrt{a^2 + b^2} = \sqrt{(300\,\text{mm})^2 + (400\,\text{mm})^2} = \underline{\underline{500\,\text{mm}}}$ | |
| **Höhensatz des Euklid**<br>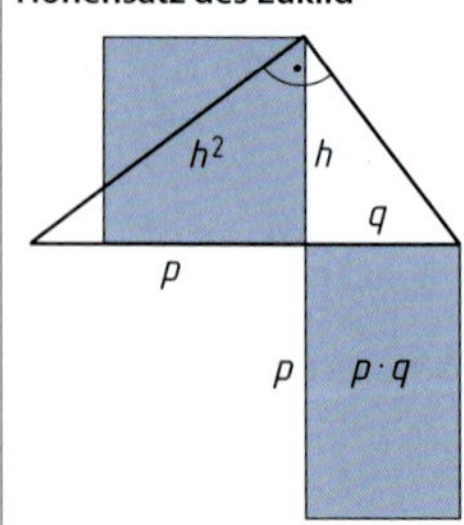 | $h^2 = q \cdot p$<br>$h = \sqrt{q \cdot p}$<br>$q = \frac{h^2}{p}$<br>$p = \frac{h^2}{q}$ | $h$ Höhe (z. B.) mm, cm, m<br>$p, q$ Hypotenusenabschnitte (z. B.) mm, cm, m |
| **Beispiel**<br>$q = 200\,\text{mm}$<br>$p = 300\,\text{mm}$<br>$h = ?$ | $h = \sqrt{q \cdot p} = \sqrt{200\,\text{mm} \cdot 300\,\text{mm}} = \underline{\underline{244{,}9\,\text{mm}}}$ | |

## Kathetensatz (Satz des Euklid)

| Formelzeichen / Einheiten | Formel / Formelumstellung | Abbildung |
|---|---|---|
| $a, b$ Katheten (z. B.) mm, cm, m<br>$c$ Hypotenuse (z. B.) mm, cm, m<br>$p, q$ Hypotenusenabschnitte (z. B.) mm, cm, m<br><br>Die **Hypotenuse** ist die längste Seite eines rechtwinkeligen Dreiecks. Sie liegt dem rechten Winkel (90°-Winkel) gegenüber. | $b^2 = c \cdot p$<br>$b = \sqrt{c \cdot p}$<br>$c = \frac{b^2}{p}$<br>$p = \frac{b^2}{c}$<br>$a^2 = c \cdot q$<br>$a = \sqrt{c \cdot q}$<br>$c = \frac{a^2}{q}$<br>$q = \frac{a^2}{c}$ | **Kathetensatz (Satz des Euklid)**<br>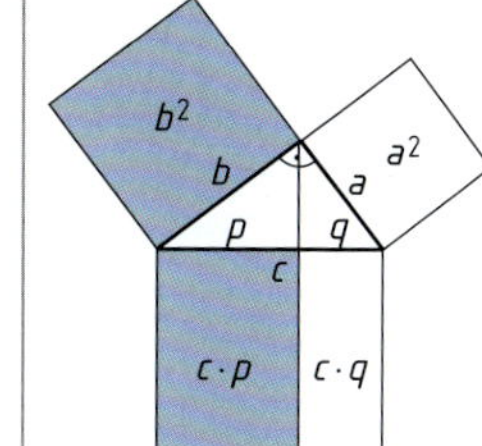 |

**Beispiel**

$c = 500\,\text{mm}$

$q = 200\,\text{mm}$

$b = ?$

$b = \sqrt{c \cdot q}$

$b = \sqrt{500\,\text{mm} \cdot 200\,\text{mm}} = \underline{\underline{316{,}2\,\text{mm}}}$

1

1

## Winkelfunktionen

| Abbildung | Formel / Formelumstellung | Formelzeichen / Einheiten |
|---|---|---|
| **Beziehungen im rechtwinkeligen Dreieck**<br>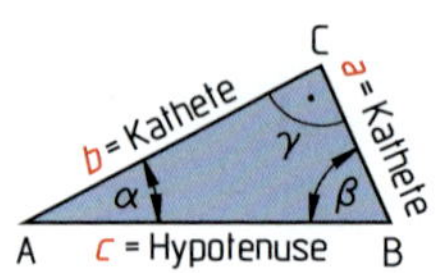<br> | $\sin\alpha = \frac{a}{c}$    $\cos\alpha = \frac{b}{c}$<br>$a = c \cdot \sin\alpha$    $b = c \cdot \cos\alpha$<br>$c = \frac{a}{\sin\alpha}$    $c = \frac{b}{\cos\alpha}$ | Bezugswinkel $\alpha$:<br>$\alpha$ Winkel — in ° (Grad)<br>$a$ Gegenkathete zu $\alpha$ — (z. B.) mm, cm, m<br>$c$ Hypotenuse — (z. B.) mm, cm, m<br>$b$ Ankathete zu $\alpha$ — (z. B.) mm, cm, m |
| 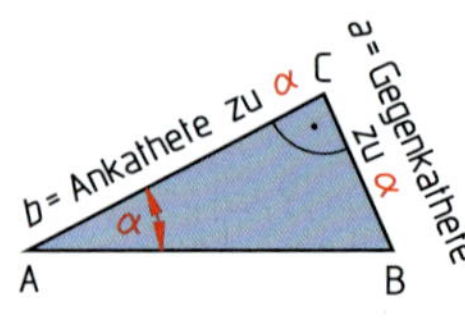<br> | $\tan\alpha = \frac{a}{b}$    $\cot\alpha = \frac{b}{a}$<br>$a = b \cdot \tan\alpha$    $b = a \cdot \cot\alpha$<br>$b = \frac{a}{\tan\alpha}$    $a = \frac{b}{\cot\alpha}$ | |
| 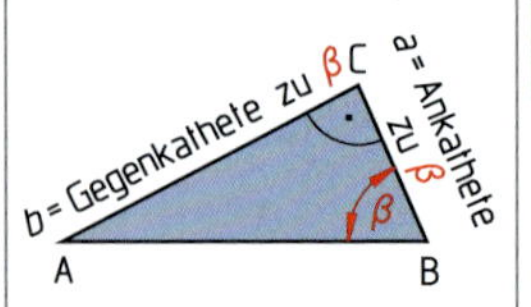<br> | $\sin\beta = \frac{b}{c}$    $\cos\beta = \frac{a}{c}$<br>$\tan\beta = \frac{b}{a}$    $\cot\beta = \frac{a}{b}$<br>$\gamma = 90°$<br>$\alpha + \beta + \gamma = 180°$ | Bezugswinkel $\beta$:<br>$\beta$ Winkel — in ° (Grad)<br>$b$ Gegenkathete zu $\beta$ — (z. B.) mm, cm, m<br>$c$ Hypotenuse — (z. B.) mm, cm, m<br>$a$ Ankathete zu $\beta$ — (z. B.) mm, cm, m |

**Beispiel**

$a = 20\,\text{mm}$

$c = 30\,\text{mm}$

$\sin\alpha = ?$

$$\sin\alpha = \frac{a}{c}$$

$$\sin\alpha = \frac{200\,\text{mm}}{300\,\text{mm}} = 0{,}667 \frac{\cancel{\text{mm}}}{\cancel{\text{mm}}} = \underline{\underline{0{,}667}}$$

## Sinussatz

| Formelzeichen / Einheiten | | Formel / Formelumstellung | Abbildung |
|---|---|---|---|
| $\alpha$ Gegenwinkel zur Seite *a* | in ° (Grad) | $\frac{a}{\sin\alpha} = \frac{b}{\sin\beta} = \frac{c}{\sin\gamma}$ | **Sinussatz** |
| $\beta$ Gegenwinkel zur Seite *b* | in ° (Grad) | $a : b : c = \sin\alpha : \sin\beta : \sin\gamma$ | |
| $\gamma$ Gegenwinkel zur Seite *c* | in ° (Grad) | $a = \frac{b}{\sin\beta} \cdot \sin\alpha = \frac{c}{\sin\gamma} \cdot \sin\alpha$ | |
| *a* Seite des Dreiecks | (z. B.) mm, cm, m | $b = \frac{a}{\sin\alpha} \cdot \sin\beta = \frac{c}{\sin\gamma} \cdot \sin\beta$ | |
| *b* Seite des Dreiecks | (z. B.) mm, cm, m | $c = \frac{a}{\sin\alpha} \cdot \sin\gamma = \frac{b}{\sin\beta} \cdot \sin\gamma$ | |
| *c* Seite des Dreiecks | (z. B.) mm, cm, m | | |



**Beispiel**

$b = 30\,\text{mm}$

$\alpha = 28°$

$\beta = 37°$

$a = ?$

$$a = \frac{b}{\sin\beta} \cdot \sin\alpha$$

$$a = \frac{30\,\text{mm}}{\sin 37°} \cdot \sin 28° = \underline{\underline{23{,}4\,\text{mm}}}$$

1

1

## Cosinussatz

| Abbildung | Formel / Formelumstellung | Formelzeichen / Einheiten | |
|---|---|---|---|
| **Cosinussatz** | $a^2 = b^2 + c^2 - 2 \cdot bc \cdot \cos\alpha$<br>$b^2 = a^2 + c^2 - 2 \cdot ac \cdot \cos\beta$<br>$c^2 = a^2 + b^2 - 2 \cdot ab \cdot \cos\gamma$<br>(Bei einem stumpfen Winkel wird der Cosinus negativ.)<br>$a = \sqrt{b^2 + c^2 - 2 \cdot bc \cdot \cos\alpha}$<br>$b = \sqrt{a^2 + c^2 - 2 \cdot ac \cdot \cos\beta}$<br>$c = \sqrt{a^2 + b^2 - 2 \cdot ab \cdot \cos\gamma}$ | $\alpha$ Gegenwinkel zur Seite $a$ | in ° (Grad) |
| | | $\beta$ Gegenwinkel zur Seite $b$ | in ° (Grad) |
| | | $\gamma$ Gegenwinkel zur Seite $c$ | in ° (Grad) |
| | | $a$ Seite des Dreiecks | (z. B.) mm, cm, m |
| | | $b$ Seite des Dreiecks | (z. B.) mm, cm, m |
| | | $c$ Seite des Dreiecks | (z. B.) mm, cm, m |

**Beispiel**

$b = 50\,\text{mm}$

$c = 60\,\text{mm}$

$\alpha = 47°$

$a = ?$

$$a = \sqrt{b^2 + c^2 - 2bc \cdot \cos\alpha}$$

$$a = \sqrt{(50\,\text{mm})^2 + (60\,\text{mm})^2 - 2 \cdot 50\,\text{mm} \cdot 60\,\text{mm} \cdot \cos 47°} = \underline{\underline{44{,}8\,\text{mm}}}$$

## Tangenssatz 1

| Formelzeichen / Einheiten | | Formel / Formelumstellung | Abbildung |
|---|---|---|---|
| $\alpha$ Gegenwinkel zur Seite $a$ | in ° (Grad) | $$\frac{a+b}{a-b}=\frac{\tan\frac{\alpha+\beta}{2}}{\tan\frac{\alpha-\beta}{2}}$$ | **Tangenssatz** |
| $\beta$ Gegenwinkel zur Seite $b$ | in ° (Grad) | $$a=\frac{-b\left(\tan\frac{\alpha-\beta}{2}+\tan\frac{\alpha+\beta}{2}\right)}{\tan\frac{\alpha-\beta}{2}-\tan\frac{\alpha+\beta}{2}}$$ | |
| $\gamma$ Gegenwinkel zur Seite $c$ | in ° (Grad) | $$b=\frac{a\left(\tan\frac{\alpha-\beta}{2}-\tan\frac{\alpha+\beta}{2}\right)}{-\tan\frac{\alpha-\beta}{2}-\tan\frac{\alpha+\beta}{2}}$$ | |
| $a$ Seite des Dreiecks | (z. B.) mm, cm, m | | |
| $b$ Seite des Dreiecks | (z. B.) mm, cm, m | | |
| $c$ Seite des Dreiecks | (z. B.) mm, cm, m | | |

**Beispiel**

$b = 50\,\text{mm}$

$\alpha = 37°$

$\beta = 65°$

$a = ?$

$$a=\frac{-b\left(\tan\frac{\alpha-\beta}{2}+\tan\frac{\alpha+\beta}{2}\right)}{\tan\frac{\alpha-\beta}{2}-\tan\frac{\alpha+\beta}{2}}$$

$$a=\frac{-50\,\text{mm}\left(\tan\frac{37°-65°}{2}+\tan\frac{37°+65°}{2}\right)}{\tan\frac{37°-65°}{2}-\tan\frac{37°+65°}{2}}=\underline{\underline{33{,}2\,\text{mm}}}$$

1

## Tangenssatz 2

| Abbildung | Formel / Formelumstellung | Formelzeichen / Einheiten |
|---|---|---|
| **Tangenssatz (Fortsetzung)**<br>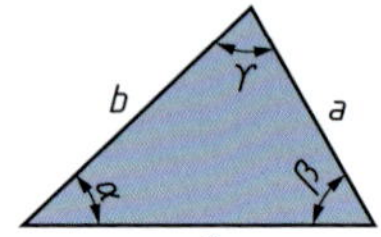<br> | $\frac{a+c}{a-c}=\frac{\tan\frac{\alpha+\gamma}{2}}{\tan\frac{\alpha-\gamma}{2}}$<br><br>$a=\frac{-c\left(\tan\frac{\alpha-\gamma}{2}+\tan\frac{\alpha+\gamma}{2}\right)}{\tan\frac{\alpha-\gamma}{2}-\tan\frac{\alpha+\gamma}{2}}$<br><br>$c=\frac{a\left(\tan\frac{\alpha-\gamma}{2}-\tan\frac{\alpha+\gamma}{2}\right)}{-\tan\frac{\alpha-\gamma}{2}-\tan\frac{\alpha+\gamma}{2}}$ | $\alpha$ Gegenwinkel zur Seite $a$ — in ° (Grad)<br>$\beta$ Gegenwinkel zur Seite $b$ — in ° (Grad)<br>$\gamma$ Gegenwinkel zur Seite $c$ — in ° (Grad)<br>$a$ Seite des Dreiecks — (z. B.) mm, cm, m<br>$b$ Seite des Dreiecks — (z. B.) mm, cm, m<br>$c$ Seite des Dreiecks — (z. B.) mm, cm, m |

**Beispiel**

$c = 70\,\text{mm}$

$\alpha = 50°$

$\gamma = 80°$

$a = ?$

$$a=\frac{-c\left(\tan\frac{\alpha-\gamma}{2}+\tan\frac{\alpha+\gamma}{2}\right)}{\tan\frac{\alpha-\gamma}{2}-\tan\frac{\alpha+\gamma}{2}}$$

$$a=\frac{-70\,\text{mm}\left(\tan\frac{50°-80°}{2}+\tan\frac{50°+80°}{2}\right)}{\tan\frac{50°-80°}{2}-\tan\frac{50°+80°}{2}}=\underline{\underline{54{,}5\,\text{mm}}}$$

## Tangenssatz 3

| Formelzeichen / Einheiten | | Formel / Formelumstellung | Abbildung |
|---|---|---|---|
| $\alpha$ Gegenwinkel zur Seite *a* | in ° (Grad) | $$\frac{b+c}{b-c} = \frac{\tan\frac{\beta+\gamma}{2}}{\tan\frac{\beta-\gamma}{2}}$$ | **Tangenssatz (Fortsetzung)** |
| $\beta$ Gegenwinkel zur Seite *b* | in ° (Grad) | $$b = \frac{-c\left(\tan\frac{\beta-\gamma}{2} + \tan\frac{\beta+\gamma}{2}\right)}{\tan\frac{\beta-\gamma}{2} - \tan\frac{\beta+\gamma}{2}}$$ | |
| $\gamma$ Gegenwinkel zur Seite *c* | in ° (Grad) | $$c = \frac{b\left(\tan\frac{\beta-\gamma}{2} - \tan\frac{\beta+\gamma}{2}\right)}{-\tan\frac{\beta-\gamma}{2} - \tan\frac{\beta+\gamma}{2}}$$ | |
| *a* Seite des Dreiecks | (z. B.) mm, cm, m | | |
| *b* Seite des Dreiecks | (z. B.) mm, cm, m | | |
| *c* Seite des Dreiecks | (z. B.) mm, cm, m | | |



**Beispiel**

$c = 80\,\text{mm}$

$\beta = 70°$

$\gamma = 80°$

$b = ?$

$$b = \frac{-c\left(\tan\frac{\beta-\gamma}{2} + \tan\frac{\beta+\gamma}{2}\right)}{\tan\frac{\beta-\gamma}{2} - \tan\frac{\beta+\gamma}{2}}$$

$$b = \frac{-80\,\text{mm}\left(\tan\frac{70°-80°}{2} + \tan\frac{70°+80°}{2}\right)}{\tan\frac{70°-80°}{2} - \tan\frac{70°+80°}{2}} = \underline{\underline{76{,}3\,\text{mm}}}$$



1

1

## Strahlensatz

| Abbildung | Formel / Formelumstellung | Formelzeichen / Einheiten |
|---|---|---|
| **Strahlensatz** 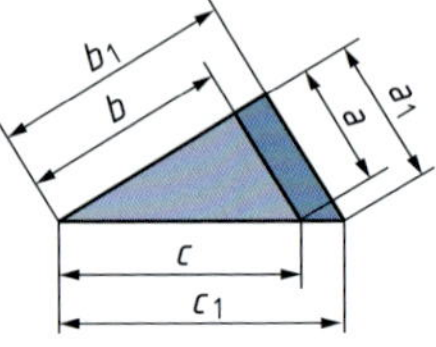  | $\frac{a}{a_1} = \frac{b}{b_1} = \frac{c}{c_1}$<br>$a = \frac{a_1 \cdot b}{b_1}$ $a = \frac{a_1 \cdot c}{c_1}$<br>$a_1 = \frac{a \cdot b_1}{b}$ $a_1 = \frac{a \cdot c_1}{c}$<br>$b = \frac{b_1 \cdot a}{a_1}$ $b = \frac{b_1 \cdot c}{c_1}$<br>$b_1 = \frac{b \cdot a_1}{a}$ $b_1 = \frac{b \cdot c_1}{c}$<br>$c = \frac{c_1 \cdot a}{a_1}$ $c = \frac{c_1 \cdot b}{b_1}$<br>$c_1 = \frac{c \cdot a_1}{a}$ $c_1 = \frac{c \cdot b_1}{b}$ | $a$ Parallele 1 (z. B.) mm, cm, m<br>$a_1$ Parallele 2 (z. B.) mm, cm, m<br>$b$ Teillänge 1 Strahl 1 (z. B.) mm, cm, m<br>$b_1$ Teillänge 2 Strahl 1 (z. B.) mm, cm, m<br>$c$ Teillänge 1 Strahl 2 (z. B.) mm, cm, m<br>$c_1$ Teillänge 2 Strahl 2 (z. B.) mm, cm, m<br><br>Werden zwei sich in einem Punkt A schneidende Geraden von Parallelen geschnitten, so sind die Parallelabschnitte und die Strahlenabschnitte verhältnisgleich. |

**Beispiel**

$a_1 = 25\,\text{mm}$

$b = 33\,\text{mm}$

$b_1 = 40\,\text{mm}$

$a = ?$

$$a = \frac{a_1 \cdot b}{b_1}$$

$$a = \frac{25\,\text{mm} \cdot 33\,\text{mm}}{40\,\text{mm}} = 20{,}6\,\frac{\cancel{\text{mm}} \cdot \text{mm}}{\cancel{\text{mm}}} = \underline{\underline{20{,}6\,\text{mm}}}$$

## Gestreckte Länge 1

| Formelzeichen / Einheiten | | | Formel / Formelumstellung | Abbildung |
|---|---|---|---|---|
| $l$ | gestreckte Länge | (z. B.) mm, cm, m | $l = \frac{d_m \cdot \pi \cdot \alpha}{360°}$ | **Gestreckte Länge beim Ringbogen** |
| $d_m$ | mittlerer Durchmesser | (z. B.) mm, cm, m | $d_m = \frac{l \cdot 360°}{\pi \cdot \alpha}$ | |
| $\alpha$ | Biegewinkel | in ° (Grad) | $\alpha = \frac{l \cdot 360°}{d_m \cdot \pi}$ | |
| $D$ | Außendurchmesser | (z. B.) mm, cm, m | $d_m = \frac{D + d}{2}$ | |
| $d$ | Innendurchmesser | (z. B.) mm, cm, m | $D = 2 \cdot d_m - d$ | |
| | | | $d = 2 \cdot d_m - D$ | |



**Beispiel**

$d_m = 500\,\text{mm}$

$\alpha = 270°$

$l = ?$

$$l = \frac{d_m \cdot \pi \cdot \alpha}{360°}$$

$$l = \frac{500\,\text{mm} \cdot \pi \cdot 270°}{360°} = \underline{\underline{1178{,}1\,\text{mm}}}$$

1

1

## Gestreckte Länge 2

| Abbildung | Formel / Formelumstellung | Formelzeichen / Einheiten |
|---|---|---|
| **Zusammengesetzte gestreckte Länge**<br>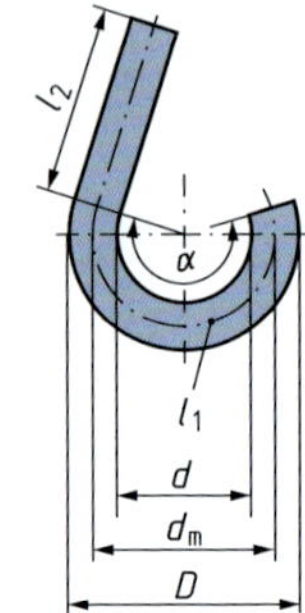<br> | $l = l_1 + l_2 + \ldots$<br><br>$l = \frac{d_m \cdot \pi \cdot \alpha}{360°} + l_2$<br><br>$d_m = \frac{(l - l_2) \cdot 360°}{\pi \cdot \alpha}$<br><br>$\alpha = \frac{(l - l_2) \cdot 360°}{d_m \cdot \pi}$<br><br>$l_2 = l - \frac{d_m \cdot \pi \cdot \alpha}{360°}$<br><br>$d_m = \frac{D + d}{2}$<br><br>$D = 2 \cdot d_m - d$<br><br>$d = 2 \cdot d_m - D$ | $l$ gestreckte Länge (z. B.) mm, cm, m<br>$l_1, l_2, \ldots$ Teillängen (z. B.) mm, cm, m<br>$d_m$ mittlerer Durchmesser (z. B.) mm, cm, m<br>$\alpha$ Biegewinkel in ° (Grad)<br>$D$ Außendurchmesser (z. B.) mm, cm, m<br>$d$ Innendurchmesser (z. B.) mm, cm, m |

**Beispiel**

$d_m = 350\,\text{mm}$

$l_2 = 180\,\text{mm}$

$\alpha = 200°$

$l = ?$

$$l = \frac{d_m \cdot \pi \cdot \alpha}{360°} + l_2$$

$$l = \frac{350\,\text{mm} \cdot \pi \cdot 200\not{°}}{360\not{°}} + 180\,\text{mm} = \underline{\underline{790{,}9\,\text{mm}}}$$

## Teilung von Längen 1

### Formelzeichen / Einheiten

| | | |
|---|---|---|
| $P$ | Teilung | (z. B.) mm, m |
| $L$ | Gesamtlänge | (z. B.) mm, m |
| $l_1$ | Teilungslänge | (z. B.) mm, m |
| $l_2$, $l_3$ | Randabstände | (z. B.) mm, m |
| $n$ | Anzahl der Bohrungen | |
| $z$ | Anzahl der Teilungen, die der Teilung $P$ entsprechen | |

### Formel / Formelumstellung

$$P = \frac{L-(l_2+l_3)}{z}$$

$L = P \cdot z + l_2 + l_3$

$l_2 = L - l_3 - P \cdot z$

$l_3 = L - l_2 - P \cdot z$

$z = \frac{L-(l_2+l_3)}{P}$

$$P = \frac{L-(l_2+l_3)}{n-1}$$

$L = P \cdot (n-1) + l_2 + l_3$

$l_2 = L - l_3 - P \cdot (n-1)$

$l_3 = L - l_2 - P \cdot (n-1)$

$n = \frac{L-(l_2+l_3)}{P} + 1$

$$L = l_1 + l_2 + l_3$$

$l_1 = L - l_2 - l_3$

$l_2 = L - l_1 - l_3$

$l_3 = L - l_1 - l_2$

$$z = n - 1$$

### Abbildung

**Teilung von Längen mit Teilung ≠ Randabstände**

($l_2 = l_3$ oder $l_2 \neq l_3$)

### Beispiel

$L = 445\,\text{mm}$

$l_2 = 10\,\text{mm}$

$l_3 = 15\,\text{mm}$

$n = 25$

$P = ?$

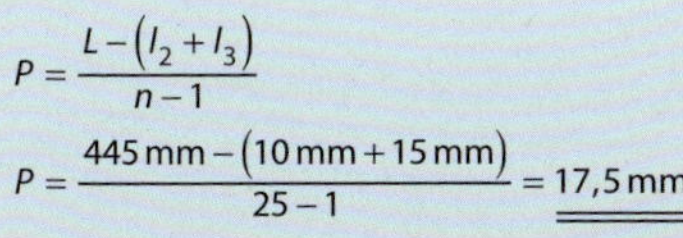

$$P = \frac{L-(l_2+l_3)}{n-1}$$

$$P = \frac{445\,\text{mm} - (10\,\text{mm} + 15\,\text{mm})}{25-1} = \underline{\underline{17{,}5\,\text{mm}}}$$

1

1

## Teilung von Längen 2

| Abbildung | Formel / Formelumstellung | | Formelzeichen / Einheiten | | |
|---|---|---|---|---|---|
| **Teilung von Längen mit Teilung = Randabständen**<br>$(P = l)$<br>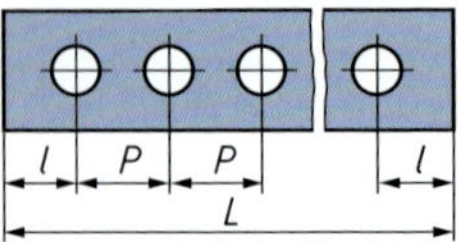 | $P = \frac{L}{z}$<br>$L = P \cdot z$<br>$z = \frac{L}{P}$<br>$z = n + 1$ | $P = \frac{L}{n+1}$<br>$L = P \cdot (n+1)$<br>$n = \frac{L}{P} - 1$ | *P* Teilung<br>*L* Gesamtlänge<br>*l* Randabstände<br>*n* Anzahl der Bohrungen<br>*z* Anzahl der Teilungen, die der Teilung *P* entsprechen | (z. B.) mm, cm, m<br>(z. B.) mm, cm, m<br>(z. B.) mm, cm, m | |

**Beispiel**

$L = 350\,\text{mm}$

$n = 19$

$P = ?$

$$P = \frac{L}{n+1}$$

$$P = \frac{350\,\text{mm}}{19+1} = \underline{\underline{17{,}5\,\text{mm}}}$$

## Neigung und Steigung

| Formelzeichen / Einheiten | | | Formel / Formelumstellung | Abbildung |
|---|---|---|---|---|
| $\alpha$ | Steigungs- bzw. Neigungswinkel | in ° (Grad) | $\tan\alpha = \frac{1}{y}$  $\tan\alpha = \frac{h}{l}$ | **Neigung (nach links fallend)** 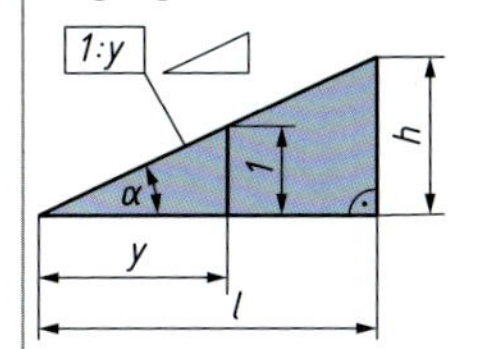  |
| $\frac{1}{y}$ | Steigungs- bzw. Neigungsverhältnis | (z. B.) $\frac{1}{\text{mm}}, \frac{1}{\text{cm}}$ | $\tan\alpha = \frac{1}{y} = \frac{h}{l}$ | |
| $h$ | Höhe | (z. B.) mm, cm, m | $y = \frac{l}{h}$  $l = y \cdot h$  $h = \frac{l}{y}$ | |
| $l$ | Länge der Waagerechten | (z. B.) mm, cm, m | $P = \tan\alpha \cdot 100\,\%$ | **Steigung (nach rechts fallend)** 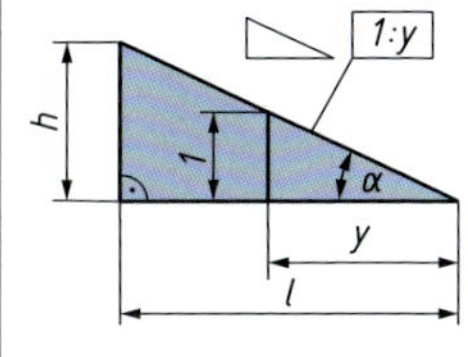  |
| $P$ | Steigung in Prozent | % | $\tan\alpha = \frac{P}{100\,\%}$ | |
| $y$ | Länge der Waagerechten bei Höhe $h = 1$ | (z. B.) mm, cm, m | $P = \frac{h \cdot 100\,\%}{l}$  $h = \frac{P \cdot l}{100\,\%}$  $l = \frac{h \cdot 100\,\%}{P}$ | |

**Beispiel**

$l = 75\,\text{mm}$

$h = 30\,\text{mm}$

$y = ?$

$$y = \frac{l}{h}$$

$$y = \frac{75\,\text{mm}}{30\,\text{mm}} = 2{,}5\,\frac{\cancel{\text{mm}}}{\cancel{\text{mm}}} = \underline{\underline{2{,}5}}$$



1

1

## Volumen und Oberflächen

| Abbildung | Formel / Formelumstellung | Formelzeichen / Einheiten |
|---|---|---|
| **Würfel**<br>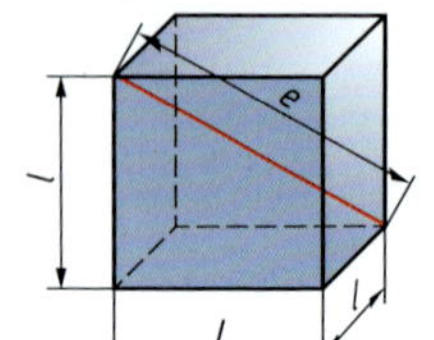<br> | $V = l \cdot l \cdot l$<br>$V = l^3$<br>$l = \sqrt[3]{V}$<br>$A_O = 6 \cdot l^2$<br>$l = \sqrt{\frac{A_O}{6}}$<br>$e = l \cdot \sqrt{3}$<br>$l = \frac{e}{\sqrt{3}}$ | $V$ Volumen (z. B.) $mm^3$, $cm^3$, $m^3$<br>$l$ Seitenlänge (z. B.) mm, cm, m<br>$A_O$ Oberfläche (z. B.) $mm^2$, $cm^2$, $m^2$<br>$e$ Raumdiagonale (z. B.) mm, cm, m |

**Beispiel**

$l = 0{,}5\,m$

$V = ?$

$V = l \cdot l \cdot l$

$V = 0{,}5\,m \cdot 0{,}5\,m \cdot 0{,}5\,m = \underline{\underline{0{,}125\,m^3}}$

## Volumen und Oberflächen

| Formelzeichen / Einheiten | Formel / Formelumstellung | Abbildung |
|---|---|---|
| $V$ Volumen (z. B.) $mm^3$, $cm^3$, $m^3$<br>$l$ Länge (z. B.) mm, cm, m<br>$b$ Breite (z. B.) mm, cm, m<br>$h$ Höhe (z. B.) mm, cm, m<br>$A_O$ Oberfläche (z. B.) $mm^2$, $cm^2$, $m^2$<br>$e$ Raum-diagonale (z. B.) mm, cm, m | $V = l \cdot b \cdot h$<br>$l = \frac{V}{b \cdot h}$<br>$b = \frac{V}{l \cdot h}$<br>$h = \frac{V}{l \cdot b}$<br>$A_O = 2 \cdot l \cdot h + 2 \cdot l \cdot b + 2 \cdot b \cdot h$<br>$A_O = 2 \cdot (l \cdot h + l \cdot b + b \cdot h)$<br>$l = \frac{A_O - 2 \cdot b \cdot h}{2 \cdot (b + h)}$<br>$h = \frac{A_O - 2 \cdot b \cdot l}{2 \cdot (b + l)}$<br>$b = \frac{A_O - 2 \cdot h \cdot l}{2 \cdot (h + l)}$<br>$e = \sqrt{l^2 + b^2 + h^2}$ | **Rechteckprisma, Quader**<br>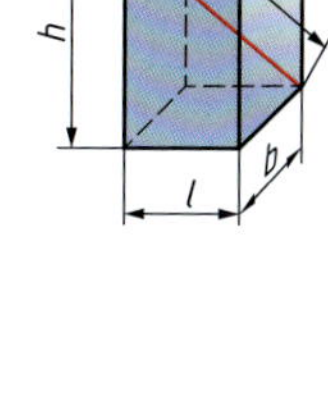 |

**Beispiel**

$l = 0{,}2\,m$

$b = 0{,}35\,m$

$h = 0{,}6\,m$

$V = ?$

$V = l \cdot b \cdot h$

$V = 0{,}2\,m \cdot 0{,}35\,m \cdot 0{,}6\,m = \underline{\underline{0{,}042\,m^3}}$

1

1

## Volumen und Oberflächen

| Abbildung | Formel / Formelumstellung | Formelzeichen / Einheiten |
|---|---|---|
| **Zylinder** 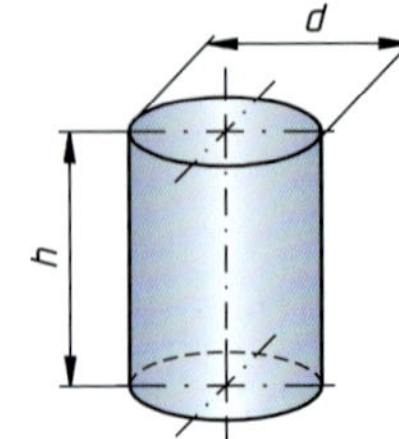  | $V = A_G \cdot h$ <br> $V = \frac{d^2 \cdot \pi}{4} \cdot h$ <br> $A_G = \frac{V}{h}$ <br> $d = \sqrt{\frac{4 \cdot V}{\pi \cdot h}}$ <br> $h = \frac{V}{A_G}$ <br> $h = \frac{4 \cdot V}{\pi \cdot d^2}$ <br> $A_M = d \cdot \pi \cdot h$ <br> $d = \frac{A_M}{\pi \cdot h}$ <br> $h = \frac{A_M}{d \cdot \pi}$ <br> $A_O = \frac{2 \cdot d^2 \cdot \pi}{4} + A_M$ <br> $A_O = \frac{2 \cdot d^2 \cdot \pi}{4} + d \cdot \pi \cdot h$ <br> $h = \frac{A_O}{d \cdot \pi} - \frac{d}{2}$ | $V$ Volumen (z. B.) $mm^3$, $cm^3$, $m^3$ <br> $A_G$ Grundfläche (z. B.) $mm^2$, $cm^2$, $m^2$ <br> $h$ Höhe (z. B.) mm, cm, m <br> $d$ Durchmesser (z. B.) mm, cm, m <br> $A_O$ Oberfläche (z. B.) $mm^2$, $cm^2$, $m^2$ <br> $A_M$ Mantelfläche (z. B.) $mm^2$, $cm^2$, $m^2$ |

**Beispiel**

$A_G = 20\,m^2$

$h = 3\,m$

$V = ?$

$V = A_G \cdot h$

$V = 20\,m^2 \cdot 3\,m = 60\,m^2 \cdot m = \underline{\underline{60\,m^3}}$

## Volumen und Oberflächen

| Formelzeichen / Einheiten | | | Formel / Formelumstellung | Abbildung |
|---|---|---|---|---|
| $V$ | Volumen | (z.B.) $mm^3$, $m^3$ | $V = \frac{\pi}{4} \cdot \left(D^2 - d^2\right) \cdot h$    $V = A_G \cdot h$ | **Hohlzylinder** |
| $D$ | Außendurchmesser | (z.B.) mm, m | $D = \sqrt{\frac{4 \cdot V}{\pi \cdot h} + d^2}$    $A_G = \frac{V}{h}$ | 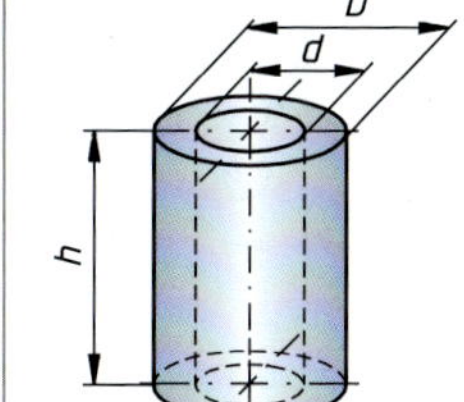 |
| $d$ | Innendurchmesser | (z.B.) mm, m | $d = \sqrt{D^2 - \frac{4 \cdot V}{\pi \cdot h}}$    $h = \frac{V}{A_G}$ | |
| $h$ | Höhe | (z.B.) mm, m | $h = \frac{4 \cdot V}{\pi \cdot \left(D^2 - d^2\right)}$ | |
| $A_O$ | Oberfläche | (z.B.) $mm^2$, $m^2$ | $A_O = \pi \cdot (D + d) \cdot \left[\frac{(D-d)}{2} + h\right]$ | |
| $A_G$ | Grund(Ring-)fläche | (z.B.) $mm^2$, $m^2$ | $h = \frac{A_O}{\pi \cdot (D + d)} - \frac{(D-d)}{2}$ | |

**Beispiel**

$D = 1{,}5\,m$

$d = 1{,}3\,m$

$h = 3\,m$

$V = ?$

$$V = \frac{\pi}{4} \cdot \left(D^2 - d^2\right) \cdot h$$

$$V = \frac{\pi}{4} \cdot \left((1{,}5\,m)^2 - (1{,}3\,m)^2\right) \cdot 3\,m = 1{,}3\,m^2 \cdot m = \underline{\underline{1{,}3\,m^3}}$$

1

1

## Volumen und Oberflächen

| Abbildung | Formel / Formelumstellung | Formelzeichen / Einheiten |
|---|---|---|
| **Zylinderkeil** 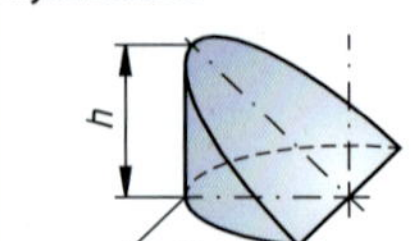  | $V = \frac{2}{3} \cdot R^2 \cdot h$<br>$R = \sqrt{\frac{V \cdot 3}{2 \cdot h}}$<br>$h = \frac{V \cdot 3}{2 \cdot R^2}$<br>$A_M = 2 \cdot R \cdot h$<br>$R = \frac{A_M}{2 \cdot h}$<br>$h = \frac{A_M}{2 \cdot R}$<br>$A_O = A_M + \frac{\pi}{2} \cdot R^2 + \frac{\pi}{2} \cdot R \cdot \sqrt{R^2 + h^2}$ | $V$ Volumen (z. B.) $mm^3$, $cm^3$, $m^3$<br>$r$ Zylinderradius (z. B.) mm, cm, m<br>$h$ Höhe (z. B.) mm, cm, m<br>$A_M$ Mantelfläche (z. B.) $mm^2$, $cm^2$, $m^2$<br>$A_O$ Oberfläche (z. B.) $mm^2$, $cm^2$, $m^2$ |

**Beispiel**

$R = 150\,\text{mm}$

$h = 5\,\text{mm}$

$V = ?$

$$V = \frac{2}{3} \cdot R^2 \cdot h$$

$$V = \frac{2}{3} \cdot (150\,\text{mm})^2 \cdot 5\,\text{mm} = 500\,\text{mm}^2 \cdot \text{mm} = \underline{\underline{500\,\text{mm}^3}}$$

## Volumen und Oberflächen

| Formelzeichen / Einheiten | | | Formel / Formelumstellung | | Abbildung |
|---|---|---|---|---|---|
| $V$ | Volumen | (z. B.) $mm^3$, $cm^3$, $m^3$ | $V = \frac{d^2 \cdot \pi \cdot h}{12}$ | $A_M = \frac{\pi \cdot d \cdot l}{2}$ | **Kegel** |
| $d$ | Durchmesser | (z. B.) mm, cm, m | $d = \sqrt{\frac{12 \cdot V}{\pi \cdot h}}$ | $d = \frac{2 \cdot A_M}{\pi \cdot l}$ | |
| $h$ | Höhe | (z. B.) mm, cm, m | $h = \frac{12 \cdot V}{\pi \cdot d^2}$ | $l = \frac{2 \cdot A_M}{\pi \cdot d}$ | |
| $l$ | Mantelhöhe | (z. B.) mm, cm, m | $l = \sqrt{h^2 + \frac{d^2}{4}}$ | $A_O = \frac{d^2 \cdot \pi}{4} + \frac{d \cdot \pi \cdot l}{2}$ | |
| $A_M$ | Mantelfläche | (z. B.) $mm^2$, $cm^2$, $m^2$ | $h = \sqrt{l^2 - \frac{d^2}{4}}$ | | |
| $A_O$ | Oberfläche | (z. B.) $mm^2$, $cm^2$, $m^2$ | $d = \sqrt{4 \cdot (l^2 - h^2)}$ | | |

h, l, d

**Beispiel**

$d = 25\,cm$

$h = 40\,cm$

$V = ?$

$$V = \frac{d^2 \cdot \pi \cdot h}{12}$$

$$V = \frac{(25\,cm)^2 \cdot \pi \cdot 40\,cm}{12} = 6545\,cm^2 \cdot cm = \underline{\underline{6545\,cm^3}}$$

1

## Volumen und Oberflächen

| Abbildung | Formel / Formelumstellung | Formelzeichen / Einheiten |
|---|---|---|

**Kegelstumpf**

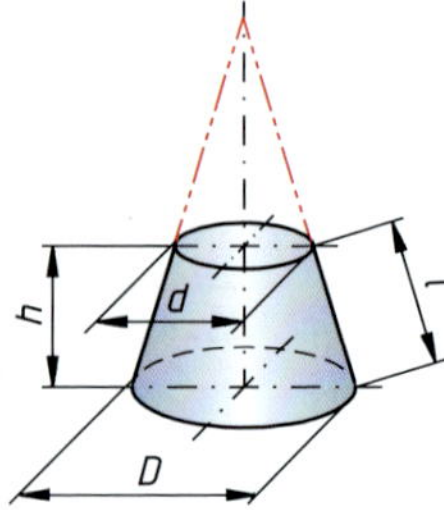


$$V = \frac{\pi \cdot h}{12} \cdot \left(D^2 + d^2 + D \cdot d\right)$$

$$A_M = \frac{(D+d)}{2} \cdot \pi \cdot l$$

$$D = \frac{2 \cdot A_M}{\pi \cdot l} - d$$

$$d = \frac{2 \cdot A_M}{\pi \cdot l} - D$$

$$l = \frac{2 \cdot A_M}{(D+d) \cdot \pi}$$

$$A_O = \frac{\left(D^2 + d^2\right) \cdot \pi}{4} + A_M$$

$$A_O = \frac{\left(D^2 + d^2\right) \cdot \pi}{4} + \frac{(D+d) \cdot \pi \cdot l}{2}$$

$$l = \sqrt{h^2 + \left(\frac{D-d}{2}\right)^2} \qquad h = \sqrt{l^2 - \left(\frac{D-d}{2}\right)^2}$$

| Formelzeichen | Bedeutung | Einheiten |
|---|---|---|
| $V$ | Volumen | (z. B.) $mm^3$, $cm^3$, $m^3$ |
| $h$ | Höhe | (z. B.) mm, cm, m |
| $D$ | großer Durchmesser | (z. B.) mm, cm, m |
| $d$ | kleiner Durchmesser | (z. B.) mm, cm, m |
| $A_M$ | Mantelfläche | (z. B.) $mm^2$, $cm^2$, $m^2$ |
| $l$ | Mantelhöhe | (z. B.) mm, cm, m |
| $A_O$ | Oberfläche | (z. B.) $mm^2$, $cm^2$, $m^2$ |

**Beispiel**

$D = 50\,\text{mm}$

$d = 30\,\text{mm}$

$h = 45\,\text{mm}$

$V = ?$

$$V = \frac{\pi \cdot h}{12} \cdot \left(D^2 + d^2 + D \cdot d\right)$$

$$V = \frac{\pi \cdot 45\,\text{mm}}{12} \cdot \left((50\,\text{mm})^2 + (30\,\text{mm})^2 + 50\,\text{mm} \cdot 30\,\text{mm}\right) = \underline{\underline{57\,727\,\text{mm}^3}}$$

## Volumen und Oberflächen

| Formelzeichen / Einheiten | | | Formel / Formelumstellung | Abbildung |
|---|---|---|---|---|
| $V$ | Volumen | (z. B.) mm³, cm³, m³ | $V = \frac{a^2 \cdot h}{3}$ | **Pyramide (quadratisch)** |
| $a$ | Seitenlängen | (z. B.) mm, cm, m | $a = \sqrt{\frac{3 \cdot V}{h}}$ | 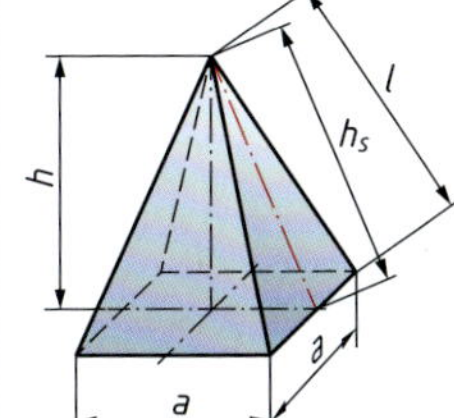 |
| $h$ | Höhe | (z. B.) mm, cm, m | $h = \frac{3 \cdot V}{a^2}$ | |
| $h_S$ | Mantelhöhe | (z. B.) mm, cm, m | $h_S = \sqrt{h^2 + \frac{a^2}{4}}$ ; $l = \sqrt{h_s^2 + \frac{a^2}{4}}$ | |
| $A_M$ | Mantelfläche | (z. B.) mm², cm², m² | $h = \sqrt{h_S^2 - \frac{a^2}{4}}$ ; $h_s = \sqrt{l^2 - \frac{a^2}{4}}$ | |
| $A_O$ | Oberfläche | (z. B.) mm², cm², m² | $a = 2 \cdot \sqrt{h_S^2 - h^2}$ ; $a = 2 \cdot \sqrt{l^2 - h_S^2}$ | |
| $l$ | Kantenlänge | (z. B.) mm, cm, m | $A_O = a^2 + 2 \cdot a \cdot h_S$ | |
| | | | $A_M = 2 \cdot a \cdot h_S$ | |

**Beispiel**

$a = 230\,\text{m}$

$h = 145\,\text{m}$

$V = ?$

$$V = \frac{a^2 \cdot h}{3}$$

$$V = \frac{(230\,\text{m})^2 \cdot 145\,\text{m}}{3} = 2556833\,\text{m}^2 \cdot \text{m} = \underline{\underline{2556833\,\text{m}^3}}$$



1

1

## Volumen und Oberflächen

| Abbildung | Formel / Formelumstellung | | Formelzeichen / Einheiten |
|---|---|---|---|
| **Pyramide (rechteckig)** 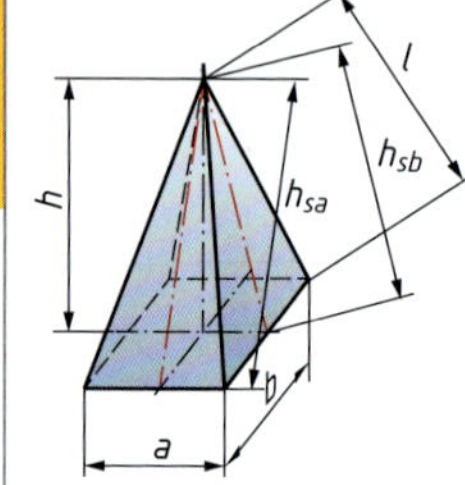  | $V = \frac{a \cdot b \cdot h}{3}$ | $a = \frac{3 \cdot V}{b \cdot h}$ | $V$ Volumen (z. B.) $mm^3$, $cm^3$, $m^3$ |
| | $b = \frac{3 \cdot V}{a \cdot h}$ | $h = \frac{3 \cdot V}{a \cdot b}$ | $a, b$ Seitenlängen (z. B.) mm, cm, m |
| | $h_{Sa} = \sqrt{h^2 + \frac{b^2}{4}}$ | $h_{Sb} = \sqrt{h^2 + \frac{a^2}{4}}$ | $h$ Höhe (z. B.) mm, cm, m |
| | $h = \sqrt{h_{Sa}^2 - \frac{b^2}{4}}$ | $h = \sqrt{h_{Sb}^2 - \frac{a^2}{4}}$ | $A_M$ Mantelfläche (z. B.) $mm^2$, $cm^2$, $m^2$ |
| | $b = 2 \cdot \sqrt{h_{Sa}^2 - h^2}$ | $a = 2 \cdot \sqrt{h_{Sb}^2 - h^2}$ | $A_O$ Oberfläche (z. B.) $mm^2$, $cm^2$, $m^2$ |
| | $l = \sqrt{h_{sa}^2 + \frac{a^2}{4}}$ | $l = \sqrt{h_{sb}^2 + \frac{b^2}{4}}$ | $h_{Sa}$ Mantelhöhe von der Grundseite $a$ (z. B.) mm, cm, m |
| | $A_O = a \cdot b + a \cdot h_{Sa} + b \cdot h_{Sb}$ | | $h_{Sb}$ Mantelhöhe von der Grundseite $b$ (z. B.) mm, cm, m |
| | $A_M = a \cdot h_{Sa} + b \cdot h_{Sb}$ | | $l$ Kantenlänge (z. B.) mm, cm, m |

**Beispiel**

$b = 121\,m$

$h = 60\,m$

$h_{Sa} = ?$

$$h_{Sa} = \sqrt{h^2 + \frac{b^2}{4}}$$

$$h_{Sa} = \sqrt{(60\,m)^2 + \frac{(121\,m)^2}{4}} = \underline{\underline{85{,}2\,m}}$$

## Volumen und Oberflächen

| Formelzeichen / Einheiten | | |
|---|---|---|
| $V$ | Volumen | (z. B.) mm³, cm³, m³ |
| $h$ | Höhe | (z. B.) mm, cm, m |
| $A_1$ | Grundfläche | (z. B.) mm², cm², m² |
| $A_2$ | Deckfläche | (z. B.) mm², cm², m² |
| $a_1, a_2$ | Seitenlängen | (z. B.) mm, cm, m |
| $h_S$ | Mantelhöhe | (z. B.) mm, cm, m |
| $A_O$ | Oberfläche | (z. B.) mm², cm², m² |
| $A_M$ | Mantelfläche | (z. B.) mm², cm², m² |

**Formel / Formelumstellung**

$$V = \frac{h}{3} \cdot \left(A_1 + A_2 + \sqrt{A_1 + A_2}\right)$$

$$h = \frac{3 \cdot V}{A_1 + A_2 + \sqrt{A_1 + A_2}}$$

$$A_1 = a_1^2 \qquad A_2 = a_2^2$$

$$a_1 = \sqrt{A_1} \qquad a_2 = \sqrt{A_2}$$

$$h_S = \sqrt{h^2 + \left(\frac{a_1 - a_2}{2}\right)^2}$$

$$h = \sqrt{h_S^2 - \left(\frac{a_1 - a_2}{2}\right)^2}$$

$$a_1 = a_2 + 2 \cdot \sqrt{h_S^2 - h^2}$$

$$a_2 = a_1 - 2 \cdot \sqrt{h_S^2 - h^2}$$

$$A_O = a_1^2 + a_2^2 + 2 \cdot h_S \cdot (a_1 + a_2)$$

$$A_M = 2 \cdot h_S \cdot (a_1 + a_2)$$

**Abbildung**

**Pyramidenstumpf (quadratisch)**

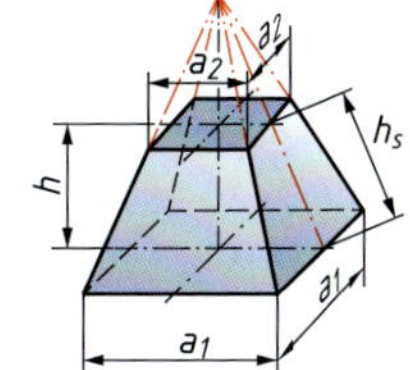


**Beispiel**

$a = 20\,\text{cm}$

$A_1 = 900\,\text{cm}^2$

$A_2 = 225\,\text{cm}^2$

$V = ?$

$$V = \frac{h}{3} \cdot \left(A_1 + A_2 + \sqrt{A_1 + A_2}\right)$$

$$V = \frac{20\,\text{cm}}{3} \cdot \left(900\,\text{cm}^2 + 225\,\text{cm}^2 + \sqrt{900\,\text{cm}^2 + 225\,\text{cm}^2}\right) = \underline{\underline{7723{,}6\,\text{cm}^3}}$$

1

1

## Volumen und Oberflächen

| Abbildung | Formel / Formelumstellung | Formelzeichen / Einheiten |
|---|---|---|
| **Pyramidenstumpf (rechteckig)**<br>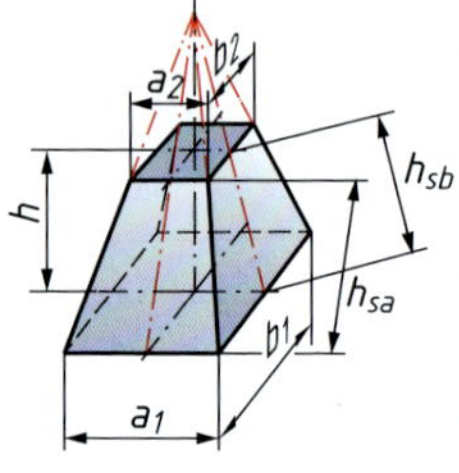 | $V = \frac{h}{3} \cdot \left(A_1 + A_2 + \sqrt{A_1 \cdot A_2}\right)$<br>$h = \frac{3 \cdot V}{A_1 + A_2 + \sqrt{A_1 \cdot A_2}}$<br>$A_1 = a_1 \cdot b_1$ $\quad A_2 = a_2 \cdot b_2$<br>$a_1 = \frac{A_1}{b_1}$ $\quad a_2 = \frac{A_2}{b_2}$<br>$b_1 = \frac{A_1}{a_1}$ $\quad b_2 = \frac{A_2}{a_2}$<br>$h_{Sa} = \sqrt{h^2 + \left(\frac{b_1 - b_2}{2}\right)^2}$ $\quad h_{Sb} = \sqrt{h^2 + \left(\frac{a_1 - a_2}{2}\right)^2}$<br>$h = \sqrt{h_{Sa}^2 - \left(\frac{b_1 - b_2}{2}\right)^2}$ $\quad h = \sqrt{h_{Sb}^2 - \left(\frac{a_1 - a_2}{2}\right)^2}$<br>$b_1 = b_2 + 2 \cdot \sqrt{h_{Sa}^2 - h^2}$ $\quad a_1 = a_2 + 2 \cdot \sqrt{h_{Sb}^2 - h^2}$<br>$b_2 = b_1 - 2 \cdot \sqrt{h_{Sa}^2 - h^2}$ $\quad a_2 = a_1 - 2 \cdot \sqrt{h_{Sb}^2 - h^2}$<br>$A_O = a_1 \cdot b_1 + a_2 \cdot b_2 + h_{Sa} \cdot (a_1 + a_2) + h_{Sb} \cdot (b_1 + b_2)$<br>$A_M = h_{Sa} \cdot (a_1 + a_2) + h_{Sb} \cdot (b_1 + b_2)$ | $V$ Volumen (z. B.) mm³, m³<br>$h$ Höhe (z. B.) mm, m<br>$A_1$ Grundfläche (z. B.) mm², m²<br>$A_2$ Deckfläche (z. B.) mm², m²<br>$a_1, b_1$ Seitenlängen Grundfläche (z. B.) mm, m<br>$a_2, b_2$ Seitenlängen Deckfläche (z. B.) mm, m<br>$h_{Sa}$ Mantelhöhe von der Grundseite *a* (z. B.) mm, m<br>$h_{Sb}$ Mantelhöhe von der Grundseite *b* (z. B.) mm, m<br>$A_O$ Oberfläche (z. B.) mm², m²<br>$A_M$ Mantelfläche (z. B.) mm², m² |

**Beispiel**

$h = 15\,\text{cm}$

$b_1 = 50\,\text{cm}$

$b_2 = 20\,\text{cm}$

$V = ?$

$$h_{Sa} = \sqrt{h^2 + \left(\frac{b_1 - b_2}{2}\right)^2} = \sqrt{(15\,\text{cm})^2 + \left(\frac{50\,\text{cm} - 20\,\text{cm}}{2}\right)^2} = \underline{\underline{21{,}21\,\text{cm}}}$$

## Volumen und Oberflächen

| Formelzeichen / Einheiten | | |
|---|---|---|
| $A_O$ | Oberfläche des Körpers | (z. B.) mm², m² |
| $U$ | Umfang | (z. B.) mm, m |
| $s$ | Weg des Schwerpunktes | (z. B.) mm, m |
| $d_S$ | Durchmesser des Schwerpunktwegs | (z. B.) mm, m |
| $V$ | Volumen | (z. B.) mm³, m³ |
| $A$ | Querschnittsfläche | (z. B.) mm², m² |

### Formel / Formelumstellung

**Oberfläche:**

$A_O = U \cdot s$   $s = d_S \cdot \pi$

$A_O = U \cdot d_S \cdot \pi$

$U = \frac{A_O}{d_S \cdot \pi}$   $d_S = \frac{A_O}{U \cdot \pi}$

Ein Umfang, der sich um eine Achse dreht, erzeugt eine **Oberfläche**.

**Volumen:**

$V = A \cdot s$   $s = d_S \cdot \pi$

$V = A \cdot d_S \cdot \pi$

$A = \frac{V}{d_S \cdot \pi}$   $d_S = \frac{V}{A \cdot \pi}$

Eine Fläche, die sich um eine Achse dreht, erzeugt ein **Volumen**.

### Abbildung

**Guldinsche Regel**

**Oberfläche:**

Drehachse

$d_s$

$s$

$A$

**Volumen:**

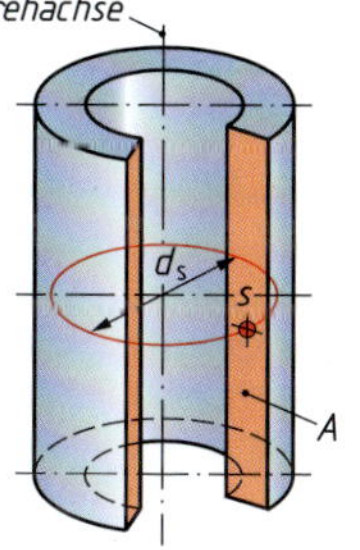


**Beispiel**

$U = 0{,}5\,m$

$d_S = 2{,}5\,m$

$A_O = ?$

$A_O = U \cdot d_S \cdot \pi$

$A_O = 0{,}5\,m \cdot 2{,}5\,m \cdot \pi = \underline{\underline{3{,}9\,m^2}}$

1

## Volumen und Oberflächen

| Abbildung | Formel / Formelumstellung | Formelzeichen / Einheiten |
|---|---|---|
| **Kugel**<br>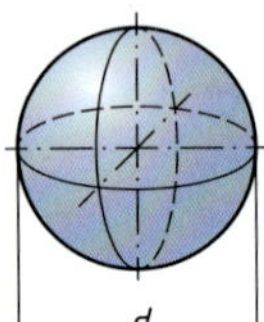<br> | **Oberfläche:**<br>$A_O = d^2 \cdot \pi$<br>$d = \sqrt{\frac{A_O}{\pi}}$<br>**Volumen:**<br>$V = \frac{d^3 \cdot \pi}{6}$<br>$d = \sqrt[3]{\frac{6 \cdot V}{\pi}}$ | $A_O$ Oberfläche der Kugel (z. B.) $mm^2$, $cm^2$, $m^2$<br>$d$ Kugeldurchmesser (z. B.) mm, cm, m<br>$V$ Volumen (z. B.) $mm^3$, $cm^3$, $m^3$ |

**Beispiel**

$d = 22\,cm$

$A_O = ?$

$A_O = d^2 \cdot \pi$

$A_O = (22\,cm)^2 \cdot \pi = \underline{\underline{1520{,}5\,cm^2}}$

## Volumen und Oberflächen

| Formelzeichen / Einheiten | | | Formel / Formelumstellung | Abbildung |
|---|---|---|---|---|
| $A_O$ | Oberfläche der Kugel | (z. B.) $mm^2$, $cm^2$, $m^2$ | **Oberfläche:** $A_O = \pi \cdot h \cdot (2 \cdot d - h)$ <br> $d = \frac{A_O}{2 \cdot \pi \cdot h} + \frac{h}{2}$ | **Kugelabschnitt 1 (Kalotte)** 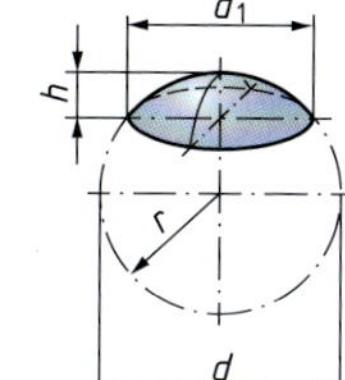  |
| $h$ | Höhe | (z. B.) mm, cm, m | | |
| $d$ | Kugeldurchmesser | (z. B.) mm, cm, m | | |
| $A_M$ | Mantelfläche | (z. B.) $mm^2$, $cm^2$, $m^2$ | **Mantelfläche:** $A_M = d \cdot \pi \cdot h$ <br> $d = \frac{A_M}{\pi \cdot h}$ $h = \frac{A_M}{d \cdot \pi}$ | |
| $V$ | Volumen | (z. B.) $mm^3$, $cm^3$, $m^3$ | **Volumen:** $V = \pi \cdot h^2 \cdot \left(\frac{d}{2} - \frac{h}{3}\right)$ <br> $d = 2 \cdot \left(\frac{V}{\pi \cdot h^2} + \frac{h}{3}\right)$ | |
| $r$ | Kugelradius | (z. B.) mm, cm, m | | |
| $d_1$ | Durchmesser des Kugelabschnitts | (z. B.) mm, cm, m | | |

**Beispiel**

$h = 10\,cm$

$d = 22\,cm$

$A_O = ?$

$$A_O = \pi \cdot h \cdot (2 \cdot d - h)$$

$$A_O = \pi \cdot 10\,cm \cdot (2 \cdot 22\,cm - 10\,cm) = 1068\,cm \cdot cm = \underline{\underline{1068\,cm^2}}$$

1

1

## Volumen und Oberflächen

| Abbildung | Formel / Formelumstellung | Formelzeichen / Einheiten |
|---|---|---|
| **Kugelabschnitt 2**<br>**(Kalotte)**<br>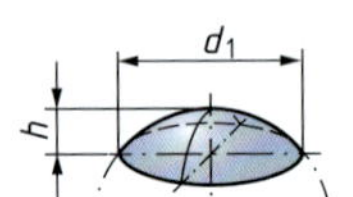 | **Grundfläche:**<br>$A = \frac{d_1^2 \cdot \pi}{4}$<br>$d_1 = \sqrt{\frac{A \cdot 4}{\pi}}$<br>$d_1 = 2 \cdot \sqrt{h \cdot (2 \cdot r - h)}$<br>$d = h + \frac{d_1^2}{4 \cdot h}$<br>$h = r - \sqrt{r^2 - \frac{d_1^2}{4}}$<br>$h = \frac{d - \sqrt{d^2 - d_1^2}}{2}$ | $A$ Grundfläche des Kugelabschnitts (z. B.) $mm^2$, $cm^2$, $m^2$<br>$d_1$ Durchmesser des Kugelabschnitts (z. B.) mm, cm, m<br>$h$ Höhe (z. B.) mm, cm, m<br>$r$ Kugelradius (z. B.) mm, cm, m<br>$d$ Kugel-durchmesser (z. B.) mm, cm, m |

**Beispiel**

$d_1 = 75\,mm$

$A = ?$

$$A = \frac{d_1^2 \cdot \pi}{4}$$

$$A = \frac{(75\,mm)^2 \cdot \pi}{4} = \underline{\underline{4418\,mm^2}}$$

## Volumen und Oberflächen

| Formelzeichen / Einheiten | | | Formel / Formelumstellung | Abbildung |
|---|---|---|---|---|
| $A_O$ | Oberfläche des Kugelausschnitts | (z. B.) $mm^2$, $cm^2$, $m^2$ | **Oberfläche:** $A_O = \frac{\pi \cdot d}{4} \cdot (4 \cdot h + d_1)$ <br> $d = \frac{4 \cdot A_O}{\pi \cdot (4 \cdot h + d_1)}$ <br> $d_1 = \frac{4 \cdot A_O}{\pi \cdot d} - 4 \cdot h$ <br> $h = \frac{A_O}{\pi \cdot d} - \frac{d_1}{4}$ | **Kugelausschnitt 1 (Kugelsektor)** |
| $d$ | Kugeldurchmesser | (z. B.) mm, cm, m | | |
| $h$ | Höhe | (z. B.) mm, cm, m | | |
| $d_1$ | Durchmesser Kugelausschnitt | (z. B.) mm, cm, m | | |
| $V$ | Volumen | (z. B.) $mm^3$, $cm^3$, $m^3$ | **Volumen:** $V = \frac{\pi}{6} \cdot d^2 \cdot h$ <br> $d = \sqrt{\frac{6 \cdot V}{\pi \cdot h}}$ <br> $h = \frac{6 \cdot V}{\pi \cdot d^2}$ | |
| $r$ | Kugelradius | (z. B.) mm, cm, m | | |



**Beispiel**

$d = 50\,mm$

$h = 12\,mm$

$d_1 = 30\,mm$

$A_O = ?$

$$A_O = \frac{\pi \cdot d}{4} \cdot (4 \cdot h + d_1)$$

$$A = \frac{\pi \cdot 50\,mm}{4} \cdot (4 \cdot 12\,mm + 30\,mm) = 3063\,mm \cdot mm = \underline{\underline{3063\,mm^2}}$$

1

1

## Volumen und Oberflächen

| Abbildung | Formel / Formelumstellung | Formelzeichen / Einheiten |
|---|---|---|
| **Kugelausschnitt 2** **(Kugelsektor)** 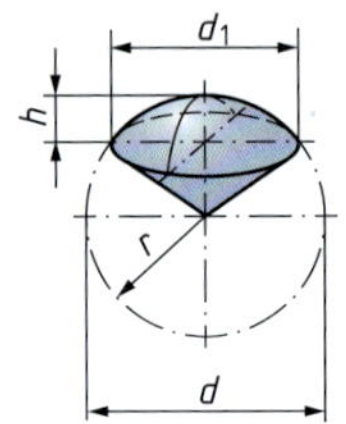  | **Querschnittsfläche zu $d_1$:** $A = \frac{d_1^2 \cdot \pi}{4}$ $\quad d_1 = \sqrt{\frac{A \cdot 4}{\pi}}$<br>$d_1 = 2 \cdot \sqrt{h \cdot (2 \cdot r - h)}$<br>$r = \frac{d_1^2 + 4 \cdot h^2}{8 \cdot h}$ $\quad h = r - \sqrt{r^2 - \frac{d_1^2}{4}}$<br>$d = h + \frac{d_1^2}{4 \cdot h}$<br>$d_1 = \sqrt{4 \cdot h \cdot (d - h)}$<br>$h = 0{,}5 \cdot d - 0{,}5 \cdot \sqrt{d^2 - d_1^2}$ | $A$ Querschnittsfläche zu $d_1$ (z. B.) mm², m²<br>$d_1$ Durchmesser (z. B.) mm, m<br>$h$ Höhe (z. B.) mm, m<br>$r$ Kugelradius (z. B.) mm, m<br>$d$ Kugeldurchmesser (z. B.) mm, m |

**Beispiel**

$d_1 = 1{,}5\,\text{m}$

$A = ?$

$$A = \frac{d_1^2 \cdot \pi}{4}$$

$$A = \frac{(1{,}5\,\text{m})^2 \cdot \pi}{4} = \underline{\underline{1{,}77\,\text{m}^2}}$$

## Volumen und Oberflächen

| Formelzeichen / Einheiten | | | Formel / Formelumstellung | Abbildung |
|---|---|---|---|---|
| $A_O$ | Oberfläche der Kugelschicht | (z. B.) $mm^2$, $cm^2$, $m^2$ | **Oberfläche:** | **Kugelschicht 1** |
| $d$ | Kugeldurchmesser | (z. B.) mm, cm, m | $A_O = \frac{\pi}{4} \cdot \left(4 \cdot d \cdot h + d_1^2 + d_2^2\right)$ | 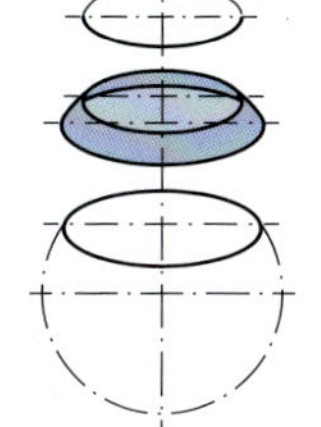 |
| $h$ | Höhe der Schicht | (z. B.) mm, cm, m | $d = \frac{1}{4 \cdot h} \cdot \left(\frac{4 \cdot A_O}{\pi} - d_1^2 - d_2^2\right)$ | 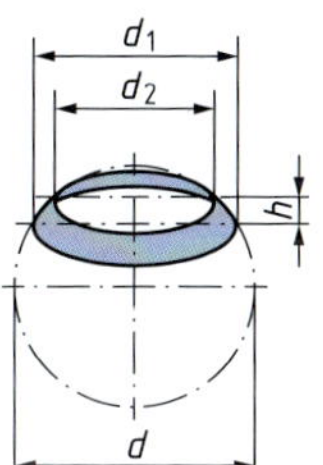 |
| $d_1$ | großer Durchmesser | (z. B.) mm, cm, m | $d_1 = \sqrt{\frac{4 \cdot A_O}{\pi} - 4 \cdot d \cdot h - d_2^2}$ | |
| $d_2$ | kleiner Durchmesser | (z. B.) mm, cm, m | $d_2 = \sqrt{\frac{4 \cdot A_O}{\pi} - 4 \cdot d \cdot h - d_1^2}$ | |
| | | | $h = \frac{1}{d} \cdot \left(\frac{A_O}{\pi} - \frac{d_1^2}{4} - \frac{d_2^2}{4}\right)$ | |

**Beispiel**

$d = 10\,mm$

$h = 2\,mm$

$d_1 = 9{,}17\,mm$

$d_2 = 6\,mm$

$A_O = ?$

$$A_O = \frac{\pi}{4} \cdot \left(4 \cdot d \cdot h + d_1^2 + d_2^2\right)$$

$$A_O = \frac{\pi}{4} \cdot \left(4 \cdot 10\,mm \cdot 2\,mm + (9{,}17\,mm)^2 + (6\,mm)^2\right) \approx \underline{\underline{157{,}1\,mm^2}}$$

1

1

## Volumen und Oberflächen

| Abbildung | Formel / Formelumstellung | Formelzeichen / Einheiten |
|---|---|---|
| **Kugelschicht 2**<br>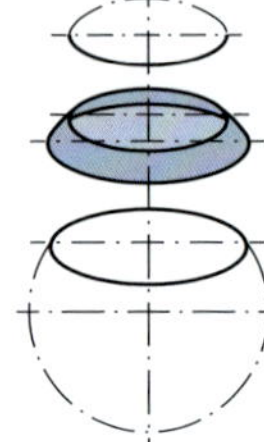 | **Mantelfläche:**<br>$A_M = \pi \cdot d \cdot h$<br>$d = \frac{A_M}{\pi \cdot h}$ $h = \frac{A_M}{\pi \cdot d}$<br>**Volumen:**<br>$V = \frac{\pi}{24} \cdot h \cdot \left(3 \cdot d_1^2 + 3 \cdot d_2^2 + 4 \cdot h^2\right)$<br>$d_1 = \sqrt{\frac{8 \cdot V}{\pi \cdot h} - d_2^2 - \frac{4}{3} \cdot h^2}$<br>$d_2 = \sqrt{\frac{8 \cdot V}{\pi \cdot h} - d_1^2 - \frac{4}{3} \cdot h^2}$ | $A_M$ Oberfläche der Kugelschicht (z. B.) mm², cm², m²<br>$d$ Kugeldurchmesser (z. B.) mm, cm, m<br>$h$ Höhe der Schicht (z. B.) mm, cm, m<br>$V$ Volumen (z. B.) mm³, cm³, m³<br>$d_1$ großer Durchmesser (z. B.) mm, cm, m<br>$d_2$ kleiner Durchmesser (z. B.) mm, cm, m |

**Beispiel**

$d = 10\,mm$

$h = 2\,mm$

$A_M = ?$

$A_M = \pi \cdot d \cdot h$

$A_M = \pi \cdot 10\,mm \cdot 2\,mm = \underline{\underline{62{,}8\,mm^2}}$

## Volumen und Oberflächen

| Formelzeichen / Einheiten | | Formel / Formelumstellung | Abbildung |
|---|---|---|---|
| $A_O$ gesamte Oberfläche von Kugel und Bohrung | (z. B.) mm², cm², m² | **Oberfläche Kugel mit Bohrung:** $A_O = \pi \cdot h \cdot (D + d)$ | **Durchbohrte Kugel** 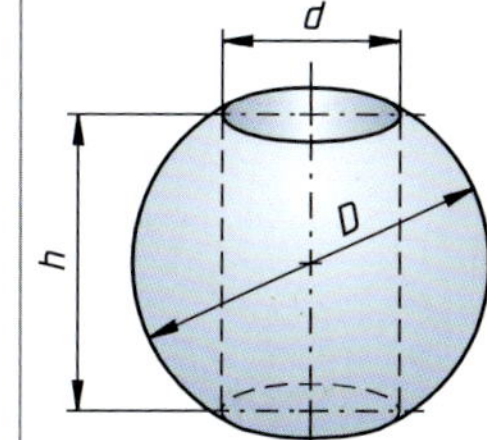  |
| $h$ Höhe der Bohrung | (z. B.) mm, cm, m | $h = \frac{A_O}{\pi \cdot (D + d)}$ | |
| $D$ Kugeldurchmesser | (z. B.) mm, cm, m | $D = \frac{A_O}{\pi \cdot h} - d$ | |
| $d$ Bohrungsdurchmesser | (z. B.) mm, cm, m | $d = \frac{A_O}{\pi \cdot h} - D$ | |
| $V$ Volumen | (z. B.) mm³, cm³, m³ | **Volumen:** $V = \frac{\pi}{6} \cdot h^3$ | |
| | | $h = \sqrt[3]{\frac{V \cdot 6}{\pi}}$ | |
| | | $h = \sqrt{D^2 - d^2}$ | |

**Beispiel**

$h = 48\,\text{mm}$

$D = 50\,\text{mm}$

$d = 14\,\text{mm}$

$A_O = ?$

$$A_O = \pi \cdot h \cdot (D + d)$$

$$A_O = \pi \cdot 48\,\text{mm} \cdot (50\,\text{mm} + 14\,\text{mm}) = \underline{\underline{9651\,\text{mm}^2}}$$

## Rohlängen, Schmieden

### Abbildung

**Rohlängen für gestreckte und gestauchte Schmiede- und Pressteile**

Strecken

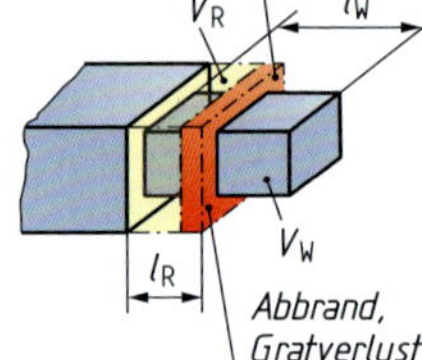


Stauchen

V_W
V_R
A_R
l_W
l_R
Abbrand, Gratverlust

### Formel / Formelumstellung

**Volumen ohne Verlust (Abbrand, Grat):**

$$V_R = V_W$$

$$l_R = \frac{V_W}{A_R} \qquad V_W = l_R \cdot A_R \qquad A_R = \frac{V_W}{l_R}$$

**Volumen mit Verlust (Abbrand, Grat):**

$$V_R = V_W + V_W \cdot q$$

$$V_R = V_W \cdot (1+q) \qquad V_W = \frac{V_R}{1+q} \qquad q = \frac{V_R}{V_W} - 1$$

$$A_R \cdot l_R = A_W \cdot l_W \cdot (1+q)$$

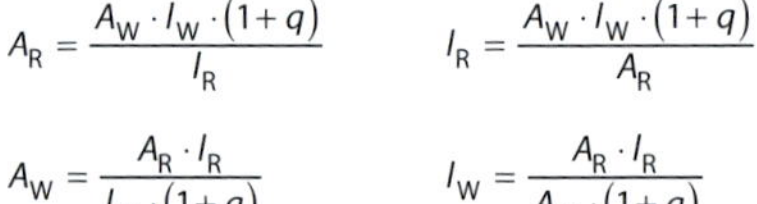

$$A_R = \frac{A_W \cdot l_W \cdot (1+q)}{l_R} \qquad l_R = \frac{A_W \cdot l_W \cdot (1+q)}{A_R}$$

$$A_W = \frac{A_R \cdot l_R}{l_W \cdot (1+q)} \qquad l_W = \frac{A_R \cdot l_R}{A_W \cdot (1+q)}$$

$$q = \frac{A_R \cdot l_R}{A_W \cdot l_W} - 1$$

### Formelzeichen / Einheiten

| | | |
|---|---|---|
| $V_R$ | Volumen des Rohlings | (z. B.) $mm^3$, $m^3$ |
| $V_W$ | Volumen des Werkstückteils | (z. B.) $mm^3$, $m^3$ |
| $l_R$ | Rohlänge des zu schmiedenden Werkstücks | (z. B.) mm, m |
| $q$ | Zuschlagfaktor für Abbrand oder Gratverlust | |
| $A_R$ | Flächenquerschnitt des Rohlings | (z. B.) $mm^2$, $m^2$ |
| $A_W$ | Flächenquerschnitt des Werkstückteils | (z. B.) $mm^2$, $m^2$ |
| $l_W$ | angeschmiedete Werkstücklänge | (z. B.) mm, m |

**Beispiel**

$V_W = 20\,000\,mm^3$

$A_R = 400\,mm^2$

$l_R = ?$

$$l_R = \frac{V_W}{A_R}$$

$$l_R = \frac{20\,000\,mm^3}{400\,mm^2} = 50\,\frac{mm^{\not 3}}{\not{mm^2}} = \underline{\underline{50\,mm}}$$

## Masse, Dichte

| Formelzeichen / Einheiten | Formel / Formelumstellung | Abbildung |
|---|---|---|
| $m$ Masse (z. B.) g, kg, t<br>$V$ Volumen (z. B.) ml, l, mm³, dm³, m³<br>$\varrho$ Dichte (z. B.) $\frac{g}{cm^3}$, $\frac{kg}{dm^3}$, $\frac{t}{m^3}$ | $m = V \cdot \varrho$<br>$V = \frac{m}{\varrho}$<br>$\varrho = \frac{m}{V}$ | **Masse, Dichte**<br><br><br>(bei 20 °C) |

**Beispiel**

$V = 3\,dm^3$

$\varrho_{Al} = 2{,}7\,kg/dm^3$

$m = ?$

$$m = V \cdot \varrho$$

$$m = 3\,dm^3 \cdot 2{,}7\frac{kg}{dm^3} = 8{,}1\,\cancel{dm^3} \cdot \frac{kg}{\cancel{dm^3}} = \underline{\underline{8{,}1\,kg}}$$

| Formelzeichen / Einheiten | Formel / Formelumstellung | Abbildung |
|---|---|---|
| $m$ Masse (z. B.) g, kg, t<br>$V_1, V_2 \ldots$ Teilvolumina (z. B.) mm³, dm³, m³<br>$\varrho$ Dichte (z. B.) $\frac{g}{cm^3}$, $\frac{kg}{dm^3}$, $\frac{t}{m^3}$ | $m = (V_1 + V_2 + V_3 \ldots) \cdot \varrho$<br>$V_1 = \frac{m}{\rho} - V_2 - V_3 \ldots$<br>$\varrho = \frac{m}{V_1 + V_2 + V_3 \ldots}$ | **Masse zusammengesetzter Körper**<br>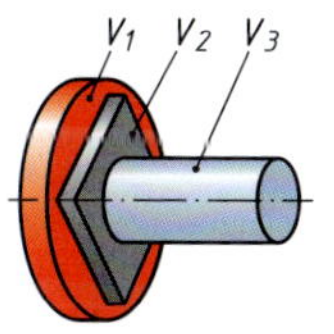<br> |

**Beispiel**

$V_1 = 0{,}1\,dm^3$

$V_2 = 0{,}05\,dm^3$

$V_3 = 0{,}15\,dm^3$

$\varrho_{Pb} = 11{,}3\,kg/dm^3$

$m = ?$

$$m = (V_1 + V_2 + V_3) \cdot \varrho$$

$$m = (0{,}1\,dm^3 + 0{,}05\,dm^3 + 0{,}15\,dm^3) \cdot 11{,}3\frac{kg}{dm^3} = 3{,}39\,\cancel{dm^3} \cdot \frac{kg}{\cancel{dm^3}} = \underline{\underline{3{,}39\,kg}}$$

1

1

## Masse

| Abbildung | Formel / Formelumstellung | Formelzeichen / Einheiten |
| --- | --- | --- |
| **Längenbezogene Masse (Fasern, Drähte, Profile)** 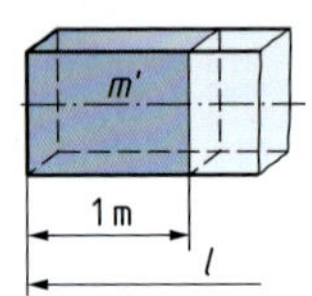  | $m = m' \cdot l$<br>$m' = \frac{m}{l}$<br>$l = \frac{m}{m'}$<br>$F_G = F'_G \cdot l$<br>$F'_G = \frac{F_G}{l}$<br>$l = \frac{F_G}{F'_G}$ | $m$ Masse (z. B.) g, kg, t<br>$m'$ längenbezogene Masse (z. B.) $\frac{\text{kg}}{\text{m}}$<br>$l$ Länge des Werkstücks (z. B.) mm, cm, m<br>$F_G$ Gewichtskraft (z. B.) N, kN<br>$F'_G$ längenbezogene Gewichtskraft (z. B.) $\frac{\text{N}}{\text{m}}$ |

**Beispiel**

$m' = 10{,}4\,\text{kg/m}$

$l = 2\,\text{m}$

$m = ?$

$m = m' \cdot l$

$m = 10{,}4\,\frac{\text{kg}}{\text{m}} \cdot 2\,\text{m} = 20{,}8\,\frac{\text{kg}}{\cancel{\text{m}}} \cdot \cancel{\text{m}} = \underline{\underline{20{,}8\,\text{kg}}}$

## Masse, Gewichtskraft

| Formelzeichen / Einheiten | Formel / Formelumstellung | Abbildung |
|---|---|---|
| $m$ Masse (z. B.) g, kg, t<br>$m''$ flächenbezogene Masse (z. B.) $\frac{kg}{m^2}$<br>$A$ Fläche des Körpers (z. B.) mm², m² | $m = m'' \cdot A$<br>$m'' = \frac{m}{A}$<br>$A = \frac{m}{m''}$ | **Flächenbezogene Masse** |
| **Beispiel**<br>$m'' = 4{,}71\ kg/m^2$<br>$A = 1{,}5\ m^2$<br>$m = ?$ | $m = m'' \cdot A$<br>$m = 4{,}71\ \frac{kg}{m^2} \cdot 1{,}5\ m^2 = 7{,}1\ \frac{kg}{m^2} \cdot m^2 = \underline{\underline{7{,}1\ kg}}$ | |
| $F_G$ Gewichtskraft (z. B.) N, kN<br>$m$ Masse (z. B.) g, kg, t<br>$g$ Fall / Erdbeschleunigung $\frac{m}{s^2}$<br>$g = 9{,}81\ \frac{m}{s^2}$ | $F_G = m \cdot g$<br>$m = \frac{F_G}{g}$<br>$g = \frac{F_G}{m}$ | **Gewichtskraft**<br>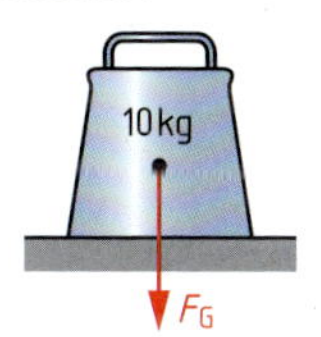 |
| **Beispiel**<br>$m = 10\ kg$<br>$g = 9{,}81\ \frac{m}{s^2}$<br>$F_G = ?$ | $F_G = m \cdot g$<br>$F_G = 10\ kg \cdot 9{,}81\ \frac{m}{s^2} = 98{,}1\ kg \cdot \frac{m}{s^2} = \underline{\underline{98{,}1\ N}}$<br>$1\ N = \frac{1\ kg \cdot 1\ m}{1\ s^2}$ | |

1

## Bewegung, Geschwindigkeit

| Abbildung | Formel / Formelumstellung | Formelzeichen / Einheiten |
|---|---|---|
| **Gleichförmige, geradlinige Bewegung (Geschwindigkeit)** | 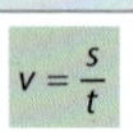 $v = \frac{s}{t}$<br>$s = v \cdot t$<br>$t = \frac{s}{v}$ | $v$ Geschwindigkeit (z. B.) $\frac{m}{s}$, $\frac{km}{h}$<br>$s$ Weg (z. B.) m, km<br>$t$ Zeit (z. B.) s, h<br><br>$1\,\frac{m}{s} = 3{,}6\,\frac{km}{h}$ |

**Beispiel**

$s = 300\,km$

$t = 3{,}5\,h$

$v = ?$

$$v = \frac{s}{t}$$

$$v = \frac{300\,km}{3{,}5\,h} = \underline{\underline{85{,}7\,\frac{km}{h}}}$$

2

## Bewegung, Geschwindigkeit

| Formelzeichen / Einheiten | | Formel / Formelumstellung | Abbildung |
|---|---|---|---|
| $v$ Umfangsgeschwindigkeit<br>$d$ Durchmesser<br>$n$ Umdrehungsfrequenz (Drehzahl)<br>$r$ Radius<br>$\omega$ Winkelgeschwindigkeit | (z. B.) $\frac{m}{s}$<br>(z. B.) mm<br>$\frac{1}{s}$, $\frac{1}{min}$<br>(z. B.) mm<br>(z. B.) $\frac{1}{s}$ | $v = d \cdot \pi \cdot n$<br>$d = \frac{v}{\pi \cdot n}$ $\quad n = \frac{v}{d \cdot \pi}$<br>$v = r \cdot \omega$<br>$r = \frac{v}{\omega}$ $\quad \omega = \frac{v}{r}$ | **Gleichförmige Kreisbewegung (Umfangsgeschwindigkeit)**<br>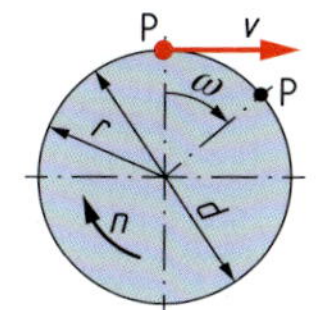 |

**Beispiel**

$d = 0{,}6\,m$

$n = 850\,\frac{1}{min}$

$v = ?$

$$v = d \cdot \pi \cdot n$$

$$v = 0{,}6\,m \cdot \pi \cdot 850\,\frac{1}{min} = 1602{,}2\,\frac{m}{min} = \underline{\underline{26{,}7\,\frac{m}{s}}}$$

| Formelzeichen / Einheiten | | Formel / Formelumstellung | Abbildung |
|---|---|---|---|
| $\omega$ Winkelgeschwindigkeit<br>$n$ Umdrehungsfrequenz (Drehzahl)<br>$r$ Radius | (z. B.) $\frac{1}{s}$<br>$\frac{1}{s}$, $\frac{1}{min}$<br>(z. B.) mm, m | $\omega = 2 \cdot \pi \cdot n$<br>$n = \frac{\omega}{2 \cdot \pi}$ | **Konstante Winkelgeschwindigkeit**<br>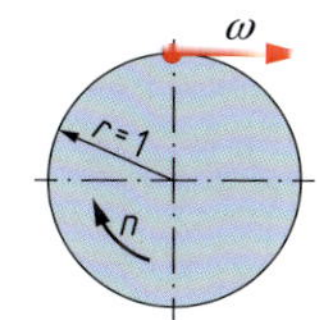 |

**Beispiel**

$n = 1200\,\frac{1}{min}$

$\omega = ?$

$$\omega = 2 \cdot \pi \cdot n$$

$$\omega = 2 \cdot \pi \cdot 1200\,\frac{1}{min} = \underline{\underline{7539{,}8\,\frac{1}{min}}}$$

2

## Bewegung, Geschwindigkeit

| Abbildung | Formel / Formelumstellung | Formelzeichen / Einheiten |
|---|---|---|
| **Mittlere Kurbeltriebgeschwindigkeit** 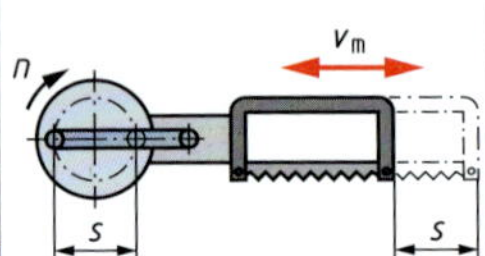  **Mittlere Kolbengeschwindigkeit** 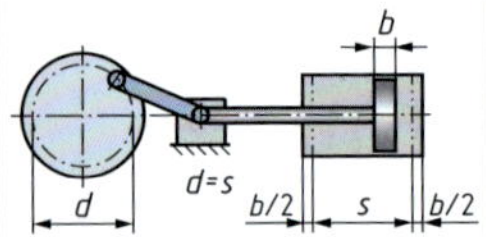  | $v_m = 2 \cdot s \cdot n$ <br> $s = \frac{v_m}{2 \cdot n}$ <br> $n = \frac{v_m}{2 \cdot s}$ | $v_m$ mittlere Kurbeltrieb- bzw. Kolbengeschwindigkeit (z. B.) $\frac{m}{min}$ <br> $s$ Hublänge bzw. Kolbenhub (z. B.) m <br> $n$ Kurbeldrehzahl (Anzahl der Doppelhübe) bzw. Umdrehungsfrequenz (Drehzahl) (z. B.) $\frac{1}{min}$ |

**Beispiel**

$s = 210\,mm$

$n = 76\,\frac{1}{min}$

$v_m = ?$

$v_m = 2 \cdot s \cdot n$

$v_m = 2 \cdot 0{,}21\,m \cdot 76\,\frac{1}{min} = \underline{\underline{31{,}9\,\frac{m}{min}}}$

## Bewegung, Geschwindigkeit, Freier Fall

| Formelzeichen / Einheiten | Formel / Formelumstellung | Abbildung |
|---|---|---|
| $v$ Endgeschwindigkeit (Beschleunigung) bzw. Anfangsgeschwindigkeit (Verzögerung) (z. B.) $\frac{m}{s}$, $\frac{km}{h}$<br>$a$ Beschleunigung bzw. Verzögerung (z. B.) $\frac{m}{s^2}$<br>$t$ Zeit (z. B.) s, h<br>$s$ Weg (z. B.) m, km | $v = a \cdot t = \frac{2 \cdot s}{t} = \sqrt{2 \cdot a \cdot s}$<br>$s = \frac{v \cdot t}{2} = \frac{v^2}{2 \cdot a} = \frac{a \cdot t^2}{2}$<br>$t = \frac{v}{a} = \frac{2 \cdot s}{v} = \sqrt{\frac{2 \cdot s}{a}}$<br>$a = \frac{v}{t} = \frac{v^2}{2 \cdot s} = \frac{2 \cdot s}{t^2}$ | **Gleichmäßig beschleunigte und verzögerte Bewegung**<br>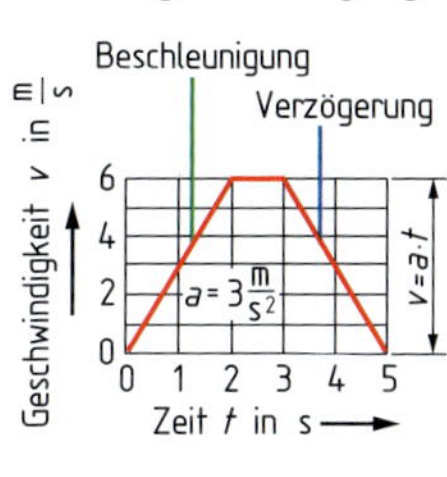<br> |

**Beispiel**

$a = 3\,\frac{m}{s^2}$

$t = 10\,s$

$v = ?$

$v = a \cdot t$

$v = 3\,\frac{m}{s^2} \cdot 10\,s = 30\,\frac{m}{s^{\not 2}} \cdot \not s = 30\,\frac{m}{s} = \underline{\underline{108\,\frac{km}{h}}}$

Einheitenumrechnung: $1\,\frac{m}{s} = 3{,}6\,\frac{km}{h}$

| Formelzeichen / Einheiten | Formel / Formelumstellung | Abbildung |
|---|---|---|
| $v$ Geschwindigkeit (z. B.) $\frac{m}{s}$, $\frac{km}{h}$<br>$g$ Erd-(Fall-)beschleunigung (z. B.) $\frac{m}{s^2}$<br>$t$ Zeit (z. B.) s, h<br>$h$ Höhe (z. B.) m, km | $v = g \cdot t = \frac{2 \cdot h}{t} = \sqrt{2 \cdot g \cdot h}$<br>$h = \frac{v \cdot t}{2} = \frac{v^2}{2 \cdot g} = \frac{g \cdot t^2}{2}$<br>$t = \frac{v}{g} = \frac{2 \cdot h}{v} = \sqrt{\frac{2 \cdot h}{g}}$ | **Freier Fall**<br>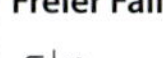<br>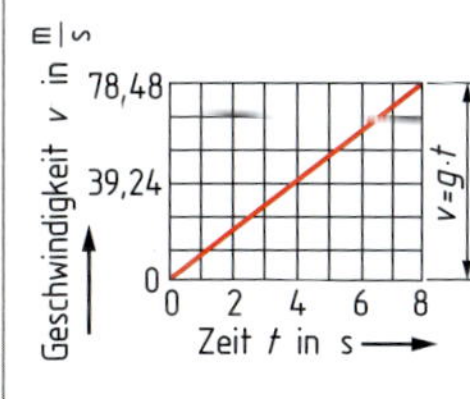<br> |

**Beispiel**

$g = 9{,}81\,\frac{m}{s^2}$

$t = 4\,s$

$v = ?$

$v = g \cdot t$

$v = 9{,}81\,\frac{m}{s^2} \cdot 4\,s = 39{,}24\,\frac{m}{s^{\not 2}} \cdot \not s = 39{,}24\,\frac{m}{s} = \underline{\underline{141{,}26\,\frac{km}{h}}}$

Einheitenumrechnung: $1\,\frac{m}{s} = 3{,}6\,\frac{km}{h}$

2

## Kraft, Beschleunigung, Verzögerung, Federkraft

| Abbildung | Formel / Formelumstellung | Formelzeichen / Einheiten |
|---|---|---|
| **Kraft, Beschleunigung, Verzögerung** | $F = m \cdot a$<br>$m = \frac{F}{a}$<br>$a = \frac{F}{m}$ | $F$ Kraft (z. B.) N, kN<br>$m$ Masse (z. B.) kg, t<br>$a$ Beschleuninigung (Verzögerung) (z. B.) $\frac{\text{m}}{\text{s}^2}$ |
| **Beispiel**<br>$m = 1500\,\text{kg}$<br>$a = 3{,}5\,\frac{\text{m}}{\text{s}^2}$<br>$F = ?$ | $F = m \cdot a$<br>$F = 1500\,\text{kg} \cdot 3{,}5\,\frac{\text{m}}{\text{s}^2} = 5250\,\frac{\text{kg} \cdot \text{m}}{\text{s}^2} = \underline{\underline{5250\,\text{N}}}$ | $\frac{\text{kg} \cdot \text{m}}{\text{s}^2} = \text{N}$ |
| **Federkraft**<br>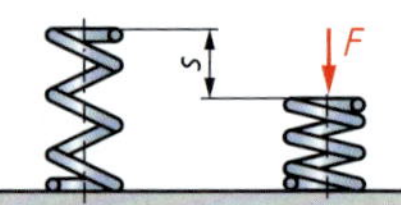<br> | $F = R \cdot s$<br>$R = \frac{F}{s}$<br>$s = \frac{F}{R}$ | $F$ Federkraft (z. B.) N, kN<br>$R$ Federkonstante (Federrate) (z. B.) $\frac{\text{N}}{\text{mm}}$<br>$s$ Federweg (z. B.) mm |
| **Beispiel**<br>$R = 25\,\frac{\text{N}}{\text{mm}}$<br>$s = 100\,\text{mm}$<br>$F = ?$ | $F = R \cdot s$<br>$F = 25\,\frac{\text{N}}{\text{mm}} \cdot 100\,\text{mm} = 2500\,\frac{\text{N} \cdot \cancel{\text{mm}}}{\cancel{\text{mm}}} = \underline{\underline{2500\,\text{N}}}$ | |

## Hebelgesetz, Drehmoment

| Formelzeichen / Einheiten | | | Formel / Formelumstellung | | Abbildung |
|---|---|---|---|---|---|
| $F_1, F_2$ | Kräfte am Hebel | (z. B.) N | $M = F \cdot l$ | $F_1 \cdot l_1 = F_2 \cdot l_2$ | **Einseitiger Hebel** |
| $l_1, l_2$ | wirksame Hebellängen | (z. B.) mm, m | $F = \frac{M}{l}$ | $F_1 = \frac{F_2 \cdot l_2}{l_1}$ | |
| $M$ | Drehmoment | (z. B.) N · m | $l = \frac{M}{F}$ | $F_2 = \frac{F_1 \cdot l_1}{l_2}$ | |
| $F$ | Kraft | (z. B.) N, kN | $\sum M_l = \sum M_r$ | $l_1 = \frac{F_2 \cdot l_2}{F_1}$ | |
| $l$ | wirksame Hebellänge | (z. B.) mm, m | | $l_2 = \frac{F_1 \cdot l_1}{F_2}$ | |
| $\sum M_r$ | Summe aller rechtsdrehenden Momente | (z. B.) N · m | | | |
| $\sum M_l$ | Summe aller linksdrehenden Momente | (z. B.) N · m | | | |



**Beispiel**

$F_1 = 50\,\text{N}$

$l_1 = 350\,\text{mm}$

$l_2 = 100\,\text{mm}$

$F_2 = ?$

$$F_2 = \frac{F_1 \cdot l_1}{l_2}$$

$$F_2 = \frac{50\,\text{N} \cdot 350\,\text{mm}}{100\,\text{mm}} = 175 \frac{\text{N} \cdot \cancel{\text{mm}}}{\cancel{\text{mm}}} = \underline{\underline{175\,\text{N}}}$$

2

## Hebelgesetz, Drehmoment

| Abbildung | Formel / Formelumstellung | | Formelzeichen / Einheiten | | |
|---|---|---|---|---|---|
| **Zweiseitiger Hebel** 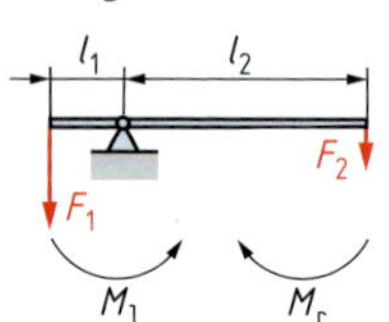  | $M = F \cdot l$ | $F_1 \cdot l_1 = F_2 \cdot l_2$ | $F_1, F_2$ | Kräfte am Hebel | (z. B.) N, kN |
| | $F = \frac{M}{l}$ | $F_1 = \frac{F_2 \cdot l_2}{l_1}$ | $l_1, l_2$ | wirksame Hebellängen | (z. B.) mm, m |
| | $l = \frac{M}{F}$ | $F_2 = \frac{F_1 \cdot l_1}{l_2}$ | $M$ | Drehmoment | (z. B.) N · m |
| | $\sum M_l = \sum M_r$ | $l_1 = \frac{F_2 \cdot l_2}{F_1}$ | $F$ | Kraft | (z. B.) N |
| | | $l_2 = \frac{F_1 \cdot l_1}{F_2}$ | $l$ | wirksame Hebellänge | (z. B.) mm, m |
| | | | $\sum M_r$ | Summe aller rechtsdrehenden Momente | (z. B.) N · m |
| | | | $\sum M_l$ | Summe aller linksdrehenden Momente | (z. B.) N · m |

**Beispiel**

$F_1 = 250\,\text{N}$

$l_1 = 150\,\text{mm}$

$l_2 = 350\,\text{mm}$

$F_2 = ?$

$$F_2 = \frac{F_1 \cdot l_1}{l_2}$$

$$F_2 = \frac{250\,\text{N} \cdot 150\,\text{mm}}{350\,\text{mm}} = 107\frac{\text{N} \cdot \cancel{\text{mm}}}{\cancel{\text{mm}}} = \underline{\underline{107{,}1\,\text{N}}}$$

## Winkelhebel, Drehmoment

| Formelzeichen / Einheiten | | | Formel / Formelumstellung | | Abbildung |
|---|---|---|---|---|---|
| $F_1, F_2$ | Kräfte am Hebel | (z. B.) N, kN | $M = F \cdot l$ | $F_1 \cdot l_1 = F_2 \cdot l_2$ | **Winkelhebel** |
| $l_1, l_2$ | wirksame Hebellängen | (z. B.) mm, m | $F = \frac{M}{l}$ | $F_1 = \frac{F_2 \cdot l_2}{l_1}$ | |
| $M$ | Drehmoment | (z. B.) N · m | $l = \frac{M}{F}$ | $F_2 = \frac{F_1 \cdot l_1}{l_2}$ | |
| $F$ | Kraft | (z. B.) N, kN | $\sum M_l = \sum M_r$ | $l_1 = \frac{F_2 \cdot l_2}{F_1}$ | |
| $l$ | wirksame Hebellänge | (z. B.) mm, m | | $l_2 = \frac{F_1 \cdot l_1}{F_2}$ | |
| $\sum M_r$ | Summe aller rechtsdrehenden Momente | (z. B.) N · m | | | |
| $\sum M_l$ | Summe aller linksdrehenden Momente | (z. B.) N · m | | | |



**Beispiel**

$F_1 = 150\,\text{N}$

$l_1 = 150\,\text{mm}$

$l_2 = 300\,\text{mm}$

$F_2 = ?$

$$F_2 = \frac{F_1 \cdot l_1}{l_2}$$

$$F_2 = \frac{150\,\text{N} \cdot 150\,\text{mm}}{300\,\text{mm}} = 75\,\frac{\text{N} \cdot \cancel{\text{mm}}}{\cancel{\text{mm}}} = \underline{\underline{75\,\text{N}}}$$

2

## Mehrfacher Hebel

| Abbildung | Formel / Formelumstellung | Formelzeichen / Einheiten |
|---|---|---|
| **Mehrfacher Hebel** <br>  | $\sum M_l = \sum M_r$ <br> $F_1 \cdot l_1 + F_2 \cdot l_2 = F_3 \cdot l_3 + F_4 \cdot l_4 + F_5 \cdot l_5$ <br> $F_1 = \frac{F_3 \cdot l_3 + F_4 \cdot l_4 + F_5 \cdot l_5 - F_2 \cdot l_2}{l_1}$ <br> $F_2 = \frac{F_3 \cdot l_3 + F_4 \cdot l_4 + F_5 \cdot l_5 - F_1 \cdot l_1}{l_2}$ <br> $F_3 = \frac{F_1 \cdot l_1 + F_2 \cdot l_2 - F_4 \cdot l_4 - F_5 \cdot l_5}{l_3}$ <br> $F_4 = \frac{F_1 \cdot l_1 + F_2 \cdot l_2 - F_3 \cdot l_3 - F_5 \cdot l_5}{l_4}$ <br> $F_5 = \frac{F_1 \cdot l_1 + F_2 \cdot l_2 - F_3 \cdot l_3 - F_4 \cdot l_4}{l_5}$ | $F_1, \ldots$ Kräfte am Hebel (z. B.) N, kN <br> $l_1, \ldots$ wirksame Hebellängen (z. B.) mm, m <br> $M$ Drehmoment (z. B.) N · m <br> $\sum M_r$ Summe aller rechtsdrehenden Momente (z. B.) N · m <br> $\sum M_l$ Summe aller linksdrehenden Momente (z. B.) N · m |

**Beispiel**

$F_2 = 150\,\text{N}, F_3 = 125\,\text{N}$

$F_4 = 100\,\text{N}, F_5 = 200\,\text{N}$

$l_1 = 280\,\text{mm}$

$l_2 = 160\,\text{mm}, l_3 = 150\,\text{mm}, l_4 = 300\,\text{mm}, l_5 = 450\,\text{mm}$

$F_1 = ?$

$$F_1 = \frac{F_3 \cdot l_3 + F_4 \cdot l_4 + F_5 \cdot l_5 - F_2 \cdot l_2}{l_1}$$

$$F_1 = \frac{125\,\text{N} \cdot 150\,\text{mm} + 100\,\text{N} \cdot 300\,\text{mm} + 200\,\text{N} \cdot 450\,\text{mm} - 150\,\text{N} \cdot 160\,\text{mm}}{280\,\text{mm}}$$

$$= 409{,}82\,\frac{\text{N} \cdot \cancel{\text{mm}}}{\cancel{\text{mm}}} = \underline{\underline{410\,\text{N}}}$$

## Auflagerkräfte, Drehmomente

| Formelzeichen / Einheiten | | | Formel / Formelumstellung | Abbildung |
|---|---|---|---|---|
| $F_1, F_2$ | Kräfte | (z. B.) N, kN | $\sum F^{\uparrow} = \sum F^{\downarrow}$ | **Auflagerkräfte** |
| $F_A, F_B$ | Auflagerkräfte | (z. B.) N, kN | $F_A + F_B = F_1 + F_2$ | |
| $l_1, \ldots$ | wirksame Hebellänge | (z. B.) mm, m | $F_A = F_1 + F_2 - F_B$ | |
| | | | $F_B = F_1 + F_2 - F_A$ | |
| $\sum M_r$ | Summe aller rechtsdrehenden Momente | (z. B.) N · m | $\sum M_l = \sum M_r$ | Drehpunkt bei B: |
| $\sum M_l$ | Summe aller linksdrehenden Momente | (z. B.) N · m | $F_A = \dfrac{F_1 \cdot l_1 + F_2 \cdot l_2}{l}$ | Drehpunkt bei A: |
| | | | $F_B = \dfrac{F_1 \cdot (l - l_1) + F_2 \cdot (l - l_2)}{l}$ | |

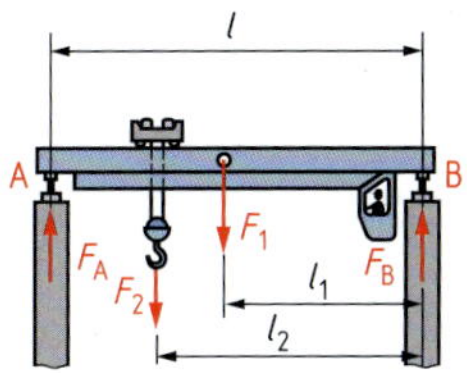

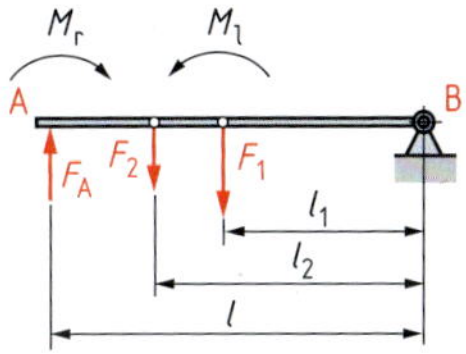

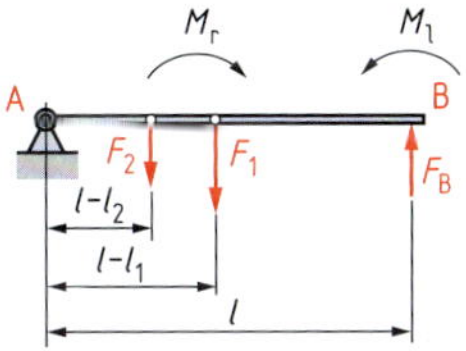

**Beispiel** (1. Abbildung)

$F_1 = 50\,\text{kN}, F_2 = 125\,\text{kN}$

$l = 10\,\text{m}, l_1 = 5\,\text{m}, l_2 = 6{,}5\,\text{m}$

$F_A = ?$

$F_B = ?$

$$F_A = \frac{F_1 \cdot l_1 + F_2 \cdot l_2}{l} = \frac{50\,\text{kN} \cdot 5\,\text{m} + 125\,\text{kN} \cdot 6{,}5\,\text{m}}{10\,\text{m}} = 106{,}25\,\frac{\text{kN} \cdot \cancel{\text{m}}}{\cancel{\text{m}}} = \underline{\underline{106{,}25\,\text{kN}}}$$

$$F_B = \frac{F_1 \cdot (l - l_1) + F_2 \cdot (l - l_2)}{l} = \frac{50\,\text{kN} \cdot (10\,\text{m} - 5\,\text{m}) + 125\,\text{kN} \cdot (10\,\text{m} - 6{,}5\,\text{m})}{10\,\text{m}} = 68{,}75\,\frac{\text{kN} \cdot \cancel{\text{m}}}{\cancel{\text{m}}} = \underline{\underline{68{,}75\,\text{kN}}}$$

## Drehmoment bei Zahnradtrieben 1

| Abbildung | Formel / Formelumstellung | | Formelzeichen / Einheiten | | |
|---|---|---|---|---|---|
| **Drehmoment bei Zahnradtrieben** 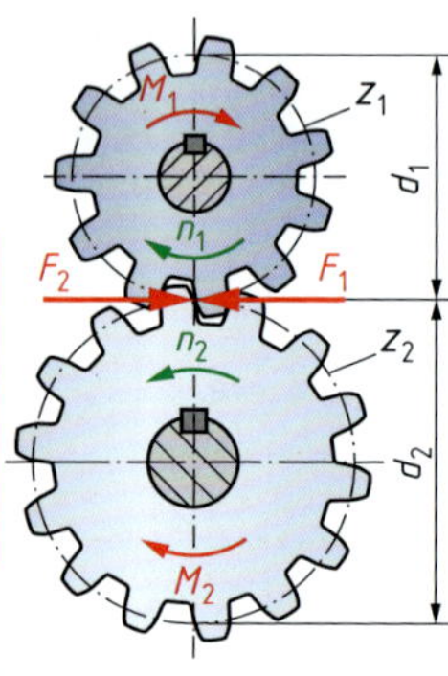  | $M_1 = F_1 \cdot \frac{d_1}{2}$ | $d_1 = m \cdot z_1$ | **Treibendes Rad** | | |
| | $F_1 = \frac{2 \cdot M_1}{d_1}$ | $z_1 = \frac{d_1}{m}$ | $M_1$ | Drehmoment | (z. B.) N · m |
| | $d_1 = \frac{2 \cdot M_1}{F_1}$ | $m = \frac{d_1}{z_1}$ | $F_1$ | Umfangskraft | (z. B.) N, kN |
| | $M_2 = F_2 \cdot \frac{d_2}{2}$ | $d_2 = m \cdot z_2$ | $d_1$ | Teilkreisdurchmesser | (z. B.) mm |
| | $F_2 = \frac{2 \cdot M_2}{d_2}$ | $z_2 = \frac{d_2}{m}$ | $n_1$ | Umdrehungsfrequenz (Drehzahl) | (z. B.) $\frac{1}{\text{min}}$ |
| | $d_2 = \frac{2 \cdot M_2}{F_2}$ | $m = \frac{d_2}{z_2}$ | $z_1$ | Zähnezahl | |
| | $i = \frac{M_2}{M_1}$ | | **Getriebenes Rad** | | |
| | $M_1 = \frac{M_2}{i}$ | | $M_2$ | Drehmoment | (z. B.) N · m |
| | $M_2 = i \cdot M_1$ | | $F_2$ | Umfangskraft | (z. B.) N, kN |
| | | | $d_2$ | Teilkreisdurchmesser | (z. B.) mm |
| | | | $n_2$ | Umdrehungsfrequenz (Drehzahl) | (z. B.) $\frac{1}{\text{min}}$ |
| | | | $z_2$ | Zähnezahl | |
| | | | **Für beide Zahnräder** | | |
| | | | $i$ | Übersetzungsverhältnis | |
| | | | $m$ | Modul | mm |

**Beispiel**

$F_1 = 2800\,\text{N}$

$D_1 = 300\,\text{mm}$

$M_1 = ?$

$$M_1 = F_1 \cdot \frac{d_1}{2}$$

$$M_1 = 2800\,\text{N} \cdot \frac{300\,\text{mm}}{2} = 420\,000\,\text{N} \cdot \text{mm} = \underline{\underline{420\,\text{N} \cdot \text{m}}}$$

## Drehmoment bei Zahnradtrieben 2

| Formelzeichen / Einheiten | Formel / Formelumstellung | Abbildung |
|---|---|---|
| **Treibendes Rad**<br>$M_1$ Drehmoment (z. B.) N · m<br>$n_1$ Umdrehungsfrequenz (Drehzahl) (z. B.) $\frac{1}{min}$<br>$z_1$ Zähnezahl<br><br>**Getriebenes Rad**<br>$M_2$ Drehmoment (z. B.) N · m<br>$n_2$ Umdrehungsfrequenz (Drehzahl) (z. B.) $\frac{1}{min}$<br>$z_2$ Zähnezahl<br><br>**Für beide Zahnräder**<br>$i$ Übersetzungsverhältnis<br>$\eta$ Wirkungsgrad | $\frac{M_2}{M_1} = \frac{n_1}{n_2}$ $\frac{M_2}{M_1} = \frac{z_2}{z_1}$<br>$M_1 = \frac{M_2 \cdot n_2}{n_1}$ $M_1 = \frac{M_2 \cdot z_1}{z_2}$<br>$M_2 = \frac{M_1 \cdot n_1}{n_2}$ $M_2 = \frac{M_1 \cdot z_2}{z_1}$<br>$n_1 = \frac{M_2 \cdot n_2}{M_1}$ $z_1 = \frac{M_1 \cdot z_2}{M_2}$<br>$n_2 = \frac{M_1 \cdot n_1}{M_2}$ $z_2 = \frac{M_2 \cdot z_1}{M_1}$<br><br>$M_1 = \frac{M_2}{i \cdot \eta}$<br>$M_2 = i \cdot \eta \cdot M_1$<br>$i = \frac{M_2}{M_1 \cdot \eta}$<br>$\eta = \frac{M_2}{i \cdot M_1}$ | **Drehmoment bei Zahnradtrieben**<br> |

**Beispiel**

$M_2 = 500\,N \cdot m$

$\eta = 0{,}95$

$i = 4$

$M_1 = ?$

$$M_1 = \frac{M_2}{i \cdot \eta}$$

$$M_1 = \frac{500\,Nm}{4 \cdot 0{,}95} = \underline{\underline{131{,}6\,N \cdot m}}$$

2

2

## Haftreibung, Gleitreibung

| Abbildung | Formel / Formelumstellung | Formelzeichen / Einheiten |
|---|---|---|
| **Haftreibung** | $F_R = \mu \cdot F_N$<br>$\mu = \frac{F_R}{F_N}$<br>$F_N = \frac{F_R}{\mu}$ | $F_R$ Haftreibungskraft (z. B.) N, kN<br>$\mu$ Haftreibungszahl<br>$F_N$ Normalkraft (z. B.) N, kN<br>$F$ Zugkraft (z. B.) N, kN |
| **Beispiel**<br>$F_N = 980\,N$<br>$\mu = 0{,}10$<br>$F_R = ?$ | $F_R = \mu \cdot F_N$<br>$F_R = 0{,}10 \cdot 980\,N = \underline{\underline{98\,N}}$ | |
| **Gleitreibung**<br>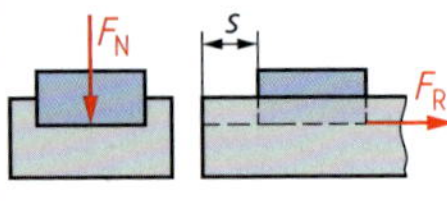 | $F_R = \mu \cdot F_N$<br>$\mu = \frac{F_R}{F_N}$<br>$F_N = \frac{F_R}{\mu}$<br>$W = F_R \cdot s$<br>$F_R = \frac{W}{s}$<br>$s = \frac{W}{F_R}$ | $F_R$ Gleitreibungskraft (z. B.) N, kN<br>$\mu$ Gleitreibungszahl<br>$F_N$ Normalkraft (z. B.) N, kN<br>$W$ Reibungsarbeit (z. B.) N · m<br>$s$ Kraftweg, Reibweg (z. B.) mm, m |
| **Beispiel**<br>$F_N = 1500\,N$<br>$\mu = 0{,}20$<br>$F_R = ?$ | $F_R = \mu \cdot F_N$<br>$F_R = 0{,}2 \cdot 1500\,N = \underline{\underline{300\,N}}$ | |

## Rollreibung, Reibungsmoment

| Formelzeichen / Einheiten | Formel / Formelumstellung | Abbildung |
|---|---|---|
| $F_N$ Normalkraft (z. B.) N, kN<br>$F_R$ Rollreibungskraft (z. B.) N, kN<br>$f$ Rollreibungszahl (z. B.) mm, m<br>$r$ Radius (z. B.) mm, m | $$F_R = \frac{f \cdot F_N}{r}$$<br>$f = \frac{F_R \cdot r}{F_N}$ $F_N = \frac{F_R \cdot r}{f}$ $r = \frac{f \cdot F_N}{F_R}$ | **Rollreibung**<br>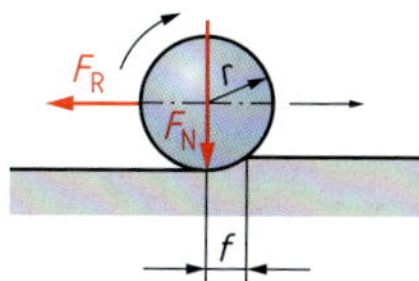 |
| **Beispiel**<br>$F_N = 50\,\text{kN}$<br>$d = 400\,\text{mm}$<br>$f = 0{,}6\,\text{mm}$<br>$F_R = ?$ | $F_R = \frac{f \cdot F_N}{r}$<br>$F_R = \frac{0{,}6\,\text{mm} \cdot 50\,000\,\text{N}}{200\,\text{mm}} = 150\,\frac{\text{mm} \cdot \text{N}}{\text{mm}} = \underline{\underline{150\,\text{N}}}$ | |
| $M_R$ Reibungsmoment (z. B.) N · m<br>$F_N$ Normalkraft (z. B.) N, kN<br>$F_R$ Rollreibungskraft (z. B.) N, kN<br>$\mu$ Haftreibungszahl<br>$d$ Durchmesser (z. B.) mm, m | $$M_R = \frac{\mu \cdot F_N \cdot d}{2}$$<br>$\mu = \frac{2 \cdot M_R}{F_N \cdot d}$ $F_N = \frac{2 \cdot M_R}{\mu \cdot d}$ $d = \frac{2 \cdot M_R}{\mu \cdot F_N}$<br>$$F_R = \mu \cdot F_N$$<br>$\mu = \frac{F_R}{F_N}$ $F_N = \frac{F_R}{\mu}$ | **Reibungsmoment**<br>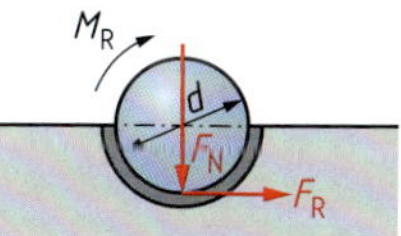 |
| **Beispiel**<br>$\mu = 0{,}05$<br>$F_N = 5\,\text{kN}$<br>$d = 150\,\text{mm}$<br>$M_R = ?$ | $M_R = \frac{\mu \cdot F_N \cdot d}{2}$<br>$M_R = \frac{0{,}05 \cdot 5000\,\text{N} \cdot 150\,\text{mm}}{2} = 18750\,\text{N} \cdot \text{mm} = \underline{\underline{18{,}75\,\text{N} \cdot \text{m}}}$ | |

2

## Reibungskraft, Reibungsmoment, Reibungsleistung

| Abbildung | Formel / Formelumstellung | Formelzeichen / Einheiten |
|---|---|---|
| **Reibung am Zapfen/Lager, Reibungsmoment, Reibungsleistung**<br>Tragzapfen $F_R \perp F_N$<br>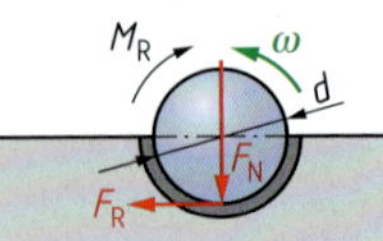<br> | **Reibungskraft, Reibungsmoment:**<br>$F_R = \mu \cdot F_N$ $\quad \mu = \frac{F_R}{F_N}$ $\quad F_N = \frac{F_R}{\mu}$<br>$M_R = \mu \cdot F_N \cdot \frac{d}{2}$ $\quad \mu = \frac{2 \cdot M_R}{\mu \cdot F_N}$<br>$F_N = \frac{2 \cdot M_R}{\mu \cdot d}$ $\quad d = \frac{2 \cdot M_R}{F_N \cdot d}$<br>**Reibungsleistung:**<br>$P_R = F_R \cdot v$ $\quad F_R = \frac{P_R}{v}$ $\quad v = \frac{P_R}{F_R}$<br>$P_R = M_R \cdot \omega$ $\quad M_R = \frac{P_R}{\omega}$ $\quad \omega = \frac{P_R}{M_R}$<br>$P_R = F_R \cdot d \cdot \pi \cdot n$ $\quad F_R = \frac{P_R}{d \cdot \pi \cdot n}$<br>$d = \frac{P_R}{F_R \cdot \pi \cdot n}$ $\quad n = \frac{P_R}{F_R \cdot d \cdot \pi}$ | $F_R$ Rollreibungskraft (z. B.) N, kN<br>$\mu$ Haftreibungszahl<br>$F_N$ Normalkraft (z. B.) N, kN<br>$M_R$ Reibungsmoment (z. B.) N · m<br>$d$ Durchmesser (z. B.) mm, m<br>$P_R$ Reibleistung (z. B.) W, kW<br>$v$ Geschwindigkeit (z. B.) $\frac{m}{s}, \frac{m}{min}$<br>$\omega$ Winkelgeschwindigkeit (z. B.) $\frac{1}{s}$<br>$n$ Umdrehungsfrequenz (Drehzahl) (z. B.) $\frac{1}{s}, \frac{1}{min}$<br>$1\,W = 1\,N \cdot \frac{1\,m}{1\,s}$ |

**Beispiel**

$\mu = 0{,}20$

$F_N = 1200\,N$

$d = 120\,mm$

$M_R = ?$

$$M_R = \mu \cdot F_N \cdot \frac{d}{2}$$

$$M_R = 0{,}20 \cdot 1200\,N \cdot \frac{0{,}12\,m}{2} = \underline{\underline{14{,}4\,N \cdot m}}$$

## Reibungskraft, Reibungsmoment, Reibungsleistung

| Formelzeichen / Einheiten | Formel / Formelumstellung | Abbildung |
|---|---|---|
| $M_R$ Reibungsmoment (z. B.) $N \cdot m$<br>$F_N$ Normalkraft (z. B.) N, kN<br>$F_R$ Rollreibungskraft (z. B.) $N \cdot m$<br>$D$ Außendurchmesser (z. B.) mm, m<br>$d$ Innendurchmesser (z. B.) mm, m<br>$\mu$ Haftreibungszahl<br>$P_R$ Reibleistung (z. B.) W, kW<br>$v$ Geschwindigkeit (z. B.) $\frac{m}{s}, \frac{m}{min}$<br>$\omega$ Winkelgeschwindigkeit (z. B.) $\frac{1}{min}$<br>$n$ Umdrehungsfrequenz (Drehzahl) (z. B.) $\frac{1}{s}, \frac{1}{min}$<br><br>$1\,W = 1\,N \cdot \frac{1\,m}{1\,s}$ | **Reibmoment:**<br>$M_R = F_N \cdot \mu \cdot \frac{D+d}{4}$<br>$F_N = \frac{4 \cdot M_R}{\mu \cdot (D+d)}$ $\mu = \frac{4 \cdot M_R}{F_N \cdot (D+d)}$<br>$D = \frac{4 \cdot M_R}{F_N \cdot \mu} - d$ $d = \frac{4 \cdot M_R}{F_N \cdot \mu} - D$<br><br>**Reibleistung:**<br>$P_R = F_R \cdot v$ $F_R = \frac{P_R}{v}$ $v = \frac{P_R}{F_R}$<br>$P_R = M_R \cdot \omega$ $M_R = \frac{P_R}{\omega}$ $\omega = \frac{P_R}{M_R}$<br>$P_R = F_R \cdot d \cdot \pi \cdot n$ $F_R = \frac{P_R}{d \cdot \pi \cdot n}$<br>$d = \frac{P_R}{F_R \cdot \pi \cdot n}$ $n = \frac{P_R}{F_R \cdot d \cdot \pi}$ | **Spurzapfen / Ringzapfen**<br>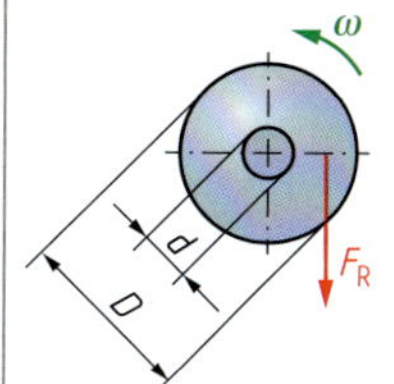<br><br>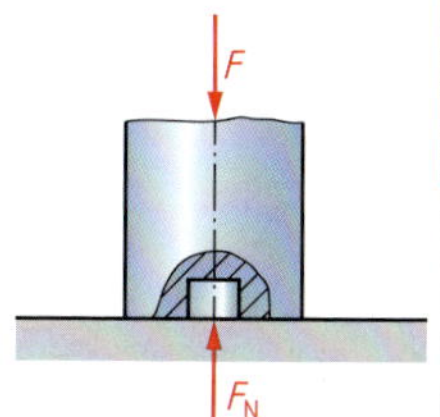<br> |

**Beispiel**

$\mu = 0{,}10$

$F = 800\,N$

$D = 100\,mm$

$d = 40\,mm$

$M_R = ?$

$$M_R = F \cdot \mu \cdot \frac{D+d}{4}$$

$$M_R = 800\,N \cdot 0{,}10 \cdot \frac{100\,mm + 40\,mm}{4} = 2800\,Nmm = \underline{\underline{2{,}8\,N \cdot m}}$$

2

## Feste Rolle, Lose Rolle

| Abbildung | Formel / Formelumstellung | Formelzeichen / Einheiten |
|---|---|---|
| **Feste Rolle** 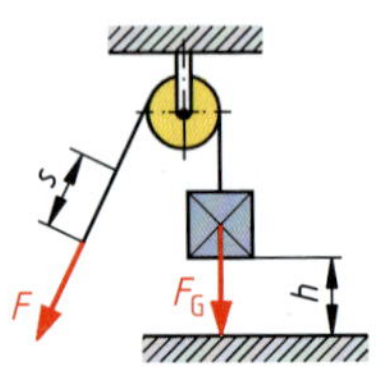  | $F_G = F$<br>$s = h$ | $F_G$ Gewichtskraft (z. B.) N, kN<br>$F$ Seilkraft (z. B.) N, kN<br>$H$ Hubweg (z. B.) mm, m<br>$s$ Kraftweg (z. B.) mm, m |
| **Beispiel**<br>$F = 2{,}4\,\text{kN}$<br>$h = 2{,}1\,\text{m}$<br>$F_G = ?$ | $F_G = F$<br>$F_G = \underline{\underline{2{,}4\,\text{kN}}}$ | |
| **Lose Rolle** 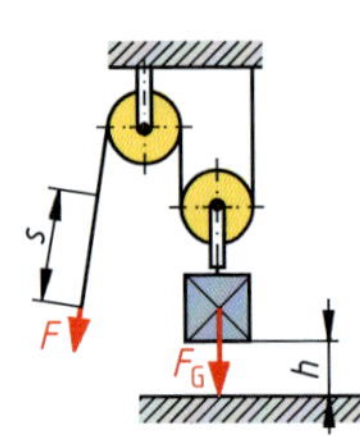  | $F_G \cdot h = F \cdot s$   $F_G = \frac{F \cdot s}{h}$<br>$h = \frac{F \cdot s}{F_G}$   $F = \frac{F_G \cdot h}{s}$   $s = \frac{F_G \cdot h}{F}$<br>$F = \frac{F_G}{2}$   $s = 2 \cdot h$ | $F_G$ Gewichtskraft (z. B.) N, kN<br>$F$ Seilkraft (z. B.) N, kN<br>$H$ Hubweg (z. B.) mm, m<br>$s$ Kraftweg (z. B.) mm, m |
| **Beispiel**<br>$F = 6\,\text{kN}$<br>$h = 2\,\text{m}$<br>$s = 10\,\text{m}$<br>$F_G = ?$ | $F_G = \frac{F \cdot s}{h}$<br>$F_G = \frac{6\,\text{kN} \cdot 10\,\text{m}}{2\,\text{m}} = 30\,\frac{\text{kN} \cdot \cancel{\text{m}}}{\cancel{\text{m}}} = \underline{\underline{30\,\text{kN}}}$ | |

## Flaschenzug

| Formelzeichen / Einheiten | | | Formel / Formelumstellung | | Abbildung |
|---|---|---|---|---|---|
| $F$ | Seilkraft | (z. B.) N, kN | $F \cdot s = F_G \cdot h$ | $F = \frac{F_G}{n}$ | **Flaschenzug*** |
| $F_G$ | Gewichtskraft | (z. B.) N, kN | $F = \frac{F_G \cdot h}{s}$ | $F_G = F \cdot n$ | |
| $n$ | Zahl der tragenden Seile (rote Punkte, hier: 4) | | $s = \frac{F_G \cdot h}{F}$ | $n = \frac{F_G}{F}$ | |
| $h$ | Hubweg | (z. B.) mm, m | $F_G = \frac{F \cdot s}{h}$ | $^*W_2 = F_G \cdot h$ | |
| $s$ | Kraftweg | (z. B.) mm, m | $h = \frac{F \cdot s}{F_G}$ | $F_G = \frac{W_2}{h}$ | |
| $W_1$ | aufgewendete Arbeit | (z. B.) J = N · m | $h = \frac{s}{n}$ | $h = \frac{W_2}{F_G}$ | |
| $W_2$ | abgegebene Arbeit | (z. B.) J = N · m | $s = h \cdot n$ | | |
| | | | $n = \frac{s}{h}$ | | |



* Die Reibung wird hier vernachlässigt. Die aufgewendete Arbeit $W_1$ ist gleich der abgegebenen Arbeit $W_2$.

**Beispiel**

$F_G = 3000\,N$

$h = 1{,}5\,m$

$s = 15\,m$

$F = ?$

$$F = \frac{F_G \cdot h}{s}$$

$$F = \frac{3000\,N \cdot 1{,}5\,m}{15\,m} = 300\,\frac{N \cdot \cancel{m}}{\cancel{m}} = \underline{\underline{300\,N}}$$

2

## Winde (Seilwinde)

### Abbildung

**Winde (Seilwinde)***

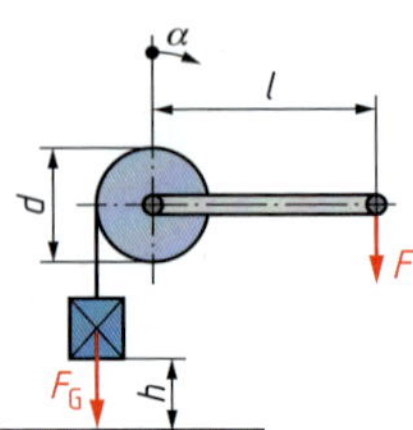


### Formel / Formelumstellung

$$F \cdot l = F_G \cdot \frac{d}{2}$$

$$F = \frac{F_G \cdot d}{2 \cdot l}$$

$$l = \frac{F_G \cdot d}{2 \cdot F}$$

$$F_G = \frac{2 \cdot F \cdot l}{d}$$

$$d = \frac{2 \cdot F \cdot l}{F_G}$$

$$h = d \cdot \pi \cdot n$$

$$d = \frac{h}{\pi \cdot n}$$

$$n = \frac{h}{d \cdot \pi}$$

$$W_2 = F_G \cdot h$$

$$F_G = \frac{W_2}{h}$$

$$h = \frac{W_2}{F_G}$$

$$h = d \cdot \pi \cdot \frac{\alpha}{360°}$$

* Die Reibung wird hier vernachlässigt. Die aufgewendete Arbeit $W_1$ ist gleich der abgegebenen Arbeit $W_2$.

### Formelzeichen / Einheiten

|  |  |  |
|---|---|---|
| $F$ | Kraft an der Handkurbel | (z. B.) N, kN |
| $F_G$ | Gewichtskraft | (z. B.) N, kN |
| $d$ | Seiltrommeldurchmesser | (z. B.) cm, m |
| $l$ | Hebelarm (Kurbellänge) | (z. B.) mm, cm, m |
| $h$ | Hubweg | (z. B.) cm, m |
| $n$ | Zahl der Kurbelumdrehungen | |
| $\alpha$ | Verdrehwinkel an der Handkurbel | in ° (Grad) |
| $W_1$ | aufgewendete Arbeit | (z. B.) J = N · m |
| $W_2$ | abgegebene Arbeit | (z. B.) J = N · m |

**Beispiel**

$F_G = 1500\,\text{N}$

$d = 0{,}25\,\text{m}$

$l = 10{,}35\,\text{m}$

$F = ?$

$$F = \frac{F_G \cdot d}{2 \cdot l}$$

$$F = \frac{1500\,\text{N} \cdot 0{,}25\,\text{m}}{2 \cdot 0{,}35\,\text{m}} = 535{,}71\,\frac{\text{N} \cdot \cancel{\text{m}}}{\cancel{\text{m}}} = \underline{\underline{535{,}71\,\text{N}}}$$

## Räderwinde

| Formelzeichen / Einheiten | | | Formel / Formelumstellung | | Abbildung |
|---|---|---|---|---|---|
| $F$ | Kraft an der Handkurbel | (z.B.) N, kN | $F \cdot i \cdot l = F_G \cdot \frac{d}{2}$ | $h = \frac{d \cdot \pi \cdot n}{i}$ | **Räderwinde*** |
| $F_G$ | Gewichtskraft | (z.B.) N, kN | $F = \frac{F_G \cdot d}{2 \cdot i \cdot l}$ | $d = \frac{h \cdot i}{\pi \cdot n}$ | |
| $d$ | Seiltrommeldurchmesser | (z.B.) mm, m | $i = \frac{F_G \cdot d}{2 \cdot F \cdot l}$ | $n = \frac{h \cdot i}{d \cdot \pi}$ | |
| $l$ | Hebelarm | (z.B.) mm, m | $l = \frac{F_G \cdot d}{2 \cdot F \cdot i}$ | $i = \frac{d \cdot \pi \cdot n}{h}$ | |
| $h$ | Hubweg | (z.B.) mm, m | $F_G = \frac{2 \cdot F \cdot i \cdot l}{d}$ | $W_2 = F_G \cdot h$ | |
| $n$ | Zahl der Kurbelumdrehungen | | $d = \frac{2 \cdot F \cdot i \cdot l}{F_G}$ | $F_G = \frac{W_2}{h}$ | |
| $i$ | Zahnradübersetzung | | $i = \frac{z_2}{z_1}$ | $h = \frac{W_2}{F_G}$ | |
| $z_1, z_2$ | Zähnezahlen | | | | |
| $W_1$ | aufgewendete Arbeit | (z.B.) J = N · m | | | |
| $W_2$ | abgegebene Arbeit | (z.B.) J = N · m | | | |



* Die Reibung wird hier vernachlässigt. Die aufgewendete Arbeit $W_1$ ist gleich der abgegebenen Arbeit $W_2$.

**Beispiel**

$F_G = 500\,\text{N}$

$d = 0{,}3\,\text{m}$

$l = 0{,}4\,\text{m}$

$i = 2{,}5$

$F = ?$

$$F = \frac{F_G \cdot d}{2 \cdot i \cdot l}$$

$$F = \frac{500\,\text{N} \cdot 0{,}3\,\text{m}}{2 \cdot 2{,}5 \cdot 0{,}4\,\text{m}} = 75\,\frac{\text{N} \cdot \cancel{\text{m}}}{\cancel{\text{m}}} = \underline{\underline{75\,\text{N}}}$$



2

## Hangabtriebskraft, Normalkraft, Schiefe (Geneigte) Ebene

| Abbildung | Formel / Formelumstellung | | Formelzeichen / Einheiten | | |
|---|---|---|---|---|---|
| **Hangabtriebskraft, Normalkraft, Schiefe (Geneigte) Ebene*** 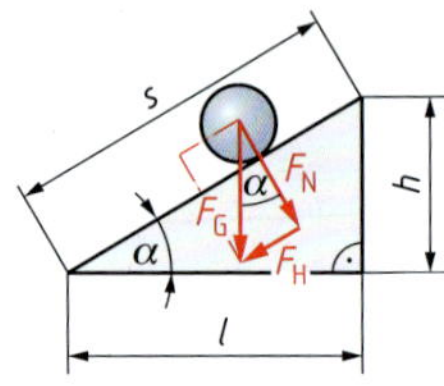  | $\frac{F_H}{F_G} = \frac{h}{s}$ | $\frac{F_N}{F_G} = \frac{l}{s}$ | $F_H$ | Hangabtriebskraft | (z. B.) N, kN |
| | $F_H = \frac{h \cdot F_G}{s}$ | $F_N = \frac{l \cdot F_G}{s}$ | $F_G$ | Gewichtskraft | (z. B.) N, kN |
| | $F_G = \frac{F_H \cdot s}{h}$ | $F_G = \frac{F_N \cdot s}{l}$ | $F_N$ | Normalkraft | (z. B.) N, kN |
| | $h = \frac{F_H \cdot s}{F_G}$ | $l = \frac{F_N \cdot s}{F_G}$ | $h$ | Höhenunterschied | (z. B.) mm, m |
| | $s = \frac{F_G \cdot h}{F_H}$ | $s = \frac{F_G \cdot l}{F_N}$ | $s$ | Weg | (z. B.) mm, m |
| | $F_H = F_G \cdot \sin\alpha$ | $F_N = F_G \cdot \cos\alpha$ | $l$ | horizontale Länge | (z. B.) mm, m |
| | $F_G = \frac{F_H}{\sin\alpha}$ | $F_G = \frac{F_N}{\cos\alpha}$ | $\alpha$ | Neigungswinkel | in ° (Grad) |
| | $\sin\alpha = \frac{F_H}{F_G}$ | $\cos\alpha = \frac{F_N}{F_G}$ | $W_1$ | aufgewendete Arbeit | $J = N \cdot m$ |
| | $W_1 = F_H \cdot s$ | $W_2 = F_G \cdot h$ | $W_2$ | abgegebene Arbeit | $J = N \cdot m$ |
| | $F_H = \frac{W_1}{s}$ | $F_G = \frac{W_2}{h}$ | | | |
| | $s = \frac{W_1}{F_H}$ | $h = \frac{W_2}{F_G}$ | | | |

* Die Reibung wird hier vernachlässigt. Die aufgewendete Arbeit $W_1$ ist gleich der abgegebenen Arbeit $W_2$.

**Beispiel**

$F_G = 15\,\text{kN}$

$h = 5\,\text{m}$

$s = 10\,\text{m}$

$F_H = ?$

$$F_H = \frac{h \cdot F_G}{s}$$

$$F_H = \frac{5\,\text{m} \cdot 15\,\text{kN}}{10\,\text{m}} = 7{,}5\,\frac{\cancel{\text{m}} \cdot \text{kN}}{\cancel{\text{m}}} = \underline{\underline{7{,}5\,\text{kN}}}$$

## Keil

| Formelzeichen / Einheiten | | |
|---|---|---|
| $F$ | Last | (z. B.) N, kN |
| $F_1, F_2$ | Kräfte | (z. B.) N, kN |
| $s$ | Kraftweg | (z. B.) cm, m |
| $h$ | Lastweg | (z. B.) cm, m |
| $\alpha$ | Neigungswinkel | in ° (Grad) |
| $\varrho$ | Reibungswinkel | in ° (Grad) |
| $\mu$ | Reibfaktor | |
| $W_1$ | aufgewendete Arbeit | (z. B.) J, kJ |
| $W_2$ | abgegebene Arbeit | (z. B.) J, kJ |

$1\ \text{J} = 1\ \text{N} \cdot \text{m} = 1\ \text{W} \cdot \text{s}$

### Formel / Formelumstellung

$$F_1 \cdot s = F \cdot h$$

$$F_1 = \frac{F \cdot h}{s}$$

$$s = \frac{F \cdot h}{F_1}$$

$$F = \frac{F_1 \cdot s}{h}$$

$$h = \frac{F_1 \cdot s}{F}$$

$$W_1 = W_2$$

$$W_1 = F_1 \cdot s$$

$$W_2 = F \cdot h$$

**Eintreiben (+)**

$$F_1 = F \cdot \tan(\alpha + 2\varrho)$$

$$F = \frac{F_1}{\tan(\alpha + 2\varrho)}$$

$$\tan(\alpha + 2\varrho) = \frac{F_1}{F}$$

**Austreiben, Lockern (–)**

$$F_2 = F \cdot \tan(\alpha - 2\varrho)$$

$$F = \frac{F_2}{\tan(\alpha - 2\varrho)}$$

$$\tan(\alpha - 2\varrho) = \frac{F_2}{F}$$

$$\tan\varrho = \mu$$

$$\varrho = \arctan\mu$$

### Abbildung

**Keil**



**Beispiel**

$F = 250\ \text{N}$

$h = 5\ \text{mm}$

$s = 25\ \text{m}$

$F_1 = ?$

$$F_1 = \frac{F \cdot h}{s}$$

$$F_1 = \frac{250\ \text{N} \cdot 5\ \text{mm}}{25\ \text{mm}} = 50\ \frac{\text{N} \cdot \cancel{\text{mm}}}{\cancel{\text{mm}}} = \underline{\underline{50\ \text{N}}}$$

## Schraube

| Abbildung | Formel / Formelumstellung | | Formelzeichen / Einheiten | | |
|---|---|---|---|---|---|
| **Schraube*** 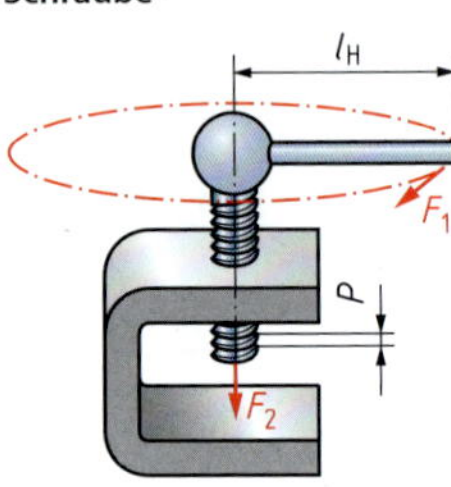  | $F_1 \cdot 2 \cdot l_H \cdot \pi = F_2 \cdot P$ | | $F_1$ | Drehkraft | (z. B.) N, kN |
| | $F_1 = \frac{F_2 \cdot P}{2 \cdot l_H \cdot \pi}$ | $l_H = \frac{F_2 \cdot P}{F_1 \cdot 2 \cdot \pi}$ | $F_2$ | Spindelkraft<br>Vorspannkraft | (z. B.) N, kN |
| | $F_2 = \frac{F_1 \cdot 2 \cdot l_H \cdot \pi}{P}$ | $P = \frac{F_1 \cdot 2 \cdot l_H \cdot \pi}{F_2}$ | $P$ | Steigung | mm |
| | $M = \frac{F_2 \cdot P}{2 \cdot \pi}$ | $F_2 = \frac{M \cdot 2 \cdot \pi}{P}$<br>$P = \frac{M \cdot 2 \cdot \pi}{F_2}$ | $M$ | Anzugsdrehmoment | N · m |
| | $W_1 = W_2$ | | $l_H$ | Länge Hebelarm | (z. B.) mm, cm |
| | $W_1 = F_1 \cdot 2 \cdot l_H \cdot \pi$ | | $W_1$ | aufgewendete Arbeit | J = N · m |
| | $F_1 = \frac{W_1}{2 \cdot l_H \cdot \pi}$ | $l_H = \frac{W_1}{F_1 \cdot 2 \cdot \pi}$ | $W_2$ | abgegebene Arbeit | J = N · m |
| | $W_2 = F_2 \cdot P$ | | | | |
| | $F_2 = \frac{W_2}{P}$ | $P = \frac{W_2}{F_2}$ | | | |
| | * Die Reibung wird hier vernachlässigt. Die aufgewendete Arbeit $W_1$ ist gleich der abgegebenen Arbeit $W_2$. | | | | |

**Beispiel**

$F_2 = 1000\,\text{N}$

$P = 1{,}25\,\text{mm}$

$l_H = 150\,\text{mm}$

$F_1 = ?$

$$F_1 = \frac{F_2 \cdot P}{2 \cdot l_H \cdot \pi}$$

$$F_1 = \frac{1000\,\text{N} \cdot 1{,}25\,\text{mm}}{2 \cdot 150\,\text{mm} \cdot \pi} = 1{,}3\,\frac{\text{N} \cdot \cancel{\text{mm}}}{\cancel{\text{mm}}} = \underline{\underline{1{,}3\,\text{N}}}$$

## Mechanische Arbeit, Hubarbeit

| Formelzeichen / Einheiten | | Formel / Formelumstellung | Abbildung |
|---|---|---|---|
| $W$ Arbeit | (z. B.) N · m, J, W · s | $W = F \cdot s$    $F = F_G$ | **Mechanische Arbeit** |
| $F$ Kraft | (z. B.) N, kN | $F = \frac{W}{s}$    $s = \frac{W}{F}$ | $F$, $s$ |
| $F_G$ Gewichtskraft | (z. B.) N, kN | | |
| $s$ Kraftweg | (z. B.) mm, m | | |

$1\ \mathrm{J} = 1\ \mathrm{N} \cdot \mathrm{m}$

$1\ \mathrm{J} = \frac{\mathrm{kg} \cdot \mathrm{m}^2}{\mathrm{s}^2}$

$1\ \mathrm{J} = \mathrm{W} \cdot \mathrm{s}$

**Beispiel**

$F = 1250\ \mathrm{N}$

$S = 2{,}5\ \mathrm{m}$

$W = ?$

$W = F \cdot s$

$W = 1250\ \mathrm{N} \cdot 2{,}5\ \mathrm{m} = 3125\ \mathrm{Nm} = \underline{\underline{3125\ \mathrm{J}}}$

| Formelzeichen / Einheiten | | Formel / Formelumstellung | Abbildung |
|---|---|---|---|
| $W$ Hubarbeit | (z. B.) N · m, J, W · s | $W = F \cdot h$    $F_G = m \cdot g$    $(F = F_G)$ | **Hubarbeit** |
| $F$ Hubkraft | (z. B.) N, kN | $F = \frac{W}{h}$    $h = \frac{W}{F}$ | |
| $F_G$ Gewichtskraft | (z. B.) N, kN | $W = m \cdot g \cdot h$ | |
| $h$ Hub (Kraftweg) | (z. B.) mm, m | $m = \frac{W}{g \cdot h}$    $h = \frac{W}{m \cdot g}$ | |
| $m$ Masse | (z. B.) kg, t | | |
| $g$ Erdbeschleunigung | $9{,}81\ \frac{\mathrm{m}}{\mathrm{s}^2}$ | | |

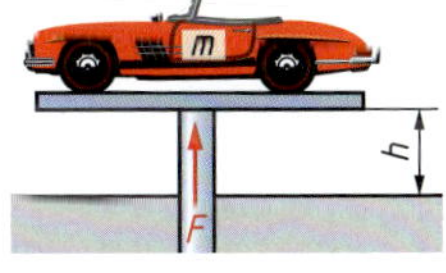


$1\ \mathrm{J} = 1\ \mathrm{N} \cdot \mathrm{m}$

$1\ \mathrm{J} = \frac{\mathrm{kg} \cdot \mathrm{m}^2}{\mathrm{s}^2}$

$1\ \mathrm{J} = \mathrm{W} \cdot \mathrm{s}$

**Beispiel**

$m = 2000\ \mathrm{kg}$

$h = 2\ \mathrm{m}$

$W = ?$

$W = m \cdot g \cdot h$

$W = 2000\ \mathrm{kg} \cdot 9{,}81\ \frac{\mathrm{m}}{\mathrm{s}^2} \cdot 2\ \mathrm{m} = 39240\ \frac{\mathrm{kg} \cdot \mathrm{m}^2}{\mathrm{s}^2} = \underline{\underline{39240\ \mathrm{J}}}$

## Potenzielle Energie (Lageenergie)

| Abbildung | Formel / Formelumstellung | Formelzeichen / Einheiten |
|---|---|---|
| **Potentielle Energie (Lageenergie)** | $W_P = F_G \cdot h$     $F = F_G$ | $W_P$ Potenzielle Energie (z. B.) N · m, J, W · s |
| $h$ | $F_G = \frac{W_P}{h}$ | $F$ Kraft (z. B.) N, kN |
| $F_G$ | $h = \frac{W_P}{F_G}$ | $F_G$ Gewichtskraft (z. B.) N, kN |
| | $W_P = m \cdot g \cdot h$     $F_G = m \cdot g$ | $h$ Kraftweg, Hub, Fallhöhe (z. B.) mm, m |
| | $m = \frac{W_P}{h \cdot g}$ | $m$ Masse (z. B.) kg, t |
| | $h = \frac{W_p}{m \cdot g}$ | $g$ Erdbeschleunigung $9{,}81\,\frac{\text{m}}{\text{s}^2}$ |
| | | $1\,\text{J} = 1\,\text{N} \cdot \text{m}$<br>$1\,\text{J} = \frac{\text{kg} \cdot \text{m}^2}{\text{s}^2}$<br>$1\,\text{J} = \text{W} \cdot \text{s}$ |

**Beispiel**

$m = 1600\,\text{kg}$

$h = 1{,}8\,\text{m}$

$W_p = ?$

$$W_P = m \cdot g \cdot h$$

$$W_P = 1600\,\text{kg} \cdot 9{,}81\,\frac{\text{m}}{\text{s}^2} \cdot 1{,}8\,\text{m} = 28252{,}8\,\frac{\text{kg} \cdot \text{m}^2}{\text{s}^2} = \underline{\underline{28252{,}8\,\text{J}}}$$

2

## Kinetische Energie, Potenzielle Energie (Federenergie)

| Formelzeichen / Einheiten | Formel / Formelumstellung | Abbildung |
|---|---|---|
| $W_k$ Kinetische Energie (z. B.) N · m, J, W · s<br>$m$ Masse (z. B.) kg, t<br>$v$ Geschwindigkeit (z. B.) $\frac{m}{s}$, $\frac{km}{h}$<br><br>$1\,\frac{km}{h} = \frac{1\,m}{3{,}6\,s}$<br><br>$1\,J = 1\,N \cdot m$<br>$1\,J = \frac{kg \cdot m^2}{s^2}$<br>$1\,J = W \cdot s$ | $W_k = \frac{m \cdot v^2}{2}$<br><br>$m = \frac{2 \cdot W_k}{v^2}$<br><br>$v = \sqrt{\frac{2 \cdot W_k}{m}}$ | **Kinetische Energie**<br>(Bewegungsenergie)<br><br> |
| $W_p$ Potenzielle Energie (z. B.) N · m, J, W · s<br>$R$ Federrate (z. B.) $\frac{N}{m}$<br>$s$ Federweg (z. B.) mm<br><br>$1\,J = 1\,N \cdot m$<br>$1\,J = \frac{kg \cdot m^2}{s^2}$<br>$1\,J = W \cdot s$ | $W_p = \frac{R \cdot s^2}{2}$<br><br>$R = \frac{2 \cdot W_p}{s^2}$<br><br>$s = \sqrt{\frac{2 \cdot W_p}{R}}$ | **Potenzielle Energie**<br>(Federenergie)<br><br>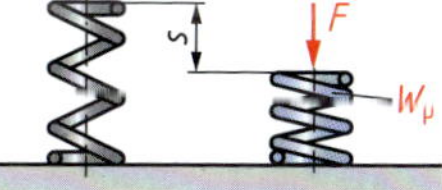<br> |

**Beispiel**

$m = 1900\,kg$

$v = 100\,\frac{km}{h} = 27{,}77\,\frac{m}{s}$

$W_k = ?$

$$W_k = \frac{m \cdot v^2}{2}$$

$$W_k = \frac{1900\,kg \cdot \left(27{,}77\,\frac{m}{s}\right)^2}{2} = 732614\,\frac{kg \cdot m^2}{s^2} = 732614\,J = \underline{\underline{732{,}6\,kJ}}$$

**Beispiel**

$s = 25\,mm$

$R = 3\,\frac{N}{mm}$

$W_p = ?$

$$W_p = \frac{R \cdot s^2}{2}$$

$$W_p = \frac{3\,\frac{N}{mm} \cdot (25\,mm)^2}{2} = 937{,}5\,\frac{N \cdot mm^{\not 2}}{\not{mm}} = \underline{\underline{0{,}94\,J}}$$

2

handwerk-technik.de

## Mechanische Leistung bei geradliniger Bewegung

| Abbildung | Formel / Formelumstellung | | | Formelzeichen / Einheiten | | |
|---|---|---|---|---|---|---|
| **Mechanische Leistung**<br>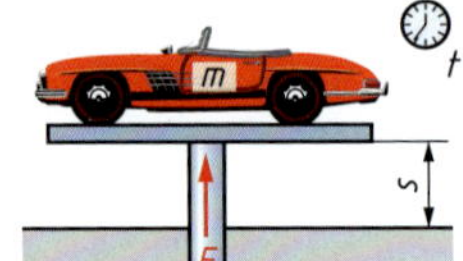<br> | $P = \frac{W}{t}$<br>$t = \frac{W}{P}$<br>$W = P \cdot t$ | $P = \frac{F \cdot s}{t}$<br>$F = \frac{P \cdot t}{s}$<br>$s = \frac{P \cdot t}{F}$<br>$t = \frac{F \cdot s}{P}$ | $(F = F_G)$ | $P$ | Leistung | (z. B.) W, kW |
| | | | | $W$ | Arbeit | (z. B.) N · m, J , W · s |
| | | | | $t$ | Zeit | (z. B.) s, min |
| | | | | $F$ | Kraft | (z. B.) N, kN |
| | | | | $F_G$ | Gewichtskraft | (z. B.) N, kN |
| | | | | $s$ | Weg in Kraftrichtung | (z. B.) mm, m |
| | | | | $v$ | Geschwindigkeit | (z. B.) $\frac{m}{s}$ |
| <br> | $P = F \cdot v$<br>$F = \frac{P}{v}$<br>$v = \frac{P}{F}$ | $v = \frac{s}{t}$<br>$s = v \cdot t$<br>$t = \frac{s}{v}$ | | Veraltete Einheit:<br>1 PS ≈ 0,735 kW<br>1 kW ≈ 1,36 PS<br>$\frac{N \cdot m}{s} = W$ | | |

**Beispiel**

$F = 100\,000\,N$

$v = 120\,\frac{km}{h} = 33{,}33\,\frac{m}{s}$

$P = ?$

$P = F \cdot v$

$P = 100\,000\,N \cdot 33{,}33\,\frac{m}{s} = 333333\,\frac{N \cdot m}{s} = \underline{\underline{333{,}33\,kW}}$

## Pumpenleistung

| Formelzeichen / Einheiten | | |
|---|---|---|
| $P$ | Pumpenleistung | (z. B.) W, kW |
| $V$ | Fördervolumen | (z. B.) $dm^3$ (l), $m^3$ |
| $\Delta p$ | Druckdifferenz | (z. B.) $\frac{N}{m^2}$ |
| $t$ | Förderzeit | (z. B.) s, min |
| $\dot{m}$ | Massenstrom | (z. B.) $\frac{kg}{s}$ |
| $h$ | Förderhöhe | (z. B.) mm, m |
| $\dot{V}$ | Volumenstrom | (z. B.) $\frac{dm^3}{s}$ |
| $\varrho$ | Dichte | (z. B.) $\frac{kg}{dm^3}$ |
| $g$ | Fall-/Erdbeschleunigung | $9{,}81\,\frac{m}{s^2}$ |

In die Zahlenwertgleichung einzusetzende Einheiten:

| | | |
|---|---|---|
| $P$ | Pumpenleistung | kW |
| $\dot{V}$ | Volumenstrom | $\frac{dm^3}{min}$ |
| $p_e$ | Überdruck | bar |

### Formel / Formelumstellung

$$P = \frac{\dot{V} \cdot \Delta p}{t}$$

$$\dot{V} = \frac{P \cdot t}{\Delta p} \qquad \Delta p = \frac{P \cdot t}{\dot{V}} \qquad t = \frac{\dot{V} \cdot \Delta p}{P}$$

$$P = \dot{m} \cdot g \cdot h$$

$$\dot{m} = \frac{P}{g \cdot h} \qquad h = \frac{P}{\dot{m} \cdot g}$$

$$P = \dot{V} \cdot \varrho \cdot g \cdot h$$

$$\dot{V} = \frac{P}{\varrho \cdot g \cdot h} \qquad \varrho = \frac{P}{\dot{V} \cdot g \cdot h} \qquad h = \frac{P}{\dot{V} \cdot \varrho \cdot g}$$

Zahlenwertgleichung:

$$P = \frac{\dot{V} \cdot p_e}{600}$$

### Abbildung

**Pumpenleistung**

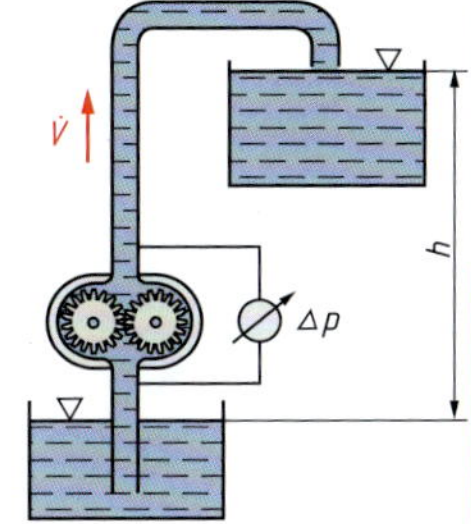


**Beispiel**

$\dot{m} = 25\,\frac{kg}{s}$

$h = 3\,m$

$P = ?$

$$P = \dot{m} \cdot g \cdot h$$

$$P = 25\,\frac{kg}{s} \cdot 9{,}81\,\frac{m}{s^2} \cdot 3\,m = 735{,}75\,\frac{kg \cdot m}{s^s} \cdot \frac{m}{s} = 735{,}75\,\frac{N \cdot m}{s} = \underline{\underline{735{,}75\,W}}$$

$$1\,N = 1\,\frac{kg \cdot m}{s^2}$$

$$1\,W = 1\,\frac{N \cdot m}{s}$$

2

## Mechanische Leistung bei Drehbewegung (Antriebsleistung)

| Abbildung | Formel / Formelumstellung | Formelzeichen / Einheiten |
|---|---|---|
| **Mechanische Leistung bei Drehbewegung** 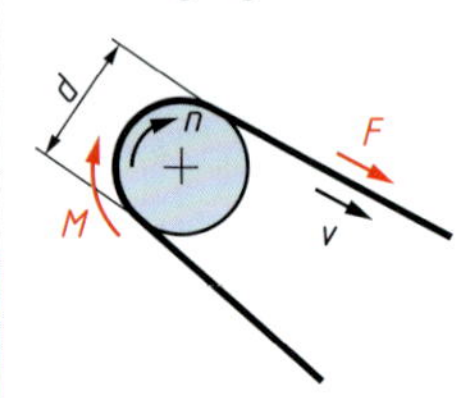  | $P = F \cdot v$   $F = \frac{P}{v}$   $v = \frac{P}{F}$<br>$P = F \cdot d \cdot \pi \cdot n$   $F = \frac{P}{d \cdot \pi \cdot n}$<br>$d = \frac{P}{F \cdot \pi \cdot n}$   $n = \frac{P}{F \cdot d \cdot \pi}$<br>$P = 2 \cdot \pi \cdot n \cdot M$   $M = \frac{P}{2 \cdot \pi \cdot n}$   $n = \frac{P}{2 \cdot \pi \cdot n \cdot M}$<br>$P = M \cdot \omega$   $M = \frac{P}{\omega}$   $\omega = \frac{P}{M}$<br><br>Zahlenwertgleichung:<br>$P = \frac{M \cdot n}{9550}$   $M = \frac{9550 \cdot P}{n}$   $n = \frac{9550 \cdot P}{M}$ | $P$ Leistung (z. B.) W, kW<br>$F$ Kraft (z. B.) N, kN<br>$v$ Umfangsgeschwindigkeit (z. B.) $\frac{\text{m}}{\text{s}}$<br>$d$ Durchmesser (z. B.) mm, m<br>$n$ Umdrehungsfrequenz (Drehzahl) (z. B.) $\frac{1}{\text{s}}, \frac{1}{\text{min}}$<br>$M$ Drehmoment (z. B.) N · m<br>$\omega$ Winkelgeschwindigkeit (z. B.) $\frac{1}{\text{min}}$<br><br>$\frac{\text{N} \cdot \text{m}}{\text{s}} = \text{W}$<br><br>In die Zahlenwertgleichung einzusetzende Einheiten:<br>$M$ in N · m<br>$n$ in $\frac{1}{\text{min}}$<br>Für die Leistung $P$ ergibt sich die Einheit kW |

**Beispiel**

$F = 1200\,\text{N}$

$d = 0{,}3\,\text{m}$

$n = 40\,\frac{1}{\text{s}}$

$P = ?$

$P = F \cdot d \cdot \pi \cdot n$

$P = 1200\,\text{N} \cdot \pi \cdot 0{,}3\,\text{m} \cdot 40\,\frac{1}{\text{s}} = 45216\,\frac{\text{N} \cdot \text{m}}{\text{s}} = \underline{\underline{45216\,\text{W}}}$

**Beispiel**

Zahlenwertgleichung

$M = 120\,\text{N} \cdot \text{m}$

$n = 1200\,\frac{1}{\text{min}}$

$P = ?$

$P = \frac{M \cdot n}{9550}$

$P = \frac{120\,\text{N} \cdot \text{m} \cdot 1200\,\frac{1}{\text{min}}}{9550} = \underline{\underline{15\,\text{kW}}}$

2

## Wirkungsgrad, Gesamtwirkungsgrad

| Formelzeichen / Einheiten | Formel / Formelumstellung | Abbildung |
|---|---|---|
| $\eta$ Wirkungsgrad<br>$\eta$ stets $\leq 1$<br>$P_{ab}$ abgegebene Leistung (z. B.) W, kW<br>$P_{zu}$ zugeführte Leistung (z. B.) W, kW<br>$W_{ab}$ abgegebene Arbeit (z. B.) N · m, J, W · s<br>$W_{zu}$ zugeführte Arbeit (z. B.) N · m, J, W · s | $\eta = \frac{P_{ab}}{P_{zu}}$ $\quad P_{ab} = \eta \cdot P_{zu}$ $\quad P_{zu} = \frac{P_{ab}}{\eta}$<br>$\eta = \frac{W_{ab}}{W_{zu}}$ $\quad W_{ab} = \eta \cdot W_{zu}$ $\quad W_{zu} = \frac{W_{ab}}{\eta}$ | **Wirkungsgrad (beispielhaft)**<br>"Sankey - Diagramm"<br>zugeführte Energie $P_{zu}$ = 100%<br>Energie-verluste<br>20% Motorabwärme<br>10% Flankenreibung<br>8% Lagerreibung<br>abgegebene Energie (Nutzenergie) $P_{ab}$ |

**Beispiel**

$\eta = 0{,}75$

$P_{zu} = 1200\,\text{W}$

$P_{ab} = ?$

$$P_{ab} = \eta \cdot P_{zu}$$

$$P_{ab} = 0{,}75 \cdot 1200\ \text{W} = \underline{\underline{900\ \text{W}}}$$

| Formelzeichen / Einheiten | Formel / Formelumstellung | Abbildung |
|---|---|---|
| $\eta$ Gesamtwirkungsgrad<br>$\eta$ stets $\leq 1$<br>$\eta_1, \eta_2, \eta_3, \eta_4$ Einzelwirkungsgrade | $\eta = \eta_1 \cdot \eta_2 \cdot \eta_3 \cdot \eta_4$<br>$\eta_1 = \frac{\eta}{\eta_2 \cdot \eta_3 \cdot \eta_4}$ $\quad \eta_3 = \frac{\eta}{\eta_1 \cdot \eta_2 \cdot \eta_4}$<br>$\eta_2 = \frac{\eta}{\eta_1 \cdot \eta_3 \cdot \eta_4}$ $\quad \eta_4 = \frac{\eta}{\eta_1 \cdot \eta_2 \cdot \eta_3}$ | **Gesamtwirkungsgrad**<br>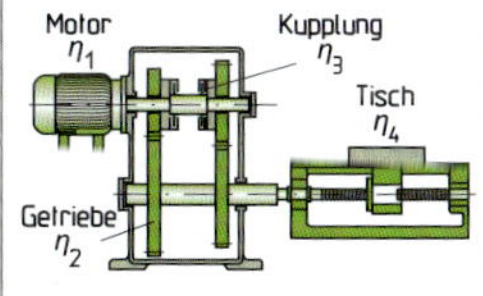<br> |

**Beispiel**

Motorwirkungsgrad $\eta_1 = 0{,}85$

Getriebewirkungsgrad $\eta_2 = 0{,}97$

Kupplungswirkungsgrad $\eta_3 = 0{,}82$

Tischwirkungsgrad $\eta_4 = 0{,}87$

Gesamtwirkungsgrad $\eta = ?$

$$\eta = \eta_1 \cdot \eta_2 \cdot \eta_3 \cdot \eta_4$$

$$\eta = 0{,}85 \cdot 0{,}97 \cdot 0{,}82 \cdot 0{,}87 = \underline{\underline{0{,}59}}$$

2

## Zugbeanspruchung, Spannungs-Dehnungs-Diagramm

### Abbildung

**Zugbeanspruchung**

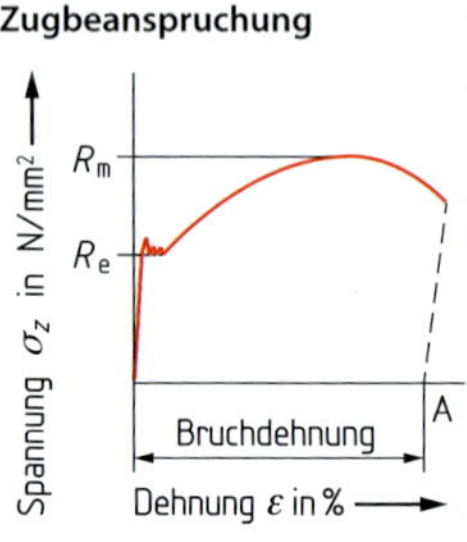


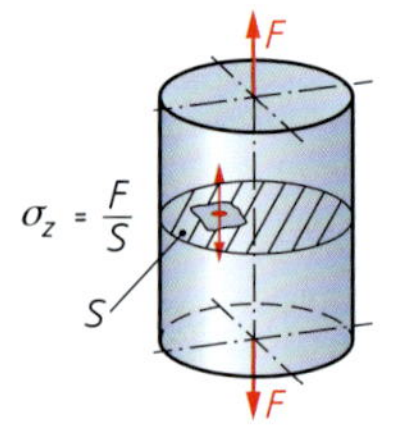


### Formel / Formelumstellung

$$\sigma_Z = \frac{F}{S} \qquad F = \sigma_Z \cdot S \qquad S = \frac{F}{\sigma_Z}$$

$$\sigma_{Z\,zul} = \frac{\sigma_{grenz}}{\nu} \left( = \frac{\text{Grenzspannung}}{\text{Sicherheitszahl}} \right)$$

$$\sigma_{grenz} = \sigma_{Z\,zul} \cdot \nu \qquad \nu = \frac{\sigma_{grenz}}{\sigma_{Z\,zul}}$$

$\sigma_{grenz} = R_e$ bzw. $R_{p0,2}$ für Stahl und zähe Werkstoffe
$\sigma_{grenz} = R_m$ für Gusseisen u. a.

$$F_{zul} = \sigma_{Z\,zul} \cdot S \qquad \sigma_{Z\,zul} = \frac{F_{zul}}{S} \qquad S = \frac{F_{zul}}{\sigma_{Z\,zul}}$$

$$S_{erf} = \frac{F}{\sigma_{Z\,zul}} \qquad F = \sigma_{Z\,zul} \cdot S_{erf} \qquad \sigma_{Z\,zul} = \frac{F}{S_{erf}}$$

### Formelzeichen / Einheiten

| Formelzeichen | Bedeutung | Einheit |
|---|---|---|
| $\sigma_Z$ | Zugspannung | $\frac{N}{mm^2}$ |
| $F$ | Zugkraft | (z. B.) N |
| $S$ | Querschnittsfläche | (z. B.) $mm^2$ |
| $\sigma_{Z\,zul}$ | zulässige Zugspannung | $\frac{N}{mm^2}$ |
| $\sigma_{grenz}$ | Grenzsspannung | $\frac{N}{mm^2}$ |
| $\nu$ | Sicherheitszahl | |
| $F_{zul}$ | zulässige Zugkraft | (z. B.) N |
| $S_{erf}$ | erforderliche Querschnittsfläche | (z. B.) $mm^2$ |

### Beispiel

$F = 6500\,N$

$S = 72\,mm^2$

$\sigma_Z = ?$

$$\sigma_Z = \frac{F}{S}$$

$$\sigma_Z = \frac{6500\,N}{72\,mm^2} = \underline{\underline{90{,}3\,\frac{N}{mm^2}}}$$

## Zugversuch, Spannungs-Dehnungs-Diagramm, Hookesches Gesetz

**Formelzeichen / Einheiten**

|  |  |  |
|---|---|---|
| $\sigma_Z$ | Zugspannung | $\frac{N}{mm^2}$ |
| $F$ | Zugkraft | N |
| $S_0$ | Anfangsquerschnitt der Probe | $mm^2$ |
| $S_u$ | kleinster Querschnitt nach dem Bruch | $mm^2$ |
| $R_m$ | Zugfestigkeit | $\frac{N}{mm^2}$ |
| $F_m$ | höchste Zugkraft | N |
| $R_e$ | Streckgrenze | $\frac{N}{mm^2}$ |
| $F_e$ | Kraft an der Streckgrenze | N |
| $R_{p0,2}$ | Dehngrenze | $\frac{N}{mm^2}$ |
| $F_{p0,2}$ | Kraft an der Dehngrenze | N |
| $E$ | Elastizitätsmodul | $\frac{N}{mm^2}$ |
| $\varepsilon$ | Dehnung | % |
| $L$ | Länge nach der Dehnung | mm |
| $L_0$ | Anfangsmesslänge | mm |
| $L_u$ | Messlänge nach dem Bruch | mm |
| $Z$ | Brucheinschnürung | % |

**Formel / Formelumstellung**

| Formel |  |  |
|---|---|---|
| $\sigma_Z = \frac{F}{S_0}$ | $F = \sigma_Z \cdot S_0$ | $S_0 = \frac{F}{\sigma_Z}$ |
| $R_m = \frac{F_m}{S_0}$ | $F_m = R_m \cdot S_0$ | $S_0 = \frac{F_m}{R_m}$ |
| $R_e = \frac{F_e}{S_0}$ | $F_e = R_e \cdot S_0$ | $S_0 = \frac{F_e}{R_e}$ |
| $R_{p0,2} = \frac{F_{p0,2}}{S_0}$ | $F_{p0,2} = R_{p0,2} \cdot S_0$ | $S_0 = \frac{F_{p0,2}}{R_{p0,2}}$ |
| $E = \frac{\sigma_Z}{\varepsilon} \cdot 100\,\%$ [1] | $\sigma_Z = \frac{E \cdot \varepsilon}{100\,\%}$ | $\varepsilon = \frac{\sigma_Z}{E} \cdot 100\,\%$ |
| $\varepsilon = \frac{L - L_0}{L_0} \cdot 100\,\%$ | $L = L_0 + \frac{\varepsilon \cdot L_0}{100\,\%}$ | $L_0 = \frac{100\,\% \cdot L}{100\,\% + \varepsilon}$ |
| $A = \frac{L_u - L_0}{L_0} \cdot 100\,\%$ | $L_u = L_0 \cdot \left(1 + \frac{A}{100\,\%}\right)$ | $L_0 = \frac{100\,\% \cdot L_u}{100\,\% + A}$ |
| $Z = \frac{S_0 - S_u}{S_0} \cdot 100\,\%$ | $S_0 = -\frac{100\,\% \cdot S_u}{Z - 100\,\%}$ | $S_u = S_0 - \frac{Z \cdot S_0}{100\,\%}$ |

[1] Hookesches Gesetz
(gilt nur für die Dehnung im elastischen Bereich)

**Abbildung**

**Zugbeanspruchung**

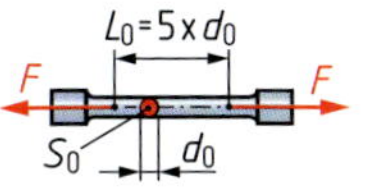


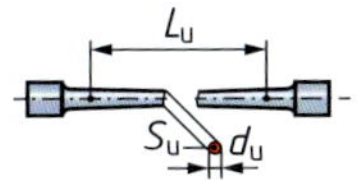


Im dargestellten Spannungs-Dehnungs-Diagramm ist $R_e$ nicht ausgeprägt (z. B. vergüteter Stahl).

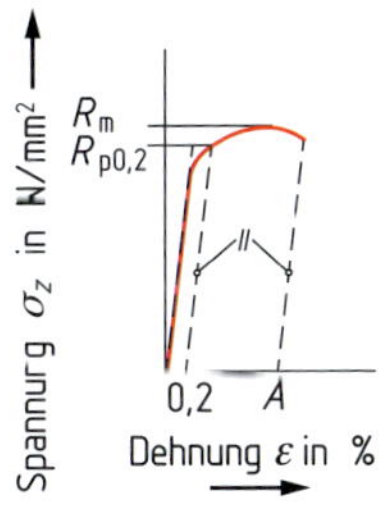


**Beispiel**

$F = 6500\,N$

$S_0 = 72\,mm^2$

$\sigma_Z = ?$

$$\sigma_Z = \frac{F}{S_0}$$

$$\sigma_Z = \frac{6500\,N}{72\,mm^2} = 90{,}3\,\frac{N}{mm^2}$$

2

## Druckbeanspruchung, Festigkeitsberechnung

| Abbildung | Formel / Formelumstellung | | | Formelzeichen / Einheiten | | |
|---|---|---|---|---|---|---|
| **Druckbeanspruchung** 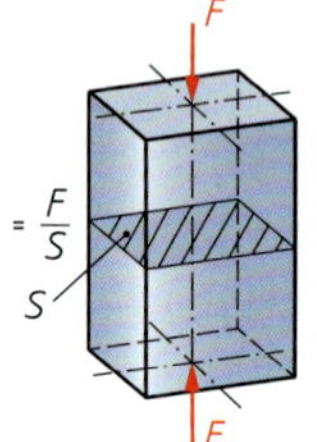  | $\sigma_d = \frac{F}{S}$ | $F = \sigma_d \cdot S$ | $S = \frac{F}{\sigma_d}$ | $\sigma_d$ | Druckspannung | $\frac{N}{mm^2}$ |
| | $\sigma_{dzul} = \frac{\sigma_{dF}}{\nu}$ | $\sigma_{dF} = \sigma_{dzul} \cdot \nu$ | $\nu = \frac{\sigma_{dF}}{\sigma_{dzul}}$ | $F$ | Druckkraft | (z. B.) N |
| | $\sigma_{dzul} = \frac{\sigma_{dB}}{\nu}$ | $\sigma_{dB} = \sigma_{dzul} \cdot \nu$ | $\nu = \frac{\sigma_{dB}}{\sigma_{dzul}}$ | $S$ | Querschnittsfläche | (z. B.) $mm^2$ |
| | $F_{zul} = \sigma_{dzul} \cdot S$ | $\sigma_{dzul} = \frac{F_{zul}}{S}$ | $S = \frac{F_{zul}}{\sigma_{dzul}}$ | $\sigma_{dzul}$ | zulässige Druckspannung | $\frac{N}{mm^2}$ |
| | (für Gusseisen) $\sigma_{dzul} \approx \frac{4 \cdot R_m}{\nu}$ | $R_m \approx \frac{\sigma_{dzul} \cdot \nu}{4}$ | $\nu \approx \frac{4 \cdot R_m}{\sigma_{dzul}}$ | $\sigma_{dF}$ | Quetschgrenze | $\frac{N}{mm^2}$ |
| | | | | $\nu$ | Sicherheitszahl | |
| | | | | $\sigma_{dB}$ | Druckfestigkeit | $\frac{N}{mm^2}$ |
| | | | | $F_{zul}$ | zulässige Druckkraft | (z. B.) N |
| | | | | $S_{erf}$ | erforderliche Querschnittsfläche | (z. B.) $mm^2$ |
| | | | | $R_m$ | Zugfestigkeit | $\frac{N}{mm^2}$ |

Anstelle mit der Druckfestigkeit $\sigma_{dB}$, kann auch mit der Stauchgrenze $\sigma_{d0,2}$ oder der Dauerfestigkeit $\sigma_D$ gerechnet werden.

**Beispiel**

$F = 160\,kN$

$S = 16\,cm^2$

$\sigma_d = ?$

$$\sigma_d = \frac{F}{S}$$

$$\sigma_d = \frac{160\,kN}{16\,cm^2} = \frac{160 \cdot 1000\,N}{16 \cdot 100\,mm^2} = \underline{\underline{100\,\frac{N}{mm^2}}}$$

## Flächenpressung, Festigkeitsberechnung

| Formelzeichen / Einheiten | | | Formel / Formelumstellung | | | Abbildung |
|---|---|---|---|---|---|---|
| $p$ | Flächenpressung | (z. B.) $\frac{N}{mm^2}$ | $p = \frac{F}{A}$ | $F = p \cdot A$ | $A = \frac{F}{p}$ | **Flächenpressung** |
| $F$ | Druckkraft | (z. B.) N | $A = l \cdot b$ | $l = \frac{A}{b}$ | $b = \frac{A}{l}$ | |
| $A$ | Berührungsfläche, projizierte Berührungsfläche | (z. B.) $mm^2$ | $A = l \cdot d$ | $l = \frac{A}{d}$ | $d = \frac{A}{l}$ | |
| $l$ | Länge der Berührungsfläche | (z. B.) mm | $F_{zul} = p_{zul} \cdot A$ | $p_{zul} = \frac{F_{zul}}{A}$ | $A = \frac{F_{zul}}{p_{zul}}$ | |
| $b$ | Breite der Berührungsfläche | (z. B.) mm | $A_{erf} = \frac{F}{p_{zul}}$ | $F = p_{zul} \cdot A_{erf}$ | $p_{zul} = \frac{F}{A_{erf}}$ | |
| $d$ | Zapfendurchmesser | (z. B.) mm | | | | |
| $F_{zul}$ | zulässige Kraft | (z. B.) N | | | | |
| $p_{zul}$ | zulässige Flächenpressung | (z. B.) $\frac{N}{mm^2}$ | | | | |
| $A_{erf}$ | erforderliche Berührungsfläche | (z. B.) $mm^2$ | | | | |



**Beispiel**

$F = 56\,kN$

$A = 35\,cm^2$

$p = ?$

$$p = \frac{F}{A}$$

$$p = \frac{56\,kN}{35\,cm^2} = \frac{56\,000\,N}{3500\,mm^2} = \underline{\underline{16\,\frac{N}{mm^2}}}$$

2

2

## Scherbeanspruchung, Festigkeitsberechnung

| Abbildung | Formel / Formelumstellung | Formelzeichen / Einheiten |
|---|---|---|
| **Scherbeanspruchung**<br>einschnittig:<br>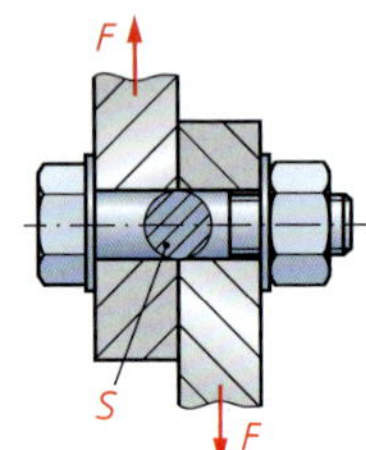<br><br>zweischnittig:<br>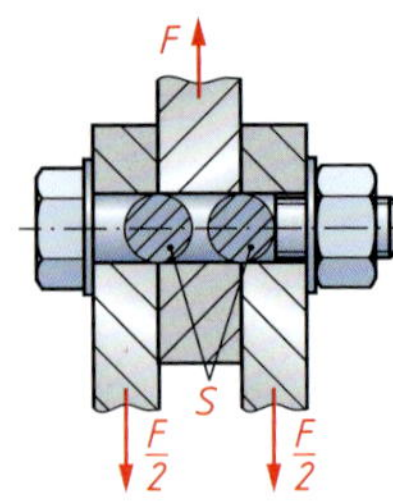<br> | einschnittig:<br>$\tau_a = \frac{F}{S}$   $F = \tau_a \cdot S$   $S = \frac{F}{\tau_a}$<br><br>zweischnittig: $\tau_a = \frac{F}{2 \cdot S}$<br>dreischnittig: $\tau_a = \frac{F}{3 \cdot S}$ usw.<br><br>$\tau_{azul} = \frac{\tau_{aB}}{\nu}$   $\tau_{aB} = \tau_{azul} \cdot \nu$   $\nu = \frac{\tau_{aB}}{\tau_{azul}}$<br>$\tau_{azul} = \frac{\tau_{aF}}{\nu}$   $\tau_{aF} = \tau_{azul} \cdot \nu$   $\nu = \frac{\tau_{aF}}{\tau_{azul}}$<br>$F_{zul} = \tau_{azul} \cdot S$   $\tau_{azul} = \frac{F_{zul}}{S}$   $S = \frac{F_{zul}}{\tau_{azul}}$<br>$S_{erf} = \frac{F}{\tau_{azul}}$   $F = \tau_{azul} \cdot S_{erf}$   $\tau_{azul} = \frac{F}{S_{erf}}$ | $\tau_a$ Scherspannung (z. B.) $\frac{N}{mm^2}$<br>$F$ Scherkraft (z. B.) N<br>$S$ Querschnittsfläche (z. B.) $mm^2$<br>$\tau_{azul}$ zulässige Scherspannung (z. B.) $\frac{N}{mm^2}$<br>$\tau_{aB}$ Scherfestigkeit (für spröde Werkstoffe) (z. B.) $\frac{N}{mm^2}$<br>$\nu$ Sicherheitszahl<br>$\tau_{aF}$ Scherfließgrenze (für zähe Werkstoffe) (z. B.) $\frac{N}{mm^2}$<br>$F_{zul}$ zulässige Scherkraft (z. B.) N<br>$S_{erf}$ erforderliche Querschnittsfläche (z. B.) $mm^2$<br><br>$\tau_{aBmax} \approx 0{,}8 \cdot R_{mmax}$ |

**Beispiel**

$F = 3\,kN$

$S = 19{,}6\,mm^2$

$\tau_a = ?$

$$\tau_a = \frac{F}{S}$$

$$\tau_a = \frac{3\,kN}{19{,}6\,mm^2} = \frac{3000\,N}{19{,}6\,mm^2} = \underline{\underline{153{,}1\frac{N}{mm^2}}}$$

## Schneiden, Schneidkraft, Scherfläche

### Formelzeichen / Einheiten

| Formelzeichen | Bedeutung | Einheit |
|---|---|---|
| $F$ | Schneidkraft | (z. B.) N |
| $S$ | Scherfläche | (z. B.) $mm^2$ |
| $\tau_{aB\,max}$ | maximale Scherfestigkeit | (z. B.) $\frac{N}{mm^2}$ |
| $U$ | Schnittkantenlänge (Umfang) | (z. B.) mm |
| $s$ | Blechdicke | (z. B.) mm |
| $W$ | Schneidarbeit | (z. B.) Nm |
| $R_{m\,max}$ | maximale Zugfestigkeit | (z. B.) $\frac{N}{mm^2}$ |
| $d$ | Stempeldurchmesser | mm |

$\tau_{aBmax} \approx 0{,}8 \cdot R_{mmax}$

### Formel / Formelumstellung

$$F = S \cdot \tau_{aBmax}$$

$$S = \frac{F}{\tau_{aBmax}}$$

$$\tau_{aBmax} = \frac{F}{S}$$

$$S = U \cdot s \qquad (U = d \cdot \pi)$$

$$U = \frac{S}{s} \qquad s = \frac{S}{U}$$

$$W = \frac{2}{3} \cdot F \cdot s$$

$$F = \frac{W \cdot 3}{2 \cdot s} \qquad s = \frac{W \cdot 3}{2 \cdot F}$$

### Abbildung

**Schneiden**

$U = d \cdot \pi$

$S = U \cdot s \Rightarrow S = d \cdot \pi \cdot s$

$U = 2 \cdot (a + b)$

$S = U \cdot s \Rightarrow S = 2 \cdot (a + b) \cdot s$

**Beispiel**

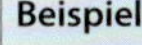

$S = 117{,}8\,mm^2$

$\tau_{aBmax} = 295\,\frac{N}{mm^2}$

$F = ?$

$$F = S \cdot \tau_{aBmax}$$

$$F = 117{,}8\,mm^2 \cdot 295\,\frac{N}{mm^2} = 34751\,\frac{mm^2 \cdot N}{mm^2} = \underline{\underline{34751\,N}}$$

2

## Spannungs-Dehnungs-Kurven, Zugversuch für Kunststoffe

### Abbildung

**Zugversuch**

Kraft in N
$F_{max}$
$F_R$
$F_S$
Bruch
①
$\varepsilon_S$ $\varepsilon_B$ $\varepsilon_R$
Dehnung $\varepsilon$ in %

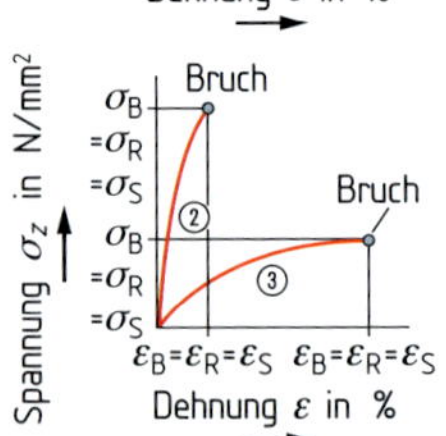


① zäh-elastische Kurve
② hart-spröde Kurve
③ weich-elastische Kurve

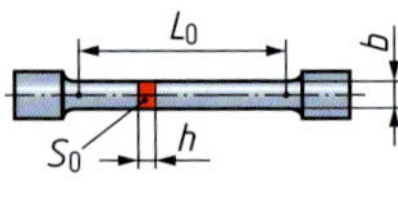


### Formel / Formelumstellung

$$\sigma_B = \frac{F_{max}}{S_0} \qquad F_{max} = \sigma_B \cdot S_0 \qquad S_0 = \frac{F_{max}}{\sigma_B}$$

$$\sigma_S = \frac{F_S}{S_0} \qquad F_S = \sigma_S \cdot S_0 \qquad S_0 = \frac{F_S}{\sigma_S}$$

$$\sigma_R = \frac{F_R}{S_0} \qquad F_R = \sigma_R \cdot S_0 \qquad S_0 = \frac{F_R}{\sigma_R}$$

$$\varepsilon_B = \frac{\Delta L_{Fmax}}{L_0} \cdot 100\,\%$$

$$\Delta L_{Fmax} = \frac{\varepsilon_B \cdot L_0}{100\,\%} \qquad L_0 = \frac{\Delta L_{Fmax}}{\varepsilon_B} \cdot 100\,\%$$

$$\varepsilon_R = \frac{\Delta L_R}{L_0} \cdot 100\,\%$$

$$\Delta L_R = \frac{\varepsilon_R \cdot L_0}{100\,\%} \qquad L_0 = \frac{\Delta L_R}{\varepsilon_R} \cdot 100\,\%$$

$$E_t = \frac{\Delta\sigma}{\Delta\varepsilon} \cdot 100\,\%$$

$$\Delta\sigma = \frac{E_t \cdot \Delta\varepsilon}{100\,\%} \qquad \Delta\varepsilon = \frac{\Delta\sigma}{E_t} \cdot 100\,\%$$

### Formelzeichen / Einheiten

|  |  |  |
|---|---|---|
| $\sigma_B$ | Zugfestigkeit | $\frac{N}{mm^2}$ |
| $F_{max}$ | maximale Zugkraft | (z. B.) N |
| $S_0$ | Anfangsquerschnitt | $mm^2$ |
| $\sigma_S$ | Streckspannung | $\frac{N}{mm^2}$ |
| $F_S$ | Kraft bei Streckspannung | (z. B.) N |
| $\sigma_R$ | Reißfestigkeit bei $F_R$ | $\frac{N}{mm^2}$ |
| $F_R$ | Reißkraft | (z. B.) N |
| $\varepsilon_B$ | Dehnung bei $F_{max}$ | % |
| $\Delta L_{F\,max}$ | Längenänderung bei $F_{max}$ | mm |
| $L_0$ | Anfangsproben-messlänge | mm |
| $\varepsilon_R$ | Reißdehnung bei $F_R$ | $\frac{N}{mm^2}$ |
| $\Delta L_R$ | Längenänderung bei $F_R$ | mm |
| $E_t$ | Zugmodul | $\frac{N}{mm^2}$ |
| $\Delta\sigma$ | Spannungsänderung | $\frac{N}{mm^2}$ |
| $\Delta\varepsilon$ | Dehnungsänderung | $\frac{N}{mm^2}$ |
| $b$ | Probenbreite | mm |
| $h$ | Probendicke | mm |

**Beispiel**

$F_{max} = 6500\,N$

$S_0 = 145\,mm^2$

$\sigma_B = ?$

$$\sigma_B = \frac{F_{max}}{S_0}$$

$$\sigma_B = \frac{6500\,N}{145\,mm^2} = \underline{\underline{44{,}8\,\frac{N}{mm^2}}}$$

## Temperatureinheiten, Längenänderung

| Formelzeichen / Einheiten | | Formel / Formelumstellung | Abbildung |
|---|---|---|---|
| $T$ thermodynamische, absolute Temperatur | K | $T = t + 273$ | **Temperatureinheiten** |
| $t$ Celsius Temperatur | in °C | $t = T - 273$ | |

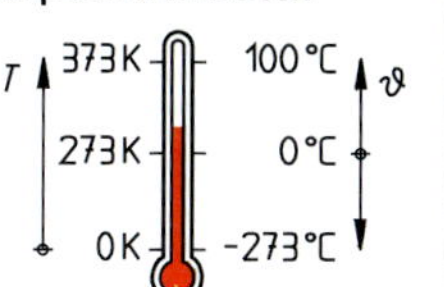


Die Kelvin-Skala beginnt mit 0 K am absoluten Nullpunkt (–273,15 °C), die Celsius-Skala mit 0 °C beim Schmelzpunkt des Eises. Beide Temperaturskalen sind lediglich gegeneinander verschoben, die Skalenteilung ist gleich.

**Beispiel**

$T = 305\,K$

$t = ?$

$t = T - 273$

$t = 305\,K - 273°C = \underline{\underline{32°C}}$

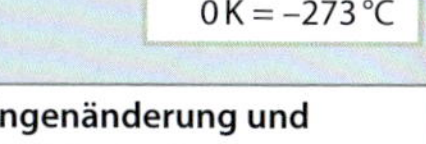

273 K = 0 °C

0 K = –273 °C

| Formelzeichen / Einheiten | | Formel / Formelumstellung | | | Abbildung |
|---|---|---|---|---|---|
| $\Delta l$ Längenänderung | (z. B.) mm | $\Delta l = \alpha \cdot l_0 \cdot \Delta t$ | $\Delta d = \alpha \cdot d_0 \cdot \Delta t$ | | **Längenänderung und Durchmesseränderung** |
| $\Delta d$ Durchmesseränderung | (z. B.) mm | $l_0 = \frac{\Delta l}{\alpha \cdot \Delta t}$ | $d_0 = \frac{\Delta d}{\alpha \cdot \Delta t}$ | | |
| $\Delta t$ Temperaturdifferenz | K | $\Delta t = \frac{\Delta l}{\alpha \cdot l_0}$ | $\Delta t = \frac{\Delta d}{\alpha \cdot d_0}$ | | |
| $\alpha$ Längenausdehnungskoeffizient | $\frac{1}{°C}$, $\frac{1}{K}$ | $\alpha = \frac{\Delta l}{l_0 \cdot \Delta t}$ | $\alpha = \frac{\Delta d}{d_0 \cdot \Delta t}$ | | |
| $d$ Durchmesser nach Temperaturänderung | (z. B.) mm | $\Delta l = l - l_0$ | $\Delta t = t_2 - t_1$ | $\Delta d = d - d_0$ | |
| $d_0$ Durchmesser vor der Temperaturänderung | (z. B.) mm | | | | |
| $l$ Länge nach Temperaturänderung | (z. B.) mm | | | | |
| $l_0$ Länge vor Temperaturänderung | (z. B.) mm | | | | |
| $t_1$ Temperatur vor Erwärmung | $\frac{1}{°C}$, $\frac{1}{K}$ | | | | |
| $t_2$ Temperatur nach Erwärmung | $\frac{1}{°C}$, $\frac{1}{K}$ | | | | |

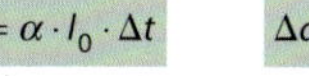

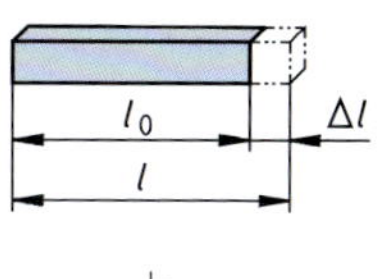


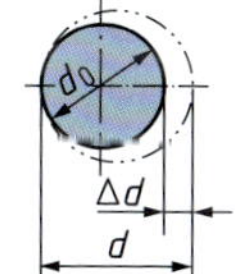


**Beispiel**

$\alpha_{PS} = 0{,}00007 \frac{1}{K}$

$l_0 = 200\,mm$

$\Delta t = 25\,K$

$\Delta l = ?$

$\Delta l = \alpha \cdot l_0 \cdot \Delta T$

$\Delta l = 0{,}00007 \frac{1}{K} \cdot 200\,mm \cdot 25\,K = 0{,}35 \frac{K \cdot mm}{K} = \underline{\underline{0{,}35\,mm}}$

2

## Volumenänderung fester Stoffe (Auswirkung von Temperaturänderungen)

| Abbildung | Formel / Formelumstellung | Formelzeichen / Einheiten |
|---|---|---|
| **Volumenänderung**<br>$\Delta V$, $V_0$ | $\Delta V = V_0 \cdot \alpha \cdot \Delta t$ $\quad$ $\Delta t = t_2 - t_1$<br>$V_0 = \frac{\Delta V}{\alpha \cdot \Delta t}$ $\quad$ $t_1 = t_2 - \Delta t$<br>$\Delta t = \frac{\Delta V}{\alpha \cdot V_0}$ $\quad$ $t_2 = t_1 + \Delta t$<br>$\alpha = \frac{\Delta V}{V_0 \cdot \Delta t}$ | $\Delta V$ Volumenänderung (z. B.) $mm^3$<br>$V_0$ Volumen vor der Temperaturänderung (z. B.) $mm^3$<br>$\alpha$ Volumenausdehnungskoeffizient $\frac{1}{°C}, \frac{1}{K}$<br>$t_1$ Temperatur vor der Erwärmung $\frac{1}{°C}, \frac{1}{K}$<br>$t_2$ Temperatur nach der Erwärmung $\frac{1}{°C}, \frac{1}{K}$<br>$\Delta t$ Temperaturdifferenz K; °C |

**Beispiel**

$V_0 = 2000\,l$

$\alpha_{Heizöl} = 0{,}00096\,\frac{1}{K}$

$\Delta t = 40\,K$

$\Delta V = ?$

$$\Delta V = V_0 \cdot \alpha \cdot \Delta t$$

$$\Delta V = 2000\,l \cdot 0{,}00096\,\frac{1}{K} \cdot 40\,K = 76{,}8\,\frac{l \cdot \cancel{K}}{\cancel{K}} = \underline{\underline{76{,}8\,l}}$$

## Wärmemenge, spezifische Wärmekapazität

| Formelzeichen / Einheiten | | | Formel / Formelumstellung | | Abbildung |
|---|---|---|---|---|---|
| $Q$ | Wärmemenge | (z. B.) J, kJ | $Q = m \cdot c \cdot (t_2 - t_1)$ | | **Wärmemenge, spezifische Wärmekapazität** |
| $m$ | Masse | (z. B.) g, kg, t | $Q = m \cdot c \cdot \Delta t$ | $\Delta t = t_2 - t_1$ | |
| $c$ | spezifische Wärme-kapazität | (z. B.) $\frac{\text{kJ}}{\text{kg} \cdot \text{K}}$, $\frac{\text{kJ}}{\text{kg} \cdot °\text{C}}$ | $m = \frac{Q}{\Delta t \cdot c}$ | $t_1 = t_2 - \Delta t$ | |
| $\Delta t$ | Temperatur-differenz | (z. B.) K, °C | $c = \frac{Q}{m \cdot \Delta t}$ | $t_2 = t_1 + \Delta t$ | |
| $t_1$ | Temperatur vor Erwärmung | (z. B.) K, °C | $\Delta t = \frac{Q}{c \cdot m}$ | | |
| $t_2$ | Temperatur nach Erwärmung | (z. B.) K, °C | | | |

$1\,\text{J} = 1\,\text{W} \cdot 1\,\text{s} = 1\,\text{W} \cdot \text{s}$

$1\,\text{MJ} = \frac{1}{3{,}6}\,\text{kW} \cdot \text{h}$

$1\,\text{kW} \cdot \text{h} = 3{,}6\,\text{MJ} = 3600\,\text{kJ} = 3600000\,\text{J}$



**Beispiel**

$m = 5\,\text{kg}$

$c_{\text{Wasser}} = 4{,}18\,\frac{\text{kJ}}{\text{kg} \cdot \text{K}}$

$\Delta t = 60\,\text{K}$

$Q = ?$

$Q = m \cdot c \cdot \Delta t$

$Q = 5\,\text{kg} \cdot 4{,}18\,\frac{\text{kJ}}{\text{kg} \cdot \text{K}} \cdot 60\,\text{K} = 1254\,\frac{\cancel{\text{kg}} \cdot \text{kJ} \cdot \cancel{\text{K}}}{\cancel{\text{kg}} \cdot \cancel{\text{K}}} = \underline{\underline{1254\,\text{kJ}}}$

2

2

## Wärmestrom

| Abbildung | Formel / Formelumstellung | Formelzeichen / Einheiten |
| --- | --- | --- |
| **Wärmestrom** 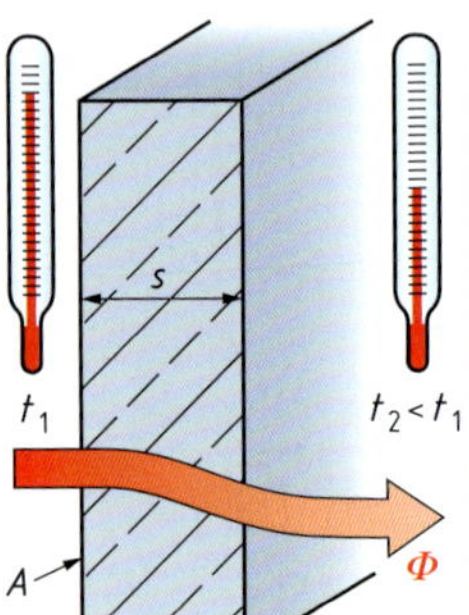  | **Wärmestrom bei Wärmeleitung:**<br>$\Phi = \frac{\lambda \cdot A \cdot \Delta t}{s}$<br>$\lambda = \frac{\Phi \cdot s}{A \cdot \Delta t}$ $A = \frac{\Phi \cdot s}{\lambda \cdot \Delta t}$<br>$\Delta t = \frac{\Phi \cdot s}{\lambda \cdot A}$ $s = \frac{\lambda \cdot A \cdot \Delta t}{\Phi}$<br>**Wärmestrom bei Wärmedurchgang:**<br>$\Phi = U \cdot A \cdot \Delta t$<br>$U = \frac{\Phi}{A \cdot \Delta t}$ $A = \frac{\Phi}{U \cdot \Delta t}$<br>$\Delta t = \frac{\Phi}{U \cdot A}$<br>$U = \frac{\lambda}{s}$ | $\Phi$ Wärmestrom (z. B.) W, kW<br>$\lambda$ Wärmeleitfähigkeit (z. B.) $\frac{W}{m \cdot K}$, $\frac{W}{m \cdot °C}$<br>$U$ Wärmedurchgangszahl (z. B.) $\frac{W}{m^2 \cdot K}$, $\frac{W}{m^2 \cdot °C}$<br>$\Delta t$ Temperaturdifferenz (z. B.) K, °C<br>$s$ Bauteildicke (z. B.) mm, cm, m<br>$A$ durchströmte Fläche des Bauteils (z. B.) $m^2$<br><br>Innerhalb eines Stoffes ist die Richtung des **Wärmestroms** $\Phi$ von der höheren zur niedrigen Temperatur hin gerichtet.<br><br>Die **Wärmedurchgangszahl** ***U*** bezieht sowohl die Wärmeleitfähigkeit eines Bauteils als auch die Wärmeübergangswiderstände an dessen Grenzflächen mit ein. |

**Beispiel**

$\lambda_{Al} = 204 \frac{W}{m \cdot K}$

$\Delta t = 50\,K$

$s = 2\,mm$

$A = 0{,}5\,m^2$

$\Phi = ?$

$$\Phi = \frac{\lambda \cdot A \cdot \Delta t}{s}$$

$$\Phi = \frac{204 \frac{W}{m \cdot K} \cdot 0{,}5\,m^2 \cdot 50\,K}{0{,}002\,m} = 2550000 \frac{W \cdot \cancel{m^2} \cdot \cancel{K}}{\cancel{m} \cdot K \cdot \cancel{m}} = 2550000\,W = \underline{\underline{2550\,kW}}$$

## Wärme beim Schmelzen und Verdampfen

| Formelzeichen / Einheiten | | | Formel / Formelumstellung | Abbildung |
|---|---|---|---|---|
| $Q$ | Schmelzwärme, Verdampfungswärme | (z. B.) J, kJ | **Schmelzwärme:** $Q = m \cdot q$ <br> $m = \frac{Q}{q}$ <br> $q = \frac{Q}{m}$ | **Wärme beim Schmelzen und Verdampfen** |
| $m$ | Masse | (z. B.) g, kg | **Verdampfungswärme:** $Q = m \cdot r$ <br> $m = \frac{Q}{r}$ <br> $r = \frac{Q}{m}$ | |
| $q$ | spezifische Schmelzwärme | (z. B.) $\frac{\text{kJ}}{\text{kg}}$ | | |
| $r$ | spezifische Verdampfungswärme | (z. B.) $\frac{\text{kJ}}{\text{kg}}$ | | |
| $t$ | Temperatur | (z. B.) °C | | |

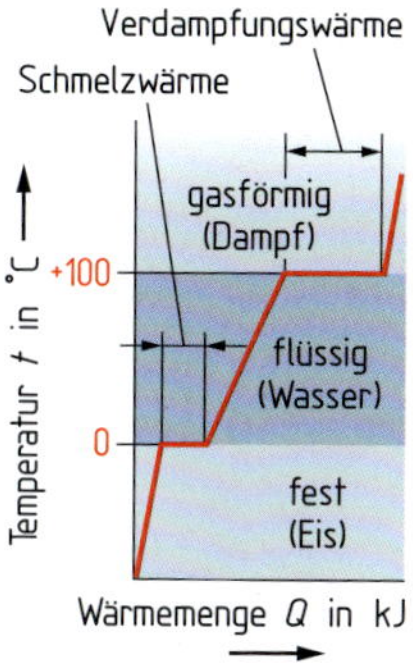

**Beispiel**

$m = 5\,\text{kg}$

$q_{Al} = 356\,\frac{\text{kJ}}{\text{kg}}$

$Q = ?$

$$Q = m \cdot q$$

$$Q = 5\,\text{kg} \cdot 356\,\frac{\text{kJ}}{\text{kg}} = 1780\,\frac{\text{kJ} \cdot \cancel{\text{kg}}}{\cancel{\text{kg}}} = \underline{\underline{1780\,\text{kJ}}}$$

## Verbrennungswärme

### Abbildung

**Verbrennungswärme**

### Formel / Formelumstellung

**Verbrennungswärme fester und flüssiger Stoffe:**

$$Q = m \cdot H_u$$

$$m = \frac{Q}{H_u}$$

$$H_u = \frac{Q}{m}$$

**Verbrennungswärme von Gasen:**

$$Q = V \cdot H_u$$

$$V = \frac{Q}{H_u}$$

$$H_u = \frac{Q}{V}$$

### Formelzeichen / Einheiten

| | | |
|---|---|---|
| $Q$ | Verbrennungswärme | (z. B.) kWh, MJ |
| $m$ | Masse | (z. B.) kg, t |

**Für feste und flüssige Stoffe:**

| | | |
|---|---|---|
| $H_u$ | spezifischer Heizwert | (z. B.) $\frac{\text{kW} \cdot \text{h}}{\text{kg}}$, $\frac{\text{MJ}}{\text{kg}}$ |

**Für gasförmige Stoffe:**

| | | |
|---|---|---|
| $H_u$ | spezifischer Heizwert | (z. B.) $\frac{\text{kW} \cdot \text{h}}{\text{m}^3}$, $\frac{\text{MJ}}{\text{m}^3}$ |
| $V$ | Brenngasvolumen | (z. B.) $\text{dm}^3$, l, $\text{m}^3$ |

$$1\,\text{J} = 1\,\text{W} \cdot 1\,\text{s} = 1\,\text{W} \cdot \text{s}$$

$$1\,\text{MJ} = \frac{1}{3{,}6}\,\text{kW} \cdot \text{h}$$

$$1\,\text{kW} \cdot \text{h} = 3{,}6\,\text{MJ} = 3600\,\text{kJ} = 3600000\,\text{J}$$

**Beispiel**

$m = 830\,\text{kg}$

$H_{\text{Heizöl}} = 42{,}8\,\frac{\text{MJ}}{\text{kg}}$

$Q = ?$

$$Q = m \cdot H_u$$

$$Q = 830\,\text{kg} \cdot 42{,}8\,\frac{\text{MJ}}{\text{kg}} = 35524\,\frac{\cancel{\text{kg}} \cdot \text{MJ}}{\cancel{\text{kg}}} = \underline{\underline{35524\,\text{MJ}}}$$

## Schwindung

| Formelzeichen / Einheiten | | | Formel / Formelumstellung | Abbildung |
|---|---|---|---|---|
| $l_1$ | Modelllänge | mm | $l_1 = \frac{l \cdot 100\,\%}{100\,\% - S}$ | **Schwindung** |
| $l$ | Werkstücklänge | mm | $l = \frac{l_1 \cdot (100\,\% - S)}{100\,\%}$ | 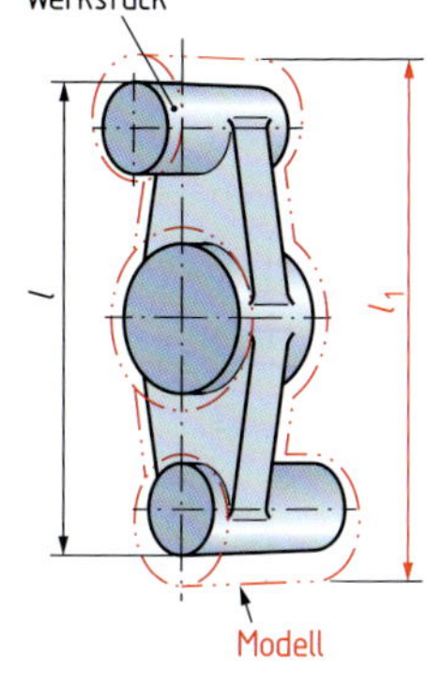 |
| $S$ | Schwindmaß | % | $S = 100\,\% - \frac{l \cdot 100\,\%}{l_1}$ | |

**Beispiel**

$l = 85\,\text{mm}$

$S_{\text{Stahlguss}} = 2{,}0\,\%$

$l_1 = ?$

$$l_1 = \frac{l \cdot 100\,\%}{100\,\% - S}$$

$$l_1 = \frac{86\,\text{mm} \cdot 100\,\%}{100\,\% - 2\,\%} = 87{,}76\,\frac{\text{mm} \cdot \cancel{\%}}{\cancel{\%}} = \underline{\underline{87{,}76\,\text{mm}}}$$

2

2

## Luftdruck, Überdruck, absoluter Druck

| Abbildung | Formel / Formelumstellung | Formelzeichen / Einheiten |
|---|---|---|
| **Luftdruck, Überdruck, absoluter Druck**<br>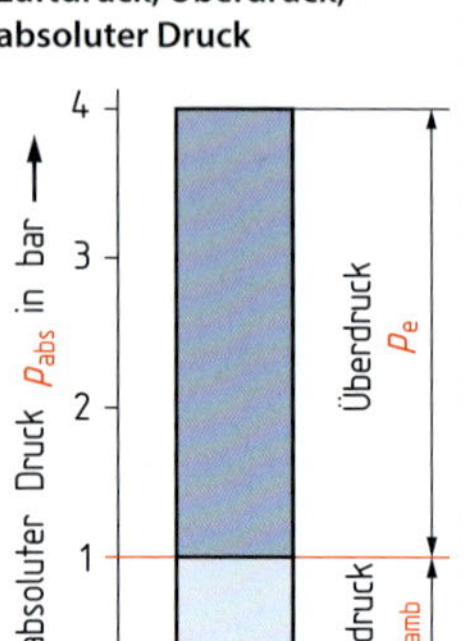<br> | $p_e = p_{abs} - p_{amb}$<br>$p_{abs} = p_e + p_{amb}$<br>$p_{amb} = p_{abs} - p_e$<br><br>Überdruck herrscht, wenn $p_{abs} > p_{amp}$ ist<br>Unterdruck herrscht, wenn $p_{abs} < p_{amp}$ ist | $p_e$ Überdruck (excedens, überschreitend) (z. B.) bar, Pa<br>$p_{amb}$ Luftdruck (ambient, umgebend) (z. B.) bar, Pa<br>$p_{abs}$ absoluter Druck (absolut, absolut) (z. B.) bar, Pa<br><br>$1\,\text{bar} = 10\,\frac{\text{N}}{\text{cm}^2} = 10^5\,\text{Pa}$<br>$p_{amb} = 1{,}013\,\text{bar} \approx 1\,\text{bar}$ |

**Beispiel**

$p_{abs} = 10\,\text{bar}$

$p_{amb} = 1\,\text{bar}$

$p_e = ?$

$p_e = p_{abs} - p_{amp}$

$p_e = 10\,\text{bar} - 1\,\text{bar} = \underline{\underline{9\,\text{bar}}}$

## Zustandsänderung von Gasen 1

| Formelzeichen / Einheiten | | | Formel / Formelumstellung | Abbildung |
|---|---|---|---|---|
| $p_{abs\,1}$ | absoluter Druck vor der Zustandsänderung | bar | $\frac{p_{abs_1} \cdot V_1}{T_1} = \frac{p_{abs_2} \cdot V_2}{T_2}$ | **Allgemeine Gasgleichung** |
| $V_1$ | Gasvolumen vor der Zustandsänderung | (z. B.) $dm^3$, l, $m^3$ | $p_{abs_1} = \frac{p_{abs_2} \cdot V_2 \cdot T_1}{V_1 \cdot T_2}$ $p_{abs_2} = \frac{p_{abs_1} \cdot V_1 \cdot T_2}{T_1 \cdot V_2}$ | Zustand 1: $p_{abs\,1}$, $V_1$, $T_1$ |
| $T_1$ | absolute Temperatur vor der Zustandsänderung | K | $V_1 = \frac{p_{abs_2} \cdot V_2 \cdot T_1}{p_{abs_1} \cdot T_2}$ $V_2 = \frac{p_{abs_1} \cdot V_1 \cdot T_2}{p_{abs_2} \cdot T_1}$ | Zustand 2: $p_{abs\,2}$, $V_2$, $T_2$ |
| $p_{abs\,2}$ | absoluter Druck nach der Zustandsänderung | bar | $T_1 = \frac{p_{abs_1} \cdot V_1 \cdot T_2}{p_{abs_2} \cdot V_2}$ $T_2 = \frac{p_{abs_2} \cdot V_2 \cdot T_1}{p_{abs_1} \cdot V_1}$ | |
| $V_2$ | Gasvolumen nach der Zustandsänderung | (z. B.) $dm^3$, l, $m^3$ | | |
| $T_2$ | absolute Temperatur nach der Zustandsänderung | K | | |

$$1\ \text{bar} = 10\ \frac{\text{N}}{\text{cm}^2} = 10^5\ \text{Pa}$$

**Beispiel**

$V_1 = 40\ \text{l}$
$T_1 = 290\ \text{K}$
$V_2 = 80\ \text{l}$
$T_2 = 330\ \text{K}$
$p_{abs\,2} = 20\ \text{bar}$
$p_{abs\,1} = ?$

$$p_{abs_1} = \frac{p_{abs_2} \cdot V_2 \cdot T_1}{V_1 \cdot T_2}$$

$$p_{abs_1} = \frac{20\ \text{bar} \cdot 80\ \text{l} \cdot 290\ \text{K}}{40\ \text{l} \cdot 330\ \text{K}} = 35{,}15\ \frac{\text{bar} \cdot \text{l} \cdot \text{K}}{\text{l} \cdot \text{K}} = \underline{\underline{35{,}15\ \text{bar}}}$$

2

## Isobare Zustandsänderung bei Gasen

| Abbildung | Formel / Formelumstellung | Formelzeichen / Einheiten |
|---|---|---|
| **Isobare Zustandsänderung**<br>**Gesetz von Gay-Lussac**<br>Expansion →<br>← Kompression | 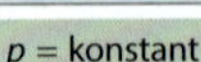 $p = \text{konstant}$<br>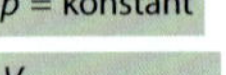 $\frac{V}{T} = \text{konstant}$<br>$V_1 \cdot T_2 = V_2 \cdot T_1$<br>$V_1 = \frac{V_2 \cdot T_1}{T_2}$ $V_2 = \frac{V_1 \cdot T_2}{T_1}$<br>$T_1 = \frac{V_1 \cdot T_2}{V_2}$ $T_2 = \frac{V_2 \cdot T_1}{V_1}$ | $V_1$ Volumen (z. B.) dm³, l<br>$V_2$ Volumen (z. B.) dm³, l<br>$T_1$ Temperatur K<br>$T_2$ Temperatur K<br>$p$ Druck (z. B.) bar, Pa |

**Beispiel**

$V_2 = 6{,}5\,\text{l}$

$T_1 = 273\,\text{K}$

$T_2 = 320\,\text{K}$

$V_1 = ?$

$$V_1 = \frac{V_2 \cdot T_1}{T_2}$$

$$V_1 = \frac{6{,}5\,\text{l} \cdot 273\,\text{K}}{320\,\text{K}} = 5{,}55\,\frac{\text{l} \cdot \cancel{\text{K}}}{\cancel{\text{K}}} = \underline{\underline{5{,}55\,\text{l}}}$$

## Isochore Zustandsänderung bei Gasen

| Formelzeichen / Einheiten | | | Formel / Formelumstellung | Abbildung |
|---|---|---|---|---|
| $p_1$ | Gasdruck, absolut | (z. B.) bar, $\frac{N}{cm^2}$, Pa | $V = \text{konstant}$ | **Isochore Zustandsänderung** |
| $p_2$ | Gasdruck, absolut | (z. B.) bar, $\frac{N}{cm^2}$, Pa | $\frac{p}{T} = \text{konstant}$ | **Gesetz von Amontons** |
| $T_1$ | Temperatur | K | $p_1 \cdot T_2 = p_2 \cdot T_1$ | 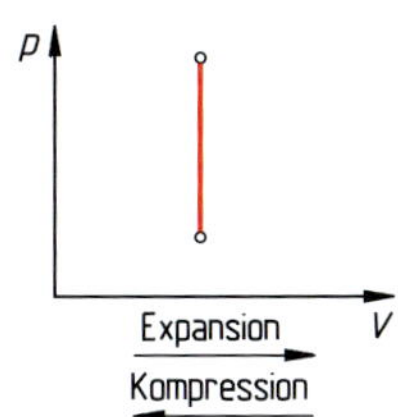<br> |
| $T_2$ | Temperatur | K | $p_1 = \frac{p_2 \cdot T_1}{T_2}$ $\quad p_2 = \frac{p_1 \cdot T_2}{T_1}$ | |
| $V$ | Volumen | (z. B.) $dm^3$, $m^3$ | $T_1 = \frac{p_1 \cdot T_2}{p_2}$ $\quad T_2 = \frac{p_2 \cdot T_1}{p_1}$ | |

$1\,\text{Pa} = 1\,\frac{N}{m^2} = 0{,}01\,\text{mbar}$

$1\,\text{bar} = 10\,\frac{N}{cm^2} = 0{,}1\,\frac{N}{mm^2} = 10^5\,\text{Pa}$

$10\,\text{bar} = 1\,\frac{N}{mm^2} = 100\,\frac{N}{cm^2} = 1\,\text{MPa}$

**Beispiel**

$p_1 = 8{,}4\,\text{bar}$

$T_1 = 280\,\text{K}$

$T_2 = 310\,\text{K}$

$p_2 = ?$

$$p_2 = \frac{p_1 \cdot T_2}{T_1}$$

$$p_2 = \frac{8{,}4\,\text{bar} \cdot 310\,\text{K}}{280\,\text{K}} = 9{,}3\,\frac{\text{bar} \cdot \cancel{\text{K}}}{\cancel{\text{K}}} = \underline{\underline{9{,}3\,\text{bar}}}$$

2

## Isotherme Zustandsänderung bei Gasen

| Abbildung | Formel / Formelumstellung | Formelzeichen / Einheiten |
|---|---|---|
| **Isotherme Zustandsänderung**<br>**Gesetz von Boyle-Mariotte**<br>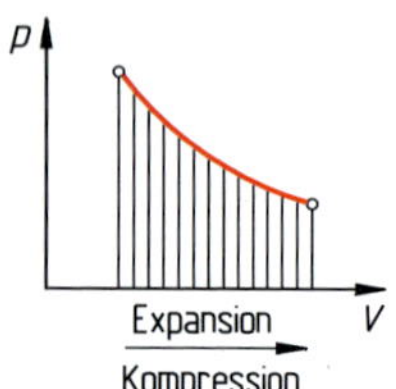<br> | $T = \text{konstant}$<br>$p \cdot V = \text{konstant}$<br>$p_1 \cdot V_1 = p_2 \cdot V_2$<br>$p_1 = \frac{p_2 \cdot V_2}{V_1}$ $\quad p_2 = \frac{p_1 \cdot V_1}{V_2}$<br>$V_1 = \frac{p_2 \cdot V_2}{p_1}$ $\quad V_2 = \frac{p_1 \cdot V_1}{p_2}$ | $p_1$ Gasdruck, absolut (z. B.) bar, $\frac{N}{cm^2}$, Pa<br>$p_2$ Gasdruck, absolut (z. B.) bar, $\frac{N}{cm^2}$, Pa<br>$V_1$ Volumen (z. B.) $dm^3$, l<br>$V_2$ Volumen (z. B.) $dm^3$, l<br>$T$ Temperatur K<br><br>$1\,Pa = 1\frac{N}{m^2} = 0{,}01\,mbar$<br>$1\,bar = 10\frac{N}{cm^2} = 0{,}1\frac{N}{mm^2} = 10^5\,Pa$<br>$10\,bar = 1\frac{N}{mm^2} = 100\frac{N}{cm^2} = 1\,MPa$ |

**Beispiel**

$p_2 = 10\,bar$

$V_1 = 10\,l$

$V_2 = 16\,l$

$p_1 = ?$

$$p_1 = \frac{p_2 \cdot V_2}{V_1}$$

$$p_1 = \frac{10\,bar \cdot 16\,l}{10\,l} = 16\,\frac{bar \cdot \not{l}}{\not{l}} = \underline{\underline{16\,bar}}$$

## Adiabate Zustandsänderung bei Gasen

### Formelzeichen / Einheiten

| | | |
|---|---|---|
| $T_1$ | Temperatur | K |
| $T_2$ | Temperatur | K |
| $p_1$ | Gasdruck, absolut | (z. B.) bar, $\frac{N}{cm^2}$, Pa |
| $p_2$ | Gasdruck, absolut | (z. B.) bar, $\frac{N}{cm^2}$, Pa |
| $V_1$ | Volumen | (z. B.) $dm^3$, l |
| $V_2$ | Volumen | (z. B.) $dm^3$, l |
| $Q$ | Wärmemenge | (z. B.) J, kJ |
| $\kappa$ | Adiabaten-exponent | |

$1\ \text{Pa} = 1\frac{N}{m^2} = 0{,}01\ \text{mbar}$

$1\ \text{bar} = 10\frac{N}{cm^2} = 0{,}1\frac{N}{mm^2} = 10^5\ \text{Pa}$

$10\ \text{bar} = 1\frac{N}{mm^2} = 100\frac{N}{cm^2} = 1\ \text{MPa}$

### Formel / Formelumstellung

$Q = 0$ $\qquad$ $p \cdot V = \text{konstant}$

$$\frac{T_1}{T_2} = \left(\frac{p_1}{p_2}\right)^{\frac{\kappa-1}{\kappa}}$$

$$T_1 = T_2 \cdot \left(\frac{p_1}{p_2}\right)^{\frac{\kappa-1}{\kappa}} \qquad T_2 = \left(\frac{p_1}{p_2}\right)^{\frac{\kappa-1}{\kappa}} \cdot \frac{1}{T_1}$$

$$p_1 = p_2 \cdot \left(\frac{T_1}{T_2}\right)^{\frac{\kappa}{\kappa-1}} \qquad p_2 = \frac{1}{p_1} \cdot \left(\frac{T_1}{T_2}\right)^{\frac{\kappa}{\kappa-1}}$$

$$\frac{T_1}{T_2} = \left(\frac{V_2}{V_1}\right)^{\kappa-1}$$

$$T_1 = T_2 \cdot \left(\frac{V_2}{V_1}\right)^{\kappa-1} \qquad T_2 = \left(\frac{V_2}{V_1}\right)^{\kappa-1} \cdot \frac{1}{T_1}$$

$$V_2 = V_1 \cdot \sqrt[\kappa-1]{\frac{T_1}{T_2}} \qquad V_1 = \frac{1}{V_2} \cdot \sqrt[\kappa-1]{\frac{T_1}{T_2}}$$

### Abbildung

**Adiabate Zustandsänderung**

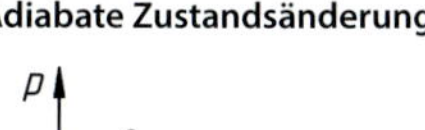
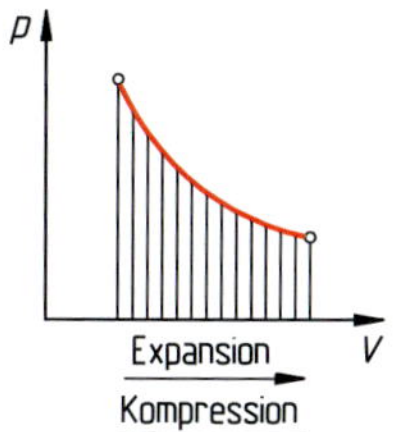


### Beispiel

$T_2 = 303\ \text{K}$

$p_1 = 2\ \text{bar}$

$p_2 = 4\ \text{bar}$

$\kappa = 1{,}66$

$T_1 = ?$

$$T_1 = T_2 \cdot \left(\frac{p_1}{p_2}\right)^{\frac{\kappa-1}{\kappa}}$$

$$T_1 = 303\ \text{K} \cdot \left(\frac{2\ \text{bar}}{4\ \text{bar}}\right)^{\frac{1{,}66-1}{1{,}66}} = 303\ \text{K} \cdot \left(\frac{2\ \cancel{\text{bar}}}{4\ \cancel{\text{bar}}}\right)^{0{,}3976} = \underline{\underline{230\ \text{K}}}$$

## Elektrotechnik, Ohmsches Gesetz, Leiterwiderstand

| Abbildung | Formel / Formelumstellung | Formelzeichen / Einheiten |
|---|---|---|
| **Ohmsches Gesetz** | $I = \frac{U}{R}$<br>$U = R \cdot I$<br>$R = \frac{U}{I}$ | $I$ Stromstärke (z. B.) mA, A<br>$U$ Spannung (z. B.) mV, V<br>$R$ Widerstand (z. B.) Ω, kΩ |
| **Beispiel**<br>$U = 230\,\text{V}$<br>$R = 65\,\Omega$<br>$I = ?$ | $I = \frac{U}{R}$<br>$I = \frac{230\,\text{V}}{65\,\Omega} = \underline{\underline{3{,}5\,\text{A}}}$ | $1\,\text{A} = \frac{1\,\text{V}}{1\,\Omega}$ |
| **Leiterwiderstand**<br>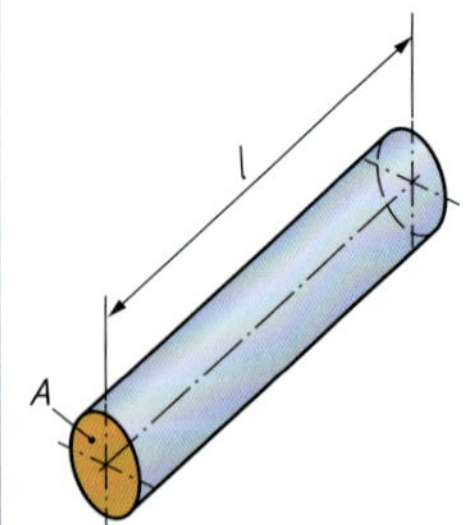 | $R = \frac{\varrho \cdot l}{A}$<br>$\varrho = \frac{R \cdot A}{l}$<br>$l = \frac{A \cdot R}{\varrho}$<br>$A = \frac{\varrho \cdot l}{R}$ | $R$ Widerstand (z. B.) Ω, kΩ<br>$\varrho$ spezifischer elektrischer Widerstand $\frac{\Omega \cdot \text{mm}^2}{\text{m}}$<br>$l$ Leiterlänge (z. B.) mm, m<br>$A$ Leiterquerschnitt (z. B.) $\text{mm}^2$ |
| **Beispiel**<br>$\varrho_{\text{Kupfer}} = 0{,}0178\,\frac{\Omega \cdot \text{mm}^2}{\text{m}}$<br>$l = 55\,\text{m}$<br>$R = ?$ | $R = \frac{\varrho \cdot l}{A}$<br>$R = \frac{0{,}0178\,\frac{\Omega \cdot \text{mm}^2}{\text{m}} \cdot 55\,\text{m}}{0{,}75\,\text{mm}^2} = 1{,}3\,\frac{\Omega \cdot \cancel{\text{mm}^2} \cdot \cancel{\text{m}}}{\cancel{\text{m}} \cdot \cancel{\text{mm}^2}} = \underline{\underline{1{,}3\,\Omega}}$ | |

# Elektrotechnik, Reihenschaltung

| Formelzeichen / Einheiten | | | Formel / Formelumstellung | Abbildung |
|---|---|---|---|---|
| $R$ | Gesamtwiderstand | (z. B.) Ω, kΩ | $R = R_1 + R_2 + R_3 + \ldots$ | **Reihenschaltung von Widerständen** |
| $R_1, R_2, R_3, \ldots$ | Einzelwiderstände | (z. B.) Ω, kΩ | $U = U_1 + U_2 + U_3 + \ldots$ | |
| $U$ | Gesamtspannung | (z. B.) mV, V | $I = I_1 = I_2 = I_3 = \ldots$ | |
| $U_1, U_2, U_3, \ldots$ | Teilspannungen | (z. B.) mV, V | $U_1 = R_1 \cdot I$ $\quad U_2 = R_2 \cdot I$ usw. | |
| $I$ | Gesamtstrom | (z. B.) mA, A | $R_1 = \frac{U_1}{I}$ $\quad R_2 = \frac{U_2}{I}$ | |
| $I_1, I_2, I_3, \ldots$ | Teilströme | (z. B.) mA, A | $I = \frac{U_1}{R_1}$ $\quad I = \frac{U_2}{R_2}$ | |
| | | | **bei zwei Widerständen:** | |
| | | | $\frac{U_1}{U_2} = \frac{R_1}{R_2}$ $\quad \frac{U_1}{R_1} = \frac{U_2}{R_2}$ | |
| | | | $U_1 = \frac{U_2 \cdot R_1}{R_2}$ $\quad U_2 = \frac{U_1 \cdot R_2}{R_1}$ | |
| | | | $R_1 = \frac{U_1 \cdot R_2}{U_2}$ $\quad R_2 = \frac{R_1 \cdot U_2}{U_1}$ | |



**Beispiel**

$R_1 = 140\,\Omega$

$R_2 = 180\,\Omega$

$R_3 = 280\,\Omega$

$R = ?$

$R = R_1 + R_2 + R_3$

$R = 140\,\Omega + 180\,\Omega + 280\,\Omega = \underline{\underline{600\,\Omega}}$

2

2

## Elektrotechnik, Parallelschaltung

| Abbildung | Formel / Formelumstellung | Formelzeichen / Einheiten |
|---|---|---|
| **Parallelschaltung von Widerständen** 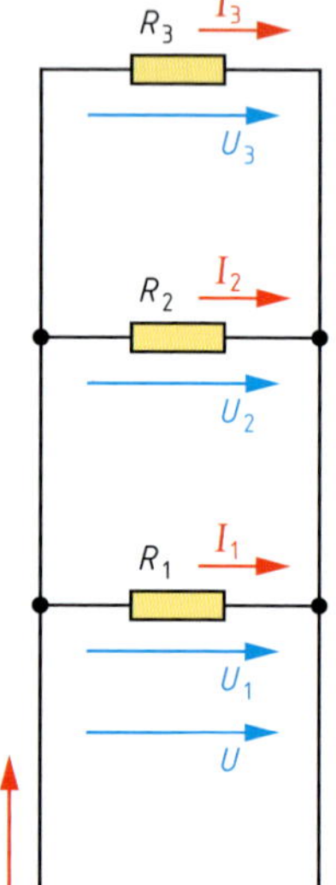  | $\frac{1}{R} = \frac{1}{R_1} + \frac{1}{R_2} + \frac{1}{R_3} + \ldots$ bzw. $R = \frac{1}{\frac{1}{R_1} + \frac{1}{R_2} + \frac{1}{R_3} + \ldots}$ <br> $U = U_1 = U_2 = U_3 = \ldots$ <br> $I = I_1 + I_2 + I_3 + \ldots$ <br> $R_1 = \frac{U}{I_1}$  $R_2 = \frac{U}{I_2}$ usw. <br> $U = R_1 \cdot I_1$  $U = R_2 \cdot I_2$ <br> $I_1 = \frac{U}{R_1}$  $I_2 = \frac{U}{R_2}$ <br> **bei zwei Widerständen:** <br> $\frac{I_1}{I_2} = \frac{R_2}{R_1}$  $R = \frac{R_1 \cdot R_2}{R_1 + R_2}$ | $R$ Gesamtwiderstand (z. B.) Ω, kΩ <br> $R_1, R_2, R_3, \ldots$ Einzelwiderstände (z. B.) Ω, kΩ <br> $U$ Gesamtspannung (z. B.) mV, V <br> $U_1, U_2, U_3, \ldots$ Teilspannungen (z. B.) mV, V <br> $I$ Gesamtstrom (z. B.) mA, A <br> $I_1, I_2, I_3, \ldots$ Teilströme (z. B.) mA, A |

**Beispiel**

$R_1 = 140\,\Omega$

$R_2 = 180\,\Omega$

$R_3 = 280\,\Omega$

$R = ?$

$$R = \frac{1}{\frac{1}{R_1} + \frac{1}{R_2} + \frac{1}{R_3}} = \frac{1}{\frac{1}{140\,\Omega} + \frac{1}{180\,\Omega} + \frac{1}{280\,\Omega}} = \underline{\underline{61{,}5\,\Omega}}$$

## Elektrotechnik, Drehstrom

| Formelzeichen / Einheiten | Formel / Formelumstellung | Abbildung |
|---|---|---|
| $I$ Leiterstrom (z. B.) A<br>$I_{Str}$ Strangstrom (z. B.) A<br>$U$ Leiterspannung (z. B.) V<br>$U_{Str}$ Strangspannung (z. B.) V<br>$R_{Str}$ Strangwiderstand (z. B.) Ω<br>$\cos\varphi$ Leistungsfaktor<br>$P$ Wirkleistung (z. B.) W<br>$S$ Scheinleistung (z. B.) W<br><br>1 W = 1 V · 1 A | **Sternschaltung:**<br>$I = I_{Str}$ $U = \sqrt{3} \cdot U_{Str}$<br>**Stern- oder Dreieckschaltung:**<br>$I_{Str} = \frac{U_{Str}}{R_{Str}}$<br>**Leistung bei induktionsfreier (ohmscher) Belastung ($\cos\varphi = 1$):**<br>$P = \sqrt{3} \cdot U \cdot I$ $U = \frac{P}{\sqrt{3} \cdot I}$ $I = \frac{P}{\sqrt{3} \cdot U}$<br>**Leistung bei induktiver oder kapazitiver Belastung ($\cos\varphi = \frac{P}{S}$):**<br>$P = \sqrt{3} \cdot U \cdot I \cdot \cos\varphi$<br>$U = \frac{P}{\sqrt{3} \cdot I \cdot \cos\varphi}$ $I = \frac{P}{\sqrt{3} \cdot U \cdot \cos\varphi}$<br>**Dreieckschaltung:**<br>$I = \sqrt{3} \cdot I_{Str}$ $U = U_{Str}$ | **Drehstrom (Dreiphasenwechselstrom)**<br>Sternschaltung Y<br>$U_{Str}$ = 230 V<br>L1, N, L2, L3, $I$, $U$, $U_{Str}$, $I_{Str}$, R<br>Dreieckschaltung △<br>$U_{Str}$ = 400 V<br>L1, L2, L3, $I$, $U$, $U_{Str}$, $I_{Str}$<br>$L_1, L_2, L_3$ = stromführende Leitungen<br>N = Neutralleiter |

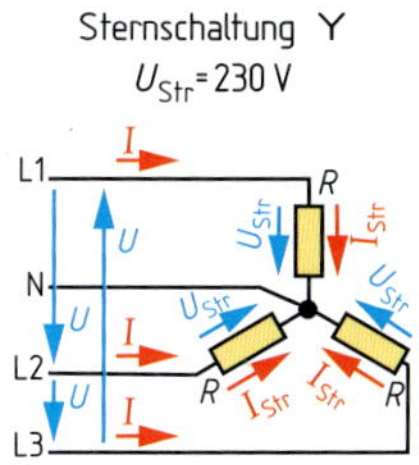

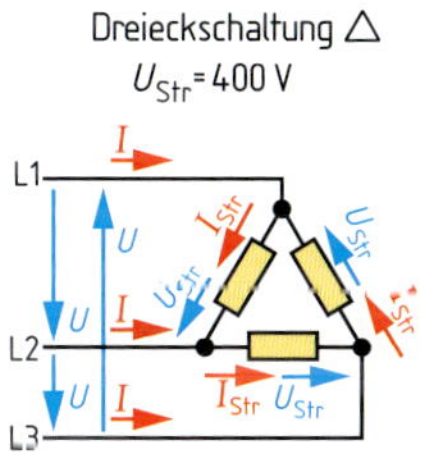

**Beispiel**

$U = 380 V$

$I = 4{,}3 A$

$\cos\varphi = 0{,}86$

$P = ?$

$P = \sqrt{3} \cdot U \cdot I \cdot \cos\varphi$

$P = \sqrt{3} \cdot 380\ V \cdot 4{,}3\ A \cdot 0{,}86 = \underline{\underline{2434\ W \approx 2{,}4\ kW}}$

2

2

## Elektrotechnik, Transformator

| Abbildung | Formel / Formelumstellung | Formelzeichen / Einheiten |
|---|---|---|
| **Transformator** 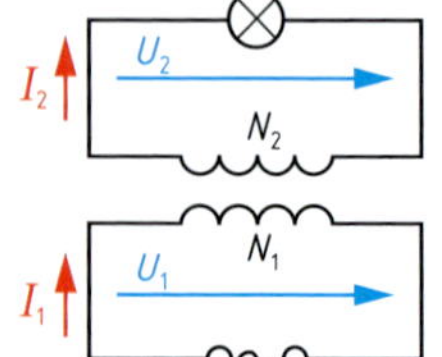  | $\frac{I_1}{I_2} = \frac{N_2}{N_1} = \frac{U_2}{U_1}$<br><br>**Strom-Windungszahl:**<br>$\frac{I_1}{I_2} = \frac{N_2}{N_1}$ $\quad I_1 = \frac{N_2 \cdot I_2}{N_1}$ $\quad I_2 = \frac{I_2 \cdot N_1}{N_2}$<br>$N_1 = \frac{N_2 \cdot I_2}{I_1}$ $\quad N_2 = \frac{I_1 \cdot N_1}{I_2}$<br><br>**Spannung-Windungszahl:**<br>$\frac{U_1}{U_2} = \frac{N_1}{N_2}$ $\quad U_1 = \frac{N_1 \cdot U_2}{N_2}$ $\quad U_2 = \frac{U_1 \cdot N_2}{N_1}$<br>$N_1 = \frac{U_1 \cdot N_2}{U_2}$ $\quad N_2 = \frac{N_1 \cdot U_2}{U_1}$<br><br>**Strom-Spannung:**<br>$\frac{I_1}{I_2} = \frac{U_2}{U_1}$ $\quad I_1 = \frac{U_2 \cdot I_2}{U_1}$ $\quad I_2 = \frac{I_1 \cdot U_1}{U_2}$<br>$U_2 = \frac{I_1 \cdot U_1}{I_2}$ $\quad U_1 = \frac{U_2 \cdot I_2}{I_1}$ | $I_1$ Eingangsstrom (z. B.) A<br>$I_2$ Ausgangsstrom (z. B.) A<br>$N_1$ Windungszahl Primärspule<br>$N_2$ Windungszahl Sekundärspule<br>$U_1$ Eingangsspannung (z. B.) V<br>$U_2$ Ausgangsspannung (z. B.) V |

**Beispiel**

$N_1 = 900$
$U_1 = 230\,\text{V}$
$U_2 = 24\,\text{V}$
$N_2 = ?$

$$N_2 = \frac{N_1 \cdot U_2}{U_1}$$

$$N_2 = \frac{900 \cdot 24\,\text{V}}{230\,\text{V}} = 93{,}9\,\frac{\not{V}}{\not{V}} \approx \underline{\underline{94}}$$

# Elektrotechnik, Elektrische Leistung

| Formelzeichen / Einheiten | Formel / Formelumstellung | Abbildung |
|---|---|---|
| $P$ elektrische Leistung (z. B.) W<br>$U$ Spannung (z. B.) V<br>$I$ Stromstärke (z. B.) A<br>$R$ Widerstand (z. B.) Ω<br>$\cos\varphi$ Leistungsfaktor<br>(bei ohmscher Last $\cos\varphi = 1$) | **Für Gleichstrom und für Wechselstrom ohne induktive Belastung (= ohmsche Belastung)** [1]**:**<br>$P = U \cdot I$<br>$U = \frac{P}{I}$ $I = \frac{P}{U}$<br>$P = \frac{U^2}{R}$<br>$U = \sqrt{P \cdot R}$ $R = \frac{U^2}{P}$<br>$P = I^2 \cdot R$<br>$I = \sqrt{\frac{P}{R}}$ $R = \frac{P}{I^2}$<br><br>**Für Wechselstrom mit induktiver oder kapazitiver Belastung** [2]**:**<br>$P = U \cdot I \cdot \cos\varphi$<br>$U = \frac{P}{I \cdot \cos\varphi}$ $I = \frac{P}{U \cdot \cos\varphi}$<br><br>[1] ohne Spulen und Kondensatoren (z. B. Wärmegeräte wie Trockenofen)<br>[2] mit Spulen oder Kondensatoren (z. B. Elektromotor) | **Elektrische Leistung für Gleich- oder Wechselstrom**<br>Gleich- oder Wechselstrom ohne induktive Belastung (= ohmsche Belastung)<br>$I$ $U$ $R$<br><br>Wechselstrom mit induktiver oder kapazitativer Belastung<br>$I$ $L$ $U$ $R$ $N$ |

**Beispiel**

$U = 230\,V$
$I = 15\,A$
$P = ?$

$P = U \cdot I$

$P = 230\,V \cdot 15\,A = 3450\,W \approx 3{,}5\,kW$

$1\,W = 1\,V \cdot 1\,A$



2

2

## Elektrotechnik, Elektrische Arbeit

| Abbildung | Formel / Formelumstellung | Formelzeichen / Einheiten |
|---|---|---|
| **Elektrische Arbeit**   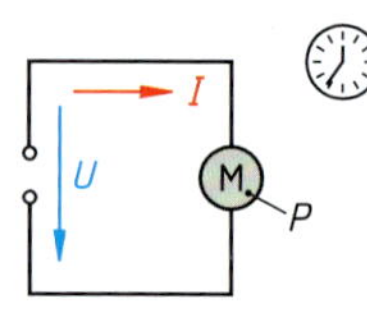  M = ohmscher Verbraucher, (z. B.) Gleichstrommotor, Widerstand, Heizofen, Glühlampe | $W = P \cdot t$<br>$P = \frac{W}{t}$ $t = \frac{W}{P}$<br>$W = U \cdot I \cdot t$<br>$U = \frac{W}{I \cdot t}$ $I = \frac{W}{U \cdot t}$ $t = \frac{W}{U \cdot I}$<br>$W = I^2 \cdot R \cdot t$<br>$I = \sqrt{\frac{W}{R \cdot t}}$ $R = \frac{W}{I^2 \cdot t}$ $t = \frac{W}{I^2 \cdot R}$<br>$W = \frac{U^2 \cdot t}{R}$<br>$U = \sqrt{\frac{W \cdot R}{t}}$ $t = \frac{W \cdot R}{U^2}$ $R = \frac{U^2 \cdot t}{W}$ | $W$ elektrische Arbeit (z. B.) kW · h<br>$P$ elektrische Leistung (z. B.) W<br>$t$ Zeit (z. B.) s<br>$U$ Spannung (z. B.) V<br>$I$ Stromstärke (z. B.) A<br>$R$ Widerstand (z. B.) Ω<br><br>1 kW = 1000 W<br>1 kW · s = 1000 W · s<br>1 kW · h = 3,6 MJ<br>1 J = 1 W · s |

**Beispiel**

$P = 1800\,\text{W}$

$t = 8\,\text{h}$

$W = ?$

$W = P \cdot t$

$W = 1800\,\text{W} \cdot 8\,\text{h} = 14\,400\,\text{W} \cdot \text{h} = \underline{\underline{14{,}4\,\text{kW} \cdot \text{h}}}$

## Gasverbrauch (ohne Acetylen)

| Formelzeichen / Einheiten | | | Formel / Formelumstellung | Abbildung |
|---|---|---|---|---|
| $\Delta V$ | entnommene Gasmenge | (z. B.) $dm^3$, l | $\Delta V = \frac{V_{Fl} \cdot (p_{e1} - p_{e2})}{p_{amb}}$ | **Gasverbrauch von Sauerstoff und Brenngasen (ohne Acetylen)** |
| $V_{Fl}$ | Volumen der Gasflasche | (z. B.) $dm^3$, l | $p_{e1} = \frac{\Delta V \cdot p_{amb}}{V_{Fl}} + p_{e2}$ | Flaschendruck, Arbeitsdruck, $p_{e1}$, $p_{e2}$, N |
| $p_{e1}$ | Flaschendruck vor der Gasentnahme | bar | $p_{e2} = p_{e1} - \frac{\Delta V \cdot p_{amb}}{V_{Fl}}$ | |
| $p_{e2}$ | Flaschendruck nach der Gasentnahme | bar | $V_{FL} = \frac{\Delta V \cdot p_{amb}}{p_{e1} - p_{e2}}$ | |
| $p_{amb}$ | Umgebungsdruck der Atmosphäre | bar | | |

$$1\,\text{bar} = 10\,\frac{\text{N}}{\text{cm}^2} = 10^5\,\text{Pa}$$

$$p_{amb} = 1\,\text{bar}$$

**Beispiel**

$V_{Fl} = 50\,\text{l}$

$p_{e1} = 200\,\text{bar}$

$p_{e2} = 150\,\text{bar}$

$p_{amb} = 1\,\text{bar}$

$\Delta V = ?$

$$\Delta V = \frac{V_{Fl} \cdot (p_{e1} - p_{e2})}{p_{amb}}$$

$$\Delta V = \frac{50\,\text{l} \cdot (200\,\text{bar} - 150\,\text{bar})}{1\,\text{bar}} = 2500\,\frac{\text{l} \cdot \cancel{\text{bar}}}{\cancel{\text{bar}}} = \underline{\underline{2500\,\text{l}}}$$



3

## Gasverbrauch von gelösten Gasen (Acetylen)

**Abbildung**

**Acetylen-Verbrauch**

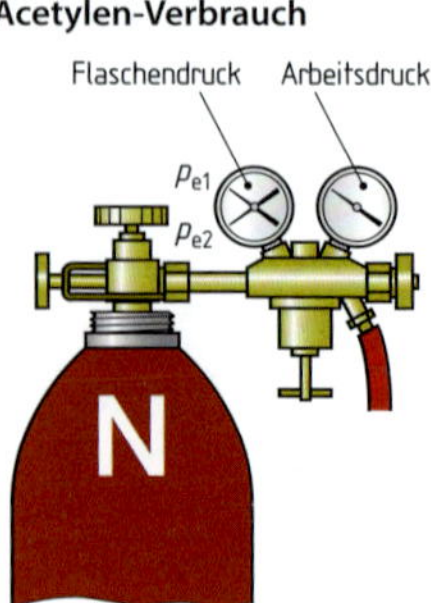


**Formel / Formelumstellung**

$$\Delta V = \frac{V_F \cdot (p_{e1} - p_{e2})}{p_F}$$

$$V_F = \frac{\Delta V \cdot p_F}{p_{e1} - p_{e2}}$$

$$p_{e1} = \frac{\Delta V \cdot p_F}{V_F} + p_{e2}$$

$$p_{e2} = p_{e1} - \frac{\Delta V \cdot p_F}{V_F}$$

**Maximal nutzbares Acetylenvolumen (vollständige Flaschenfüllung)**

Eine gängige 40-Liter-Acetylenflasche beinhaltet 13 l Aceton. Je 1 bar Flaschendruck löst 1 l Aceton 25 l Acetylen. Der maximale Fülldruck beträgt in der Regel $p_F = 18$ bar. Das somit maximal nutzbare Acetylenvolumen $V_{F\,max}$ errechnet sich wie folgt:

$$V_{Fmax} = \frac{25\,\text{l Acetylen} \cdot 13\,\text{l Aceton} \cdot 18\,\text{bar}}{1\,\text{bar} \cdot 1\,\text{l Aceton}}$$

$$V_{Fmax} = \underline{5850\,\text{l Acetylen}}$$

**Formelzeichen / Einheiten**

| Formelzeichen | Bedeutung | Einheit |
|---|---|---|
| $\Delta V$ | entnommene Acetylenmenge | (z. B.) $dm^3$, l |
| $V_F$ | Füllvolumen der Acetylenflasche | (z. B.) $dm^3$, l |
| $p_{e1}$ | Flaschendruck vor der Gasentnahme | bar |
| $p_{e2}$ | Flaschendruck nach der Gasentnahme | bar |
| $p_F$ | maximaler Fülldruck der Gasflasche | bar |
| $V_{F\,max}$ | maximal nutzbares Acetylenvolumen | (z. B.) $dm^3$, l |

$$1\,\text{bar} = 10\,\frac{\text{N}}{\text{cm}^2} = 10^5\,\text{Pa}$$

**Beispiel**

$V_F = 5850$ l

$p_{e1} = 18$ bar

$p_{e2} = 9$ bar

$p_F = 18$ bar

$\Delta V = ?$

$$\Delta V = \frac{V_F \cdot (p_{e1} - p_{e2})}{p_F}$$

$$\Delta V = \frac{5850\,\text{l} \cdot (18\,\text{bar} - 9\,\text{bar})}{18\,\text{bar}} = 2925\,\frac{\text{l} \cdot (\cancel{\text{bar}} - \cancel{\text{bar}})}{\cancel{\text{bar}}} = \underline{\underline{2925\,\text{l}}}$$

3

## Spezifische Schnittkraft, Spanungsquerschnitt beim Drehen

### Formelzeichen / Einheiten

| | | |
|---|---|---|
| $F_c$ | Schnittkraft | N |
| $A$ | Spanungsquerschnitt | $mm^2$ |
| $k_c$ | spezifische Schnittkraft | $\frac{N}{mm^2}$ |
| $b$ | Spanungsbreite | mm |
| $h$ | Spanungsdicke | mm |
| $a_p$ | Schnitttiefe | mm |
| $f$ | Vorschub je Umdrehung | mm |
| $\kappa$ | Einstellwinkel | in ° (Grad) |

### Formel / Formelumstellung

**Schnittkraft:**

$F_c = A \cdot k_c$ $\quad A = \frac{F_c}{k_c}$ $\quad k_c = \frac{F_c}{A}$

**Spanungsquerschnitt:**

$A = b \cdot h$ $\quad b = \frac{A}{h}$ $\quad h = \frac{A}{b}$

$A = a_p \cdot f$ $\quad a_p = \frac{A}{f}$ $\quad f = \frac{A}{a_p}$

$b = \frac{a_p}{\sin\kappa}$ $\quad a_p = b \cdot \sin\kappa$ $\quad \sin\kappa = \frac{a_p}{b}$

$h = f \cdot \sin\kappa$ $\quad f = \frac{h}{\sin\kappa}$ $\quad \sin\kappa = \frac{h}{f}$

### Abbildung

**Spezifische Schnittkraft, Spanungsquerschnitt, beim Drehen**

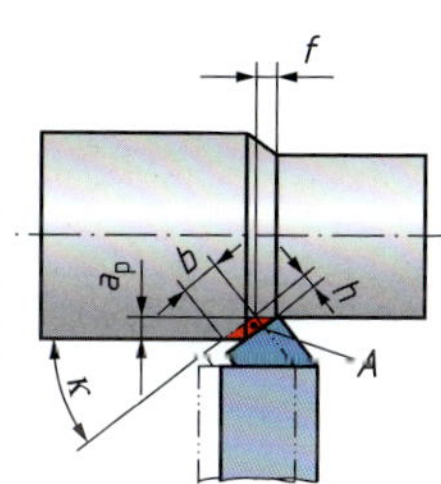


**Beispiel**

$A = 2{,}2\,mm^2$

Werkstoff: Werkzeugstahl 55NiCrMoV6

$k_c = 2504\,\frac{N}{mm^2}$ (bei $h = 0{,}25\,mm$)

$F_c = ?$

$F_c = A \cdot k_c$

$F_c = 2{,}2\,mm^2 \cdot 2504\,\frac{N}{mm^2} = 5509\,\cancel{mm^2}\,\frac{N}{\cancel{mm^2}} = \underline{\underline{5509\,N}}$

3

## Zeitspanvolumen, Schnittleistung, Antriebsleistung beim Drehen

| Abbildung | Formel / Formelumstellung | Formelzeichen / Einheiten |
|---|---|---|

**Zeitspanvolumen, Schnittleistung, erforderliche Antriebsleistung**

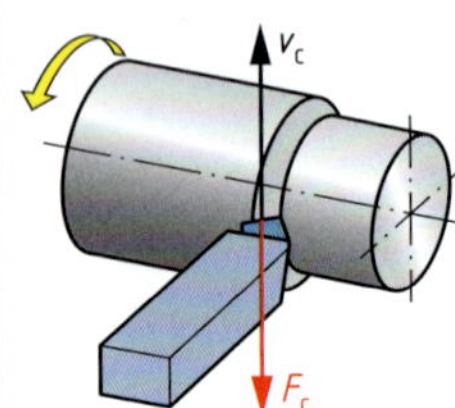


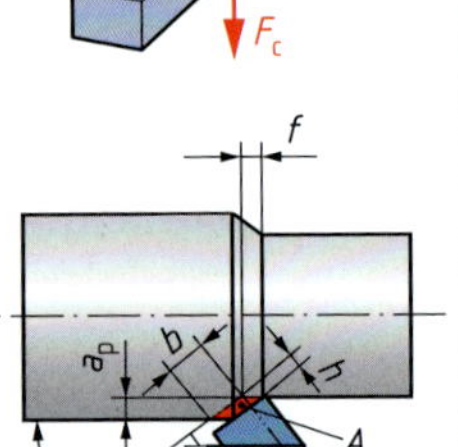


**Zeitspanungsvolumen:**

$Q = A \cdot v_c$ $\quad A = \frac{Q}{v_c}$ $\quad v_c = \frac{Q}{A}$

$Q = a_p \cdot f \cdot v_c$

$a_p = \frac{Q}{f \cdot v_c}$ $\quad f = \frac{Q}{a_p \cdot v_c}$ $\quad v_c = \frac{Q}{a_p \cdot f}$

**Schnittleistung:**

$P_c = F_c \cdot v_c$ $\quad F_c = \frac{P_c}{v_c}$ $\quad v_c = \frac{P_c}{F_c}$

$P_c = Q \cdot k_c$ $\quad Q = \frac{P_c}{k_c}$ $\quad k_c = \frac{P_c}{Q}$

**Erforderliche Antriebsleistung:**

$P_1 = \frac{P_c}{\eta}$ $\quad P_c = P_1 \cdot \eta$ $\quad \eta = \frac{P_c}{P_1}$

| Formelzeichen | Bedeutung | Einheit |
|---|---|---|
| $Q$ | Zeitspanungsvolumen | $\frac{cm^3}{min}$ |
| $A$ | Spanungsquerschnitt | $mm^2$ |
| $v_c$ | Schnittgeschwindigkeit | $\frac{m}{min}$ |
| $a_p$ | Schnitttiefe | mm |
| $f$ | Vorschub je Umdrehung | mm |
| $P_c$ | Schnittleistung | (z. B.) W, kW |
| $F_c$ | Schnittkraft | N |
| $k_c$ | spezifische Schnittkraft | $\frac{N}{mm^2}$ |
| $P_1$ | erforderliche Antriebsleistung | (z. B.) W, kW |
| $\eta$ | Wirkungsgrad | |

$1\,W = 1\,N \cdot \frac{1\,m}{1\,s}$

**Beispiel**

$A = 2{,}6\,mm^2$

$v_c = 30\,\frac{m}{min}$

$Q = ?$

$Q = A \cdot v_c$

$Q = 2{,}6\,mm^2 \cdot 30000\,\frac{mm}{min} = 78000\,\frac{mm^2 \cdot mm}{min} = 78000\,\frac{mm^3}{min} = \underline{\underline{78\,\frac{cm^3}{min}}}$

3

## Schnittkraft, Spanungsquerschnitt beim Bohren

| Formelzeichen / Einheiten | | |
|---|---|---|
| $F_c$ | Schnittkraft | N |
| $A$ | Spanungsquerschnitt | $mm^2$ |
| $k_c$ | spezifische Schnittkraft | $\frac{N}{mm^2}$ |
| $d$ | Bohrerdurchmesser | mm |
| $f$ | Vorschub je Umdrehung | mm |
| $f_z$ | Vorschub je Schneide | mm |
| $b$ | Spanungsbreite | mm |
| $h$ | Spanungsdicke | mm |
| $a_p$ | Schnittbreite ($d/2$) | mm |
| $\sigma$ | Spitzenwinkel | in ° (Grad) |

**Gängige Bohrertypen:**

N $\sigma = 118°$

H $\sigma = 118°$

W $\sigma = 130°$

### Formel / Formelumstellung

**Schnittkraft (je Schneide):**

$$F_c = A \cdot k_c \qquad A = \frac{F_c}{k_c} \qquad k_c = \frac{F_c}{A}$$

**Spanungsquerschnitt:**

$$A = d \cdot \frac{f}{2} \qquad d = \frac{2 \cdot A}{f} \qquad f = \frac{2 \cdot A}{d}$$

$$A = 2 \cdot b \cdot h \qquad b = \frac{A}{2 \cdot h} \qquad h = \frac{A}{2 \cdot b}$$

$$A = a_p \cdot f \qquad a_p = \frac{A}{f} \qquad f = \frac{A}{a_p}$$

$$b = \frac{a_p}{\sin\frac{\sigma}{2}} \qquad \sin\frac{\sigma}{2} = \frac{a_p}{b} \qquad a_p = \sin\frac{\sigma}{2} \cdot b$$

$$h = f_z \cdot \sin\frac{\sigma}{2} \qquad f_z = \frac{h}{\sin\frac{\sigma}{2}} \qquad \sin\frac{\sigma}{2} = \frac{h}{f_z}$$

### Abbildung

**Kräfte beim Bohren, spezifische Schnittkraft**

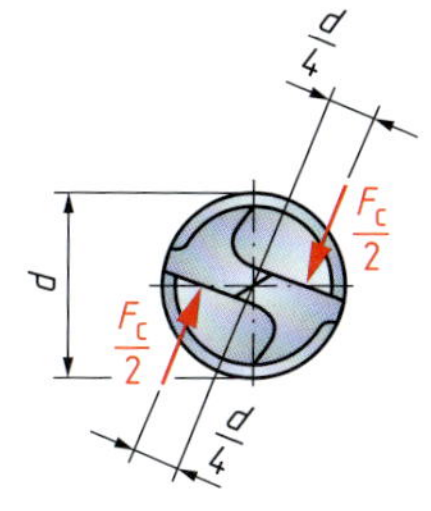


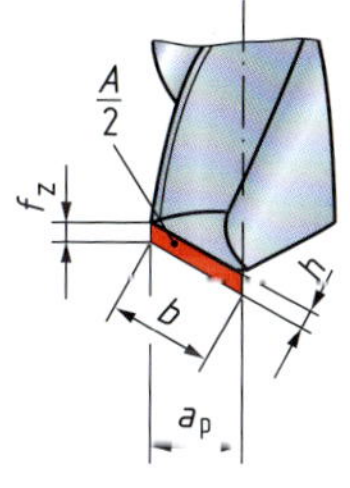


**Beispiel**

$A = 2{,}0\,mm^2$

$k_c = 1514\,\frac{N}{mm^2}$

$F_c = ?$

$$F_c = A \cdot k_c$$

$$F_c = 2{,}0\,mm^2 \cdot 1514\,\frac{N}{mm^2} = 3028\,\frac{mm^2 \cdot N}{mm^2} = \underline{\underline{3028\,N}}$$

## Schnittmoment, Zeitspanungsvolumen, Schnittleistung, Antriebsleistung beim Bohren

### Abbildung

**Schnittmoment, Zeitspanungsvolumen, Schnittleistung, erforderliche Antriebsleistung**

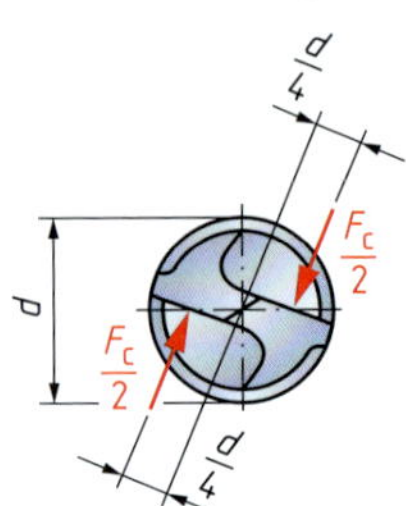


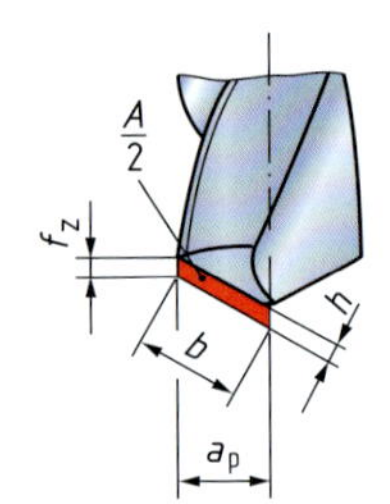


### Formel / Formelumstellung

**Schnittmoment:**

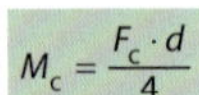

$$M_c = \frac{F_c \cdot d}{4} \qquad F_c = \frac{4 \cdot M_c}{d} \qquad d = \frac{4 \cdot M_c}{F_c}$$

**Zeitspanungsvolumen:**

$$Q = A \cdot \frac{v_c}{2} \qquad A = \frac{2 \cdot Q}{v_c} \qquad v_c = \frac{2 \cdot Q}{A}$$

**Schnittleistung:**

$$P_c = \frac{F_c \cdot v_c}{2} \qquad F_c = \frac{2 \cdot P_c}{v_c} \qquad v_c = \frac{2 \cdot P_c}{F_c}$$

$$P_c = Q \cdot k_c \qquad Q = \frac{P_c}{k_c} \qquad k_c = \frac{P_c}{Q}$$

**Erforderliche Antriebsleistung:**

$$P_1 = \frac{P_c}{\eta} \qquad P_c = P_1 \cdot \eta \qquad \eta = \frac{P_c}{P_1}$$

### Formelzeichen / Einheiten

| Formelzeichen | Bedeutung | Einheit |
|---|---|---|
| $M_c$ | Schnittmoment | $N \cdot m$ |
| $F_c$ | Schnittkraft | N |
| $d$ | Bohrerdurchmesser | mm |
| $Q$ | Zeitspanungsvolumen | $\frac{cm^3}{mm}$ |
| $A$ | Spanungsquerschnitt | $mm^2$ |
| $P_c$ | Schnittleistung | (z. B.) W, kW |
| $v_c$ | Schnittgeschwindigkeit | $\frac{m}{min}$ |
| $k_c$ | spezifische Schnittkraft | $\frac{N}{mm^2}$ |
| $f$ | Vorschub je Umdrehung | mm |
| $P_1$ | erforderliche Antriebsleistung | (z. B.) W, kW |
| $\eta$ | Wirkungsgrad | |

$$1\,W = 1\,N \cdot \frac{1\,m}{1\,s}$$

**Beispiel**

$F_c = 2820\,N$

$d = 16\,mm$

$M_c = ?$

$$M_c = \frac{F_c \cdot d}{4}$$

$$M_c = \frac{2820\,N \cdot 16\,mm}{4} = 11280\,N \cdot mm = \underline{\underline{11{,}28\,N \cdot m}}$$

## Spezifische Schnittkraft beim Stirn-Planfräsen

| Formelzeichen / Einheiten | | |
|---|---|---|
| $F_c$ | Schnittkraft | N |
| $A$ | Spanungsquerschnitt | $mm^2$ |
| $k_c$ | spezifische Schnittkraft | $\frac{N}{mm^2}$ |
| $h$ | Spanungsdicke | mm |
| $a_p$ | Schnitttiefe | mm |
| $a_e$ | Arbeitseingriff | mm |
| $d$ | Fräserdurchmesser | mm |
| $z$ | Schneidenzahl des Fräsers | |
| $z_e$ | Schneiden im Eingriff | |
| $\varphi_s$ | Eingriffswinkel | in ° (Grad) |
| $f_z$ | Vorschub je Fräserschneide | mm |

**Formel / Formelumstellung**

**Schnittkraft:**

$$F_c = A \cdot k_c \qquad A = \frac{F_c}{k_c} \qquad k_c = \frac{F_c}{A}$$

$$A = a_p \cdot h \cdot z_e$$

$$a_p = \frac{A}{h \cdot z_e} \qquad h = \frac{A}{a_p \cdot z_e} \qquad z_e = \frac{A}{a_p \cdot h}$$

$$h \approx 0{,}9 \cdot f_z \qquad f_z \approx \frac{h}{0{,}9}$$

$$z_e = \frac{\varphi_s \cdot z}{360°} \qquad \varphi_s = \frac{z_e \cdot 360°}{z} \qquad z = \frac{z_e \cdot 360°}{\varphi_s}$$

**Abbildung**

**Spezifische Schnittkraft, beim Stirn-Planfräsen**

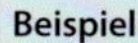
**Beispiel**

$A = 4\,mm^2$

$k_c = 2344 \frac{N}{mm^2}$

$F_c = ?$

$$F_c = A \cdot k_c$$

$$F_c = 4\,mm^2 \cdot 2344 \frac{N}{mm^2} = 9376\,\cancel{mm^2} \frac{N}{\cancel{mm^2}} = \underline{\underline{9376\,N}}$$

3

handwerk-technik.de

## Zeitspanungsvolumen, Vorschub, Leistungen beim Stirn-Planfräsen

3

| Abbildung | Formel / Formelumstellung | Formelzeichen / Einheiten |
|---|---|---|

**Zeitspanungsvolumen, Vorschub, Schnittleistung, erforderliche Antriebsleistung beim Stirn-Planfräsen**

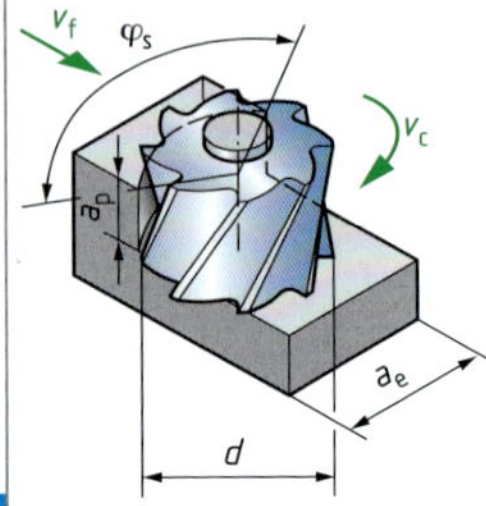


**Zeitspanungsvolumen:**

$$Q = a_p \cdot a_e \cdot v_f$$

$$a_p = \frac{Q}{a_e \cdot v_f} \qquad a_e = \frac{Q}{a_p \cdot v_f} \qquad v_f = \frac{Q}{a_p \cdot a_e}$$

**Vorschub/Vorschubgeschwindigkeit:**

$$f = f_z \cdot z \qquad f_z = \frac{f}{z} \qquad z = \frac{f}{f_z}$$

$$v_f = f \cdot n \qquad f = \frac{v_f}{n} \qquad n = \frac{v_f}{f}$$

$$v_f = f_z \cdot z \cdot n \qquad f_z = \frac{v_f}{z \cdot n} \qquad z = \frac{v_f}{f_z \cdot n} \qquad n = \frac{v_f}{f_z \cdot z}$$

**Schnittleistung:**

$$P_c = F_c \cdot v_c \qquad F_c = \frac{P_c}{v_c} \qquad v_c = \frac{P_c}{F_c}$$

$$P_c = Q \cdot k_c \qquad Q = \frac{P_c}{k_c} \qquad k_c = \frac{P_c}{Q}$$

**Erforderliche Antriebsleistung:**

$$P_1 = \frac{P_c}{\eta} \qquad P_c = P_1 \cdot \eta \qquad \eta = \frac{P_c}{P_1}$$

| Formelzeichen | Bedeutung | Einheit |
|---|---|---|
| $Q$ | Zeitspanungsvolumen | $\frac{cm^3}{min}$ |
| $a_e$ | Arbeitseingriff | mm |
| $a_p$ | Schnitttiefe | mm |
| $f$ | Vorschub | mm |
| $f_z$ | Vorschub je Fräserschneide | mm |
| $z$ | Schneidenzahl des Fräsers | |
| $v_f$ | Vorschub-geschwindigkeit | $\frac{mm}{min}$ |
| $n$ | Umdrehungsfrequenz (Drehzahl) | (z. B.) $\frac{1}{min}$ |
| $P_c$ | Schnittleistung | (z. B.) W, kW |
| $F_c$ | Schnittkraft | N |
| $v_c$ | Schnittgeschwindigkeit | $\frac{m}{min}$ |
| $k_c$ | spezifische Schnittkraft | $\frac{N}{mm^2}$ |
| $P_1$ | erforderliche Antriebsleistung | (z. B.) W, kW |
| $\eta$ | Wirkungsgrad | |

$$1\,W = 1\,N \cdot \frac{1\,m}{1\,s}$$

**Beispiel**

$a_p = 2\,mm$

$a_e = 60\,mm$

$v_f = 30\,\frac{mm}{min}$

$Q = ?$

$$Q = a_p \cdot a_e \cdot v_f$$

$$Q = 2\,mm \cdot 60\,mm \cdot 30\,\frac{mm}{min} = 3600\,mm \cdot mm\,\frac{mm}{min} = 3600\,\frac{mm^3}{min} = \underline{\underline{3{,}6\,\frac{cm^3}{min}}}$$

## Rautiefe, Eckenradius, Vorschub

| Formelzeichen / Einheiten | | | Formel / Formelumstellung | | | Abbildung |
|---|---|---|---|---|---|---|
| $R_{th}$ | theoretische Rautiefe | µm | **Drehen:** | | | **Theoretische Rautiefe in Abhängigkeit von Eckenradius und Vorschub (Drehen, Umfangsfräsen, Kugelfräsen)** |
| $f$ | Vorschub | mm | $R_{th} = \frac{f^2}{8 \cdot r}$ | $f = \sqrt{8 \cdot R_{th} \cdot r}$ | $r = \frac{f^2}{8 \cdot R_{th}}$ | 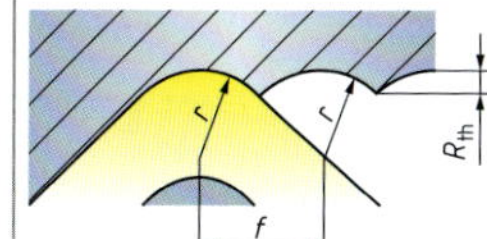 |
| $r$ | Eckenradius | mm | $R_{th} \approx R_z$ | | | |
| $R_z$ | größte Höhe des Profils innerhalb einer Einzelmessstrecke | µm | **Umfangsfräsen:** | | | |
| $f_z$ | Vorschub pro Zahn | mm | $R_{th} = \frac{f_z^2}{4 \cdot D}$ | $f_z = \sqrt{R_{th} \cdot 4 \cdot D}$ | $D = \frac{f^2}{4 \cdot R_{th}}$ | |
| $D$ | Fräserdurchmesser | mm | **Kugelfräsen:** | | | |
| $b_r$ | Zeilensprung | mm | $R_{th} = \frac{b_r^2}{4 \cdot D}$ | $b_r = \sqrt{R_{th} \cdot 4 \cdot D}$ | $D = \frac{b_r^2}{4 \cdot R_{th}}$ | |

**Beispiel**

$f = 0{,}4\,\text{mm}$

$r = 0{,}8\,\text{mm}$

$R_{th} = ?$

$$R_{th} = \frac{f^2}{8 \cdot r}$$

$$R_{th} = \frac{(0{,}4\,\text{mm})^2}{8 \cdot 0{,}8\,\text{mm}} = 0{,}025\,\frac{\text{mm}^{\not 2}}{\not{\text{mm}}} = 0{,}025\,\text{mm} = \underline{\underline{25\,\mu\text{m}}}$$

1 mm = 1000 µm

3

## Kegeldrehen durch Schwenken des Oberschlittens

| Abbildung | Formel / Formelumstellung | Formelzeichen / Einheiten |
|---|---|---|

**Kegeldrehen durch Schwenken des Oberschlittens**

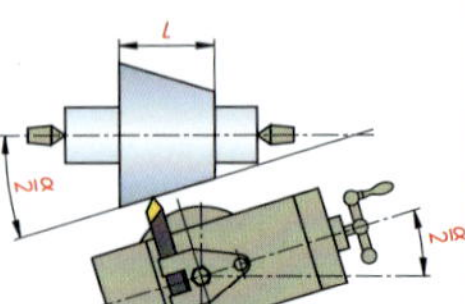
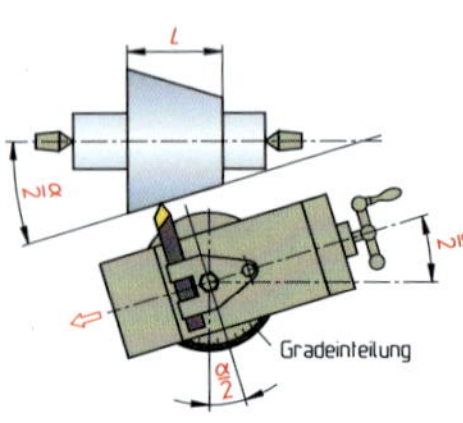


**Formel / Formelumstellung**

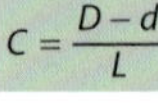

$$C = \frac{D-d}{L}$$

$$D = C \cdot L + d \qquad L = \frac{D-d}{C} \qquad d = D - C \cdot L$$

$$\tan\frac{\alpha}{2} = \frac{C}{2} \qquad C = 2 \cdot \tan\frac{\alpha}{2}$$

$$\tan\frac{\alpha}{2} = \frac{D-d}{2 \cdot L}$$

$$D = 2 \cdot L \cdot \tan\frac{\alpha}{2} + d \qquad d = D - 2 \cdot L \cdot \tan\frac{\alpha}{2} \qquad L = \frac{D-d}{2 \cdot \tan\frac{\alpha}{2}}$$

**Formelzeichen / Einheiten**

|  |  |  |
|---|---|---|
| $C$ | Kegelverjüngung | |
| $D$ | großer Kegeldurchmesser | mm |
| $d$ | kleiner Kegeldurchmesser | mm |
| $L$ | Kegellänge | mm |
| $L_W$ | Werkstücklänge | mm |
| $\alpha$ | Kegelwinkel | in ° (Grad) |
| $\frac{\alpha}{2}$ | Einstellwinkel (Kegelerzeugungswinkel) | in ° (Grad) |
| $\frac{1}{x}$ | Kegelverhältnis (Kegelverjüngung) | |

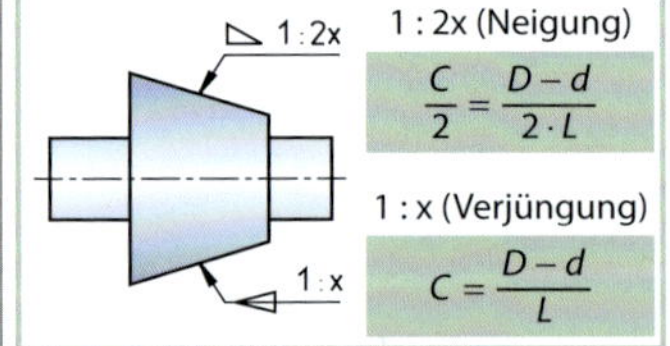


1 : 2x (Neigung)

$$\frac{C}{2} = \frac{D-d}{2 \cdot L}$$

1 : x (Verjüngung)

$$C = \frac{D-d}{L}$$

**Beispiel**

$D = 200\,\text{mm}$

$d = 125\,\text{mm}$

$L = 120\,\text{mm}$

$C = ?$

$$C = \frac{D-d}{L}$$

$$C = \frac{200\,\text{mm} - 125\,\text{mm}}{120\,\text{mm}} = \frac{75\,\text{mm}}{120\,\text{mm}} = \frac{1}{1{,}6} \Rightarrow 1:1{,}6$$

## Kegeldrehen durch Verstellen des Reitstocks

### Formelzeichen / Einheiten

| Zeichen | Bedeutung | Einheit |
|---|---|---|
| $V_R$ | Reitstockverstellung | mm |
| $\frac{C}{2}$ | Kegelneigung | |
| $L_W$ | Werkstücklänge | mm |
| $C$ | Kegelverjüngung | |
| $D$ | großer Kegeldurchmesser | mm |
| $d$ | kleiner Kegeldurchmesser | mm |
| $L$ | Kegellänge | mm |
| $\frac{\alpha}{2}$ | Einstellwinkel (Kegel-erzeugungswinkel) | in ° (Grad) |

### Formel / Formelumstellung

$$V_R = \frac{C}{2} \cdot L_W$$

$$\frac{C}{2} = \frac{V_R}{L_W} \qquad C = \frac{2 \cdot V_R}{L_W} \qquad L_W = \frac{2 \cdot V_R}{C}$$

$$V_R = \frac{D-d}{2 \cdot L} \cdot L_W$$

$$D = \frac{2 \cdot V_R \cdot L}{L_W} + d \qquad d = D - \frac{2 \cdot V_R \cdot L}{L_W}$$

$$L_W = \frac{2 \cdot V_R \cdot L}{D-d} \qquad L = \frac{(D-d) \cdot L_W}{2 \cdot V_R}$$

### Abbildung

**Kegeldrehen durch Verstellen des Reitstocks (üblich für lange Werkstücke)**

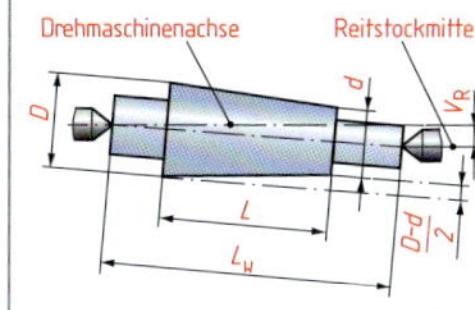


### Beispiel

$C = 1:12 = 0{,}08333$

$L_W = 180\,\text{mm}$

$V_R = ?$

$$V_R = \frac{C}{2} \cdot L_W$$

$$V_R = \frac{0{,}08333}{2} \cdot 180\,\text{mm} = \underline{\underline{7{,}5\,\text{mm}}}$$

3

## Hauptnutzungszeit beim Längs-Runddrehen 1

<table>
<tr><th>Abbildung</th><th>Formel / Formelumstellung</th><th colspan="3">Formelzeichen / Einheiten</th></tr>
<tr><td>Hauptnutzungszeit beim Längs-Runddrehen (ohne Zapfen) mit fester Umdrehungsfrequenzeinstellung<br>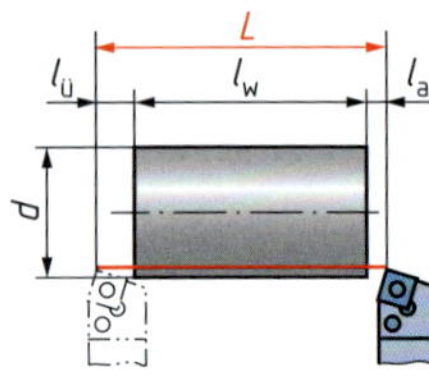</td><td>$t_h = \frac{L \cdot i}{f \cdot n}$<br>$L = \frac{t_h \cdot f \cdot n}{i}$<br>$i = \frac{t_h \cdot f \cdot n}{L}$<br>$f = \frac{L \cdot i}{t_h \cdot n}$<br>$n = \frac{L \cdot i}{t_h \cdot f}$<br>$n = \frac{v_c}{\pi \cdot d}$<br>$v_c = n \cdot \pi \cdot d$<br>$d = \frac{v_c}{n \cdot \pi}$<br>$L = l_w + l_a + l_ü$ [1)]<br><br>[1)] Ohne weitere Angabe ist $l_a = l_ü = 2\,\text{mm}$ anzunehmen.</td><td>$L$<br>$l_w$<br>$l_a$<br>$l_ü$<br>$t_h$<br>$i$<br>$f$<br>$n$<br>$v_c$<br>$d$</td><td>Bearbeitungsweg<br>Werkstücklänge<br>Anlaufweg<br>Überlaufweg<br>Hauptnutzungszeit<br>Anzahl der Schnitte<br>Vorschub je Umdrehung<br>Umdrehungsfrequenz<br>Schnittgeschwindigkeit<br>größter Durchmesser</td><td>mm<br>mm<br>mm<br>mm<br>min<br><br>mm<br>$\frac{1}{\text{min}}$<br>$\frac{\text{m}}{\text{min}}$<br>mm</td></tr>
</table>

**Beispiel**

$L = 60\,\text{mm}$

$i = 2$

$f = 0{,}4\,\text{mm}$

$n = 1400\,\frac{1}{\text{min}}$

$t_h = ?$

$$t_h = \frac{L \cdot i}{f \cdot n}$$

$$t_h = \frac{60\,\cancel{\text{mm}} \cdot 2}{0{,}4\,\cancel{\text{mm}} \cdot 1400\,\frac{1}{\text{min}}} = \underline{\underline{0{,}21\,\text{min}}}$$

## Hauptnutzungszeit beim Längs-Runddrehen 2

| Formelzeichen / Einheiten | | | Formel / Formelumstellung | Abbildung |
|---|---|---|---|---|
| $L$ | Bearbeitungsweg | mm | $t_h = \frac{L \cdot i}{f \cdot n}$ | **Hauptnutzungszeit beim Längs-Runddrehen (mit Zapfen) mit fester Umdrehungsfrequenzeinstellung** |
| $l_w$ | Drehlänge | mm | $L = \frac{t_h \cdot f \cdot n}{i}$ | |
| $l_a$ | Anlaufweg | mm | $i = \frac{t_h \cdot f \cdot n}{L}$ | |
| $l_ü$ | Überlaufweg | mm | $f = \frac{L \cdot i}{t_h \cdot n}$ | |
| $t_h$ | Hauptnutzungszeit | min | $n = \frac{L \cdot i}{t_h \cdot f}$ | |
| $i$ | Anzahl der Schnitte | | $n = \frac{v_c}{\pi \cdot d}$ | |
| $f$ | Vorschub je Umdrehung | mm | $v_c = n \cdot \pi \cdot d$ | |
| $n$ | Umdrehungsfrequenz | $\frac{1}{min}$ | $d = \frac{v_c}{n \cdot \pi}$ | |
| $v_c$ | Schnittgeschwindigkeit | $\frac{m}{min}$ | $L = l_w + l_a$ [1)] | |
| $d$ | größter Durchmesser | mm | | |



[1)] Ohne weitere Angabe ist $l_a = l_ü = 2\,mm$ anzunehmen.

**Beispiel**

$L = 50\,mm$

$i = 2$

$f = 0{,}5\,mm$

$n = 1600\,\frac{1}{min}$

$t_h = ?$

$$t_h = \frac{L \cdot i}{f \cdot n}$$

$$t_h = \frac{50\,mm \cdot 2}{0{,}5\,mm \cdot 1600\,\frac{1}{min}} = 0{,}125\,\frac{\cancel{mm} \cdot min}{\cancel{mm}} = \underline{\underline{0{,}125\,min}}$$



3

3

## Hauptnutzungszeit beim Quer-Plandrehen, Vollzylinder ohne Zapfen

### Abbildung

**Hauptnutzungszeit beim Quer-Plandrehen eines Vollzylinders (ohne Zapfen) mit fester Umdrehungsfrequenzeinstellung**

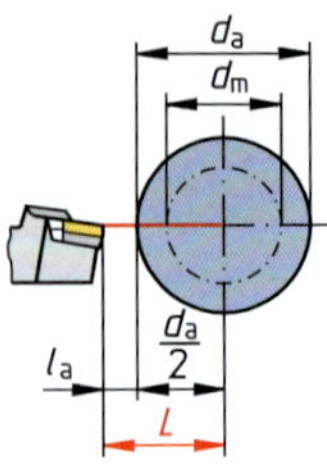


### Formel / Formelumstellung

$$t_h = \frac{L \cdot i}{f \cdot n}$$

$$L = \frac{t_h \cdot f \cdot n}{i}$$

$$i = \frac{t_h \cdot f \cdot n}{L}$$

$$f = \frac{L \cdot i}{t_h \cdot n}$$

$$n = \frac{L \cdot i}{t_h \cdot f}$$

$$L = \frac{d_a}{2} + l_a \text{ }^{1)}$$

$$n = \frac{v_c}{\pi \cdot d_m}$$

$$v_c = n \cdot \pi \cdot d_m$$

$$d_m = \frac{v_c}{n \cdot \pi}$$

$$d_m = \frac{d_a}{2}$$

1) Ohne weitere Angabe ist $l_a = 2\,\text{mm}$ anzunehmen.

### Formelzeichen / Einheiten

| | | |
|---|---|---|
| $L$ | Bearbeitungsweg | mm |
| $d_a$ | Außendurchmesser | mm |
| $l_a$ | Anlaufweg | mm |
| $t_h$ | Hauptnutzungszeit | min |
| $i$ | Anzahl der Schnitte | |
| $f$ | Vorschub je Umdrehung | mm |
| $n$ | Umdrehungsfrequenz | $\frac{1}{\text{min}}$ |
| $v_c$ | Schnittgeschwindigkeit | $\frac{\text{m}}{\text{min}}$ |
| $d_m$ | mittlerer Durchmesser | mm |

**Beispiel**

$L = 300\,\text{mm}$

$i = 2$

$f = 0{,}5\,\text{mm}$

$n = 650\,\frac{1}{\text{min}}$

$t_h = ?$

$$t_h = \frac{L \cdot i}{f \cdot n}$$

$$t_h = \frac{300\,\text{mm} \cdot 2}{0{,}5\,\text{mm} \cdot 650\,\text{min}^{-1}} = 1{,}85\,\frac{\cancel{\text{mm}} \cdot \text{min}}{\cancel{\text{mm}}} = \underline{\underline{1{,}85\,\text{min}}}$$

## Hauptnutzungszeit beim Quer-Plandrehen, Vollzylinder mit Zapfen

| Formelzeichen / Einheiten | | | Formel / Formelumstellung | Abbildung |
|---|---|---|---|---|
| $L$ | Bearbeitungsweg | mm | $L = \frac{d_a - d_i}{2} + l_a$ [1] | **Hauptnutzungszeit beim Quer-Plandrehen eines Vollzylinders (mit Zapfen) mit fester Umdrehungs-frequenzeinstellung** |
| $d_a$ | Außendurchmesser | mm | $L = l_a + l$ | 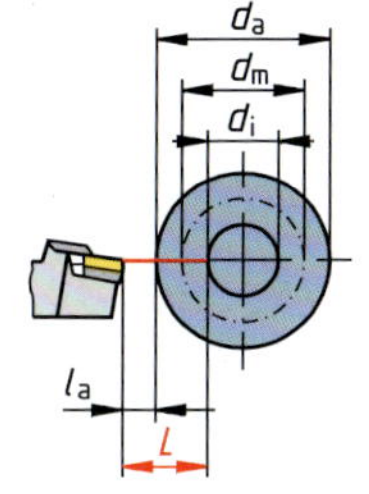 |
| $d_i$ | Innendurchmesser | mm | $l = \frac{d_a - d_i}{2}$ | |
| $l_a$ | Anlaufweg | mm | $t_h = \frac{L \cdot i}{f \cdot n}$ | |
| $t_h$ | Hauptnutzungszeit | min | $L = \frac{t_h \cdot f \cdot n}{i}$ | |
| $i$ | Anzahl der Schnitte | | $i = \frac{t_h \cdot f \cdot n}{L}$ | |
| $f$ | Vorschub je Umdrehung | mm | $f = \frac{L \cdot i}{t_h \cdot n}$ | |
| $n$ | Umdrehungsfrequenz | $\frac{1}{\text{min}}$ | $n = \frac{L \cdot i}{t_h \cdot f}$ | |
| $v_c$ | Schnittgeschwindigkeit | $\frac{\text{m}}{\text{min}}$ | $n = \frac{v_c}{\pi \cdot d_m}$ | |
| $d_m$ | mittlerer Durchmesser | mm | $v_c = n \cdot \pi \cdot d_m$ | |
| | | | $d_m = \frac{v_c}{n \cdot \pi}$ | |
| | | | $d_m = \frac{d_a + d_i}{2}$ | |

[1] Ohne weitere Angabe ist $l_a = 2\,\text{mm}$ anzunehmen.

**Beispiel**

$L = 17\,\text{mm}$

$i = 2$

$f = 0{,}2\,\text{mm}$

$n = 2500 \frac{1}{\text{min}}$

$t_h = ?$

$$t_h = \frac{L \cdot i}{f \cdot n}$$

$$t_h = \frac{17\,\text{mm} \cdot 2}{0{,}2\,\text{mm} \cdot 2500 \frac{1}{\text{min}}} = 0{,}068 \frac{\cancel{\text{mm}} \cdot \text{min}}{\cancel{\text{mm}}} = \underline{\underline{0{,}068\,\text{min}}}$$

3

## Hauptnutzungszeit beim Quer-Plandrehen, Hohlzylinder

| Abbildung | Formel / Formelumstellung | Formelzeichen / Einheiten |
|---|---|---|
| **Hauptnutzungszeit beim Quer-Plandrehen eines Hohlzylinders mit fester Umdrehungsfrequenz-einstellung** 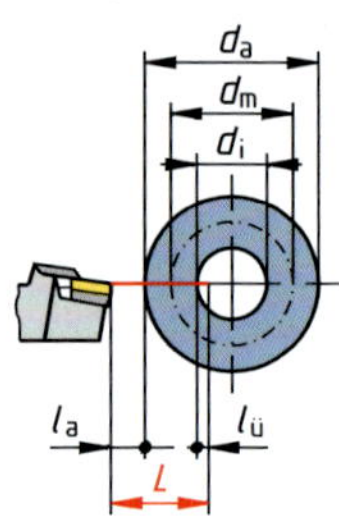  | $L = \frac{d_a - d_i}{2} + l_a + l_ü$ [1)]<br>$t_h = \frac{L \cdot i}{f \cdot n}$<br>$L = \frac{t_h \cdot f \cdot n}{i}$<br>$i = \frac{t_h \cdot f \cdot n}{L}$<br>$f = \frac{L \cdot i}{t_h \cdot n}$<br>$n = \frac{L \cdot i}{t_h \cdot f}$<br>$n = \frac{v_c}{\pi \cdot d_m}$<br>$v_c = n \cdot \pi \cdot d_m$<br>$d_m = \frac{v_c}{n \cdot \pi}$<br>$d_m = \frac{d_a + d_i}{2}$<br><br>1) Beim Quer-Plandrehen von innen nach außen vertauschen sich $l_a$ und $l_ü$. Ohne weitere Angabe ist $l_a = l_ü = 2\,\text{mm}$ anzunehmen. | $L$ Bearbeitungsweg mm<br>$d_a$ Außendurchmesser mm<br>$d_i$ Innendurchmesser mm<br>$l_a$ Anlaufweg mm<br>$l_ü$ Überlaufweg mm<br>$t_h$ Hauptnutzungszeit min<br>$i$ Anzahl der Schnitte<br>$f$ Vorschub je Umdrehung mm<br>$n$ Umdrehungsfrequenz $\frac{1}{\text{min}}$<br>$v_c$ Schnittgeschwindigkeit $\frac{\text{m}}{\text{min}}$<br>$d_m$ mittlerer Durchmesser mm |

**Beispiel**

$L = 19\,\text{mm}$

$i = 2$

$f = 0{,}2\,\text{mm}$

$n = 2500\,\frac{1}{\text{min}}$

$t_h = ?$

$$t_h = \frac{L \cdot i}{f \cdot n}$$

$$t_h = \frac{19\,\text{mm} \cdot 2}{0{,}2\,\text{mm} \cdot 2500\,\frac{1}{\text{min}}} = 0{,}076\,\frac{\cancel{\text{mm}} \cdot \text{min}}{\cancel{\text{mm}}} = \underline{\underline{0{,}076\,\text{min}}}$$

3

# Hauptnutzungszeit beim Bohren

## Formelzeichen / Einheiten

| | | |
|---|---|---|
| $L$ | Bearbeitungsweg | mm |
| $l_w$ | Bohrungstiefe | mm |
| $l_s$ | Spitzenlänge | mm |
| $l_a$ | Anlaufweg | mm |
| $l_ü$ | Überlaufweg | mm |
| $t_h$ | Hauptnutzungszeit | min |
| $i$ | Anzahl der Bohrungen | |
| $f$ | Vorschub je Umdrehung | mm |
| $n$ | Umdrehungsfrequenz | $\frac{1}{min}$ |
| $v_c$ | Schnittgeschwindigkeit | $\frac{m}{min}$ |
| $\sigma$ | Spitzenwinkel des Bohrers | in ° (Grad) |
| $d$ | Bohrerdurchmesser, Bohrungsdurchmesser | mm |

## Formel / Formelumstellung

$$L = l_w + l_s + l_a + l_ü \text{ [1)]}$$

$$t_h = \frac{L \cdot i}{f \cdot n}$$

$$L = \frac{t_h \cdot f \cdot n}{i}$$

$$i = \frac{t_h \cdot f \cdot n}{L}$$

$$f = \frac{L \cdot i}{t_h \cdot n}$$

$$n = \frac{L \cdot i}{t_h \cdot f}$$

$$n = \frac{v_c}{\pi \cdot d}$$

$$v_c = n \cdot \pi \cdot d$$

$$d = \frac{v_c}{n \cdot \pi}$$

| Spitzenlänge $l_s$ | |
|---|---|
| $\sigma$ | $l_s$ |
| 80° | $0{,}6 \cdot d$ |
| 118° | $0{,}3 \cdot d$ |
| 130° | $0{,}23 \cdot d$ |
| 140° | $0{,}18 \cdot d$ |

1) Für Grundloch- und Sacklochbohrungen: $l_ü = 0\,mm$
Ohne weitere Angabe ist $l_a = l_ü = 2\,mm$ anzunehmen.

## Abbildung

**Hauptnutzungszeit beim Bohren mit fester Umdrehungsfrequenzeinstellung**



**Beispiel**

HSS-Spiralbohrer

$d = 10\,mm$ $\quad \sigma = 118°$

$l_w = 20\,mm$ $\quad i = 1$

$f = 0{,}11\,mm$ $\quad n = 900 \frac{1}{min}$

$L = ?$ $\quad t_h = ?$

$$L = l_w + l_s + l_a + l_ü \qquad L = 20\,mm + (0{,}3 \cdot 10\,mm) + 2\,mm + 2\,mm = \underline{\underline{27\,mm}}$$

$$t_h = \frac{L \cdot i}{f \cdot n} \qquad t_h = \frac{27\,mm \cdot 1}{0{,}11\,mm \cdot 900\,\frac{1}{min}} = 0{,}27 \frac{\cancel{mm} \cdot min}{\cancel{mm}} = \underline{\underline{0{,}27\,min}}$$

## Hauptnutzungszeit beim Reiben

| Abbildung | Formel / Formelumstellung | | Formelzeichen / Einheiten | | |
|---|---|---|---|---|---|
| **Hauptnutzungszeit beim Reiben mit fester Umdrehungsfrequenzeinstellung** 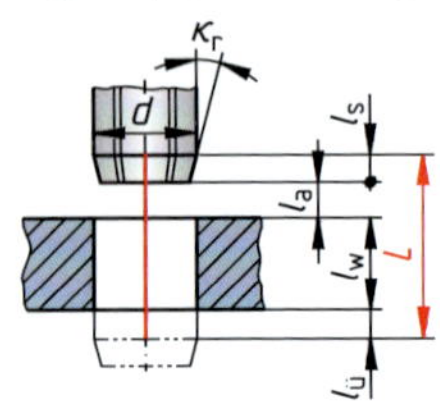  | $L = l_w + l_s + l_a + l_ü$ [1] | $n = \frac{v_c}{\pi \cdot d}$ | $L$ | Bearbeitungsweg | mm |
| | $t_h = \frac{L \cdot i}{f \cdot n}$ | $v_c = n \cdot \pi \cdot d$ | $l_w$ | Bohrungstiefe, Reibweg | mm |
| | $L = \frac{t_h \cdot f \cdot n}{i}$ | $d = \frac{v_c}{n \cdot \pi}$ | $l_s$ | Anschnittlänge | mm |
| | $i = \frac{t_h \cdot f \cdot n}{L}$ | | $l_a$ | Anlaufweg | mm |
| | $f = \frac{L \cdot i}{t_h \cdot n}$ | | $l_ü$ | Überlaufweg | mm |
| | $n = \frac{L \cdot i}{t_h \cdot f}$ | | $t_h$ | Hauptnutzungszeit | min |
| | | | $i$ | Anzahl der Bohrungen | |
| | | | $f$ | Vorschub je Umdrehung | mm |
| | | | $n$ | Umdrehungsfrequenz | $\frac{1}{\text{min}}$ |
| | | | $v_c$ | Schnittgeschwindigkeit | $\frac{\text{m}}{\text{min}}$ |
| | | | $\kappa_r$ | Anschnittwinkel der Reibahle | in ° (Grad) |
| | | | $d$ | Reibahlendurchmesser, Bohrungsdurchmesser | mm |

[1] Für Grundloch- und Sacklochbohrungen: $l_ü = 0\,\text{mm}$
Ohne weitere Angabe ist $l_a = l_ü = 2\,\text{mm}$ anzunehmen.

**Beispiel**

$d = 15\,\text{mm}$ $l_w = 22\,\text{mm}$

$i = 1$ $f = 0{,}17\,\text{mm}$

$n = 150\,\frac{1}{\text{min}}$ $l_s = 2\,\text{mm}$

$L = ?$

$t_h = ?$

$$L = l_w + l_s + l_a + l_ü \qquad L = 22\,\text{mm} + 2\,\text{mm} + 2\,\text{mm} + 2\,\text{mm} = \underline{\underline{28\,\text{mm}}}$$

$$t_h = \frac{L \cdot i}{f \cdot n} \qquad t_h = \frac{28\,\text{mm} \cdot 1}{0{,}17\,\text{mm} \cdot 150\,\frac{1}{\text{min}}} = 1{,}1\,\frac{\cancel{\text{mm}} \cdot \text{min}}{\cancel{\text{mm}}} = \underline{\underline{1{,}1\,\text{min}}}$$

## Hauptnutzungszeit beim Senken

| Formelzeichen / Einheiten | | | Formel / Formelumstellung | | Abbildung |
|---|---|---|---|---|---|
| $L$ | Vorschubweg | mm | $L = l_w + l_a$ [1) ] | $n = \frac{v_c}{\pi \cdot d}$ | **Hauptnutzungszeit beim Senken** |
| $l_w$ | Senktiefe | mm | $t_h = \frac{L \cdot i}{f \cdot n}$ | $v_c = n \cdot \pi \cdot d$ | |
| $l_a$ | Anlaufweg | mm | $L = \frac{t_h \cdot f \cdot n}{i}$ | $d = \frac{v_c}{n \cdot \pi}$ | |
| $t_h$ | Hauptnutzungszeit | min | $i = \frac{t_h \cdot f \cdot n}{L}$ | | |
| $i$ | Anzahl der Senkungen | | $f = \frac{L \cdot i}{t_h \cdot n}$ | | |
| $f$ | Vorschub je Umdrehung | mm | $n = \frac{L \cdot i}{t_h \cdot f}$ | | |
| $n$ | Umdrehungsfrequenz (Drehzahl) | $\frac{1}{\text{min}}$ | | | |
| $v_c$ | Schnittgeschwindigkeit | $\frac{\text{m}}{\text{min}}$ | | | |
| $d$ | Durchmesser Zapfensenker | mm | | | |



[1)] Ohne weitere Angabe ist $l_a = 2$ mm anzunehmen.

**Beispiel**

$l_w = 10{,}6\,\text{mm}$
$i = 1$
$f = 0{,}14\,\text{mm}$
$n = 700\,\frac{1}{\text{min}}$
$L = ?$
$t_h = ?$

$L = l_w + l_a \qquad L = 10{,}6\,\text{mm} + 2\,\text{mm} = \underline{\underline{12{,}6\,\text{mm}}}$

$t_h = \frac{L \cdot i}{f \cdot n} \qquad t_h = \frac{12{,}6\,\text{mm} \cdot 1}{0{,}14\,\text{mm} \cdot 700\,\frac{1}{\text{min}}} = 0{,}13\,\frac{\cancel{\text{mm}} \cdot \text{min}}{\cancel{\text{mm}}} = \underline{\underline{0{,}13\,\text{min}}}$

## Hauptnutzungszeit beim Gewindeschneiden, -bohren

| Abbildung | Formel / Formelumstellung | Formelzeichen / Einheiten |
|---|---|---|
| **Hauptnutzungszeit beim Gewindeschneiden, -bohren** | $L = l_w + l_s + l_a + l_ü$ [1) ] | $L$ Bearbeitungsweg mm |
| | $t_h = \frac{L \cdot i}{f \cdot n}$ | $l_w$ Bohrungstiefe Gewinde mm |
| | $L = \frac{t_h \cdot f \cdot n}{i}$ | $l_s$ Anschnittlänge mm |
| | $i = \frac{t_h \cdot f \cdot n}{L}$ | $l_a$ Anlauf mm |
| | $f = \frac{L \cdot i}{t_h \cdot n}$ | $l_ü$ Überlauf mm |
| | $n = \frac{L \cdot i}{t_h \cdot f}$ | $t_h$ Hauptnutzungszeit min |
| | $n = \frac{v_c}{\pi \cdot d}$ | $i$ Anzahl der Gewindebohrungen |
| | $v_c = n \cdot \pi \cdot d$ | $f$ Vorschub je Umdrehung mm |
| | $d = \frac{v_c}{n \cdot \pi}$ | $n$ Umdrehungsfrequenz $\frac{1}{\text{min}}$ |
| | $l_s = g \cdot P$ | $v_c$ Schnittgeschwindigkeit $\frac{\text{m}}{\text{min}}$ |
| | | $d$ Gewindenenndurchmesser mm |
| | | $g$ Gangzahl |
| | | $P$ Steigung mm |
| | [1)] Für Grundloch- und Sacklochbohrungen: $l_ü = 0\,\text{mm}$<br>Ohne weitere Angabe ist $l_a = l_ü = 2\,\text{mm}$ anzunehmen. | $f = P$ |

**Beispiel**

$l_w = 20\,\text{mm}$  $l_s = 1{,}5\,\text{mm}$

$i = 1$  $f = 1{,}5\,\text{mm}$

$n = 550\,\frac{1}{\text{min}}$

$L = ?$

$t_h = ?$

$$L = l_w + l_s + l_a + l_ü \qquad L = 20\,\text{mm} + 1{,}5\,\text{mm} + 2\,\text{mm} + 2\,\text{mm} = \underline{\underline{25{,}5\,\text{mm}}}$$

$$t_h = \frac{L \cdot i}{f \cdot n} \qquad t_h = \frac{25{,}5\,\text{mm} \cdot 1}{1{,}5\,\text{mm} \cdot 550\,\frac{1}{\text{min}}} = 0{,}03\,\frac{\cancel{\text{mm}} \cdot \text{min}}{\cancel{\text{mm}}} = \underline{\underline{0{,}03\,\text{min}}}$$

## Hauptnutzungszeit beim Hobeln und Stoßen

| Formelzeichen / Einheiten | | |
|---|---|---|
| $L$ | Bearbeitungsweg (Hublänge) | mm |
| $l_w$ | Werkstücklänge | mm |
| $l_a$ | Anlaufweg | mm |
| $l_ü$ | Überlaufweg | mm |
| $B$ | Hobel-, Stoßbreite | mm |
| $b_w$ | Werkstückbreite | mm |
| $b_a$ | Anlaufbreite | mm |
| $b_ü$ | Überlaufbreite | mm |
| $t_h$ | Hauptnutzungszeit | min |
| $i$ | Anzahl der Schnitte | |
| $f$ | Vorschub je Doppelhub | mm |
| $v_A$ | Vorlaufgeschwindigkeit | $\frac{m}{min}$ |
| $v_R$ | Rücklaufgeschwindigkeit | $\frac{m}{min}$ |
| $v_m$ | mittlere Geschwindigkeit | $\frac{m}{min}$ |
| $n_D$ | Zahl der Doppelhübe | $\frac{1}{min}$ |
| $t_A$ | Vorlaufzeit | min |
| $t_R$ | Rücklaufzeit | min |
| $t$ | Zeit je Doppelhub | min |

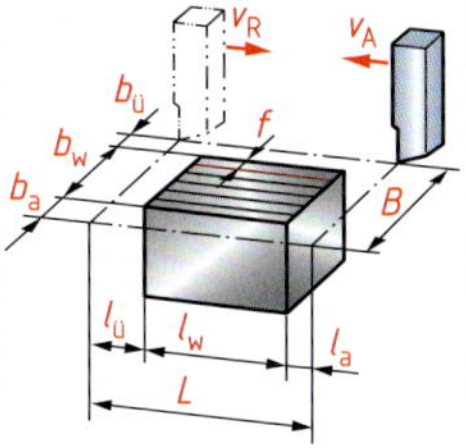

**Formel / Formelumstellung**

$$L = l_w + l_a + l_ü$$

$$B = b_w + b_a + b_ü \;^{1)}$$

$$t_h = \frac{B \cdot i}{f} \cdot \left(\frac{L}{v_A} + \frac{L}{v_R}\right)$$

$$t_h = \frac{B \cdot i}{f} \cdot \frac{2 \cdot L}{v_m}$$

$$t_h = \frac{B \cdot i}{f \cdot n_D}$$

$$v_m = 2 \cdot \frac{v_A \cdot v_R}{v_A + v_R}$$

$$v_m = \frac{2 \cdot L}{(t_A + t_R)}$$

$$v_m = 2 \cdot L \cdot n_D$$

$$t = t_A + t_R$$

$$n_D = \frac{1}{t_A + t_R} = \frac{1}{t}$$

$$v_A = \frac{L}{t_A}$$

$$v_R = \frac{L}{t_R}$$

1) $b_ü = 0$ bei Werkstücken mit Ansatz

**Abbildung**

**Hauptnutzungszeit beim Hobeln und Stoßen**



**Beispiel**

kein Ansatz

$B = 100\,mm$ $\quad i = 1$

$f = 0{,}7\,mm$ $\quad L = 120\,mm$

$v_A = 10\,\frac{m}{min}$ $\quad v_R = 15\,\frac{m}{min}$

$t_h = ?$

$$t_h = \frac{B \cdot i}{f} \cdot \left(\frac{L}{v_A} + \frac{L}{v_R}\right) = \frac{100\,\cancel{mm} \cdot 1}{0{,}7\,\cancel{mm}} \cdot \left(\frac{120\,mm}{15\,\frac{m}{min}} + \frac{120\,mm}{10\,\frac{m}{min}}\right)$$

$$= 8\,\frac{\cancel{mm}}{\cancel{mm}} \cdot \left(\frac{\cancel{mm} \cdot min}{\cancel{mm}} + \frac{\cancel{mm} \cdot min}{\cancel{mm}}\right) = \underline{\underline{2{,}9\,min}}$$



3

## Hauptnutzungszeit beim Sägen

| Abbildung | Formel / Formelumstellung | Formelzeichen / Einheiten |
|---|---|---|
| **Hauptnutzungszeit beim Sägen**<br>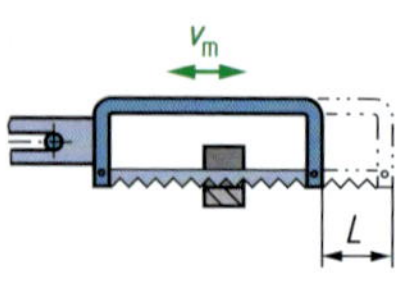<br> | $v_m = 2 \cdot L \cdot n_D$<br>$L = \frac{v_m}{2 \cdot n_D}$<br>$n_D = \frac{v_m}{2 \cdot L}$<br>$t_h = \frac{L \cdot i}{f \cdot n_D}$<br>$L = \frac{t_h \cdot f \cdot n_D}{i}$<br>$i = \frac{t_h \cdot f \cdot n_D}{L}$<br>$f = \frac{i \cdot L}{t_h \cdot n_D}$<br>$n_D = \frac{i \cdot L}{t_h \cdot f}$ | $v_m$ mittlere Schnittgeschwindigkeit $\frac{\text{m}}{\text{min}}$<br>$L$ Hublänge mm<br>$n_D$ Doppelhubzahl (Kurbeldrehzahl) $\frac{1}{\text{min}}$<br>$t_h$ Hauptnutzungszeit min<br>$i$ Anzahl der Schnitte<br>$f$ Vorschub je Umdrehung mm |

**Beispiel**

$L = 20\,\text{mm}$

$n_D = 60\,\frac{1}{\text{min}}$

$v_m = ?$

$$v_m = 2 \cdot L \cdot n_D$$

$$v_m = 2 \cdot 20\,\text{mm} \cdot 60\,\frac{1}{\text{min}} = 2400\,\frac{\cancel{\text{mm}}}{\text{min}} \cdot \frac{1\,\text{m}}{1000\,\cancel{\text{mm}}} = \underline{\underline{2{,}4\,\frac{\text{m}}{\text{min}}}}$$

3

## Hauptnutzungszeit beim Bandsägen

| Formelzeichen / Einheiten | | | Formel / Formelumstellung | Abbildung |
|---|---|---|---|---|
| $t_h$ | Hauptnutzungszeit | min | $t_h = \frac{L}{v_f}$ | **Hauptnutzungszeit beim Bandsägen** |
| $L$ | Sägeschnittlänge | mm | $L = t_h \cdot v_f$ | |
| $v_f$ | Vorschubgeschwindigkeit | $\frac{mm}{min}$ | $v_f = \frac{L}{t_h}$ | |
| $p$ | Teilung des Sägeblattes | mm | $t_h = \frac{L \cdot p}{d \cdot \pi \cdot n \cdot f_z}$ | |
| $d$ | Durchmesser der Antriebsscheiben | mm | $L = \frac{t_h \cdot d \cdot \pi \cdot n \cdot f_z}{p}$ | |
| $n$ | Umdrehungsfrequenz (Drehzahl) der Antriebsscheibe | $\frac{1}{min}$ | $p = \frac{t_h \cdot d \cdot \pi \cdot n \cdot f_z}{L}$ | |
| $f_z$ | Vorschub je Sägezahn | mm | $d = \frac{L \cdot p}{t_h \cdot \pi \cdot n \cdot f_z}$ | |
| | | | $n = \frac{L \cdot p}{t_h \cdot d \cdot \pi \cdot f_z}$ | |
| | | | $v_f = \frac{d \cdot \pi \cdot n \cdot f_z}{p}$ | |



**Beispiel**

$L = 35\,mm$

$v_f = 25\,\frac{mm}{min}$

$t_h = ?$

$$t_h = \frac{L}{v_f}$$

$$t_h = \frac{35\,mm}{25\,\frac{mm}{min}} = 1{,}4\,\frac{\cancel{mm} \cdot min}{\cancel{mm}} = \underline{\underline{1{,}4\,min}}$$

3

handwerk-technik.de

## Hauptnutzungszeit beim Umfangs-Planfräsen

| Abbildung | Formel / Formelumstellung | Formelzeichen / Einheiten |
|---|---|---|
| **Hauptnutzungszeit beim Umfangs-Planfräsen (Walzenfräser)**<br>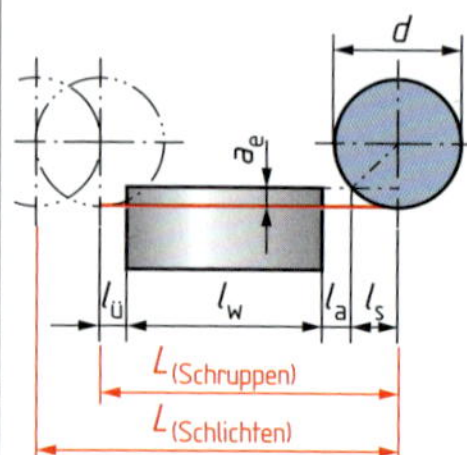<br>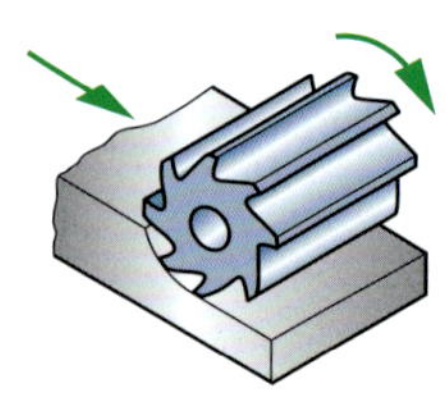 | $L = l_w + l_a + l_ü + l_s$ [1]    $l_s = \sqrt{a_e(d - a_e)}$<br>($L$ und $l_s$ für **Schruppen** oder **Schlichten**)<br>$t_h = \frac{L \cdot i}{v_f}$<br>$L = \frac{t_h \cdot v_f}{i}$    $i = \frac{t_h \cdot v_f}{L}$    $v_f = \frac{L \cdot i}{t_h}$<br>$v_f = f \cdot n$    $f = f_z \cdot z$<br>$v_f = f_z \cdot z \cdot n$<br>$f_z = \frac{v_f}{z \cdot n}$    $z = \frac{v_f}{f_z \cdot n}$    $n = \frac{v_f}{f_z \cdot z}$<br>$t_h = \frac{L \cdot i}{f_z \cdot z \cdot n}$<br>$n = \frac{v_c}{\pi \cdot d}$    $v_c = n \cdot \pi \cdot d$    $d = \frac{v_c}{n \cdot \pi}$<br>[1] Ohne weitere Angabe ist $l_a = l_ü = 1{,}5\,\text{mm}$ anzunehmen. | $L$ Vorschubweg — mm<br>$l_w$ Werkstücklänge — mm<br>$l_a$ Anlaufweg — mm<br>$l_ü$ Überlaufweg — mm<br>$l_s$ Anschnitt (Fräserzugabe) — mm<br>$a_e$ Schnittbreite — mm<br>$d$ Fräserdurchmesser — mm<br>$t_h$ Hauptnutzungszeit — min<br>$i$ Anzahl der Schnitte<br>$v_f$ Vorschubgeschwindigkeit — $\frac{\text{mm}}{\text{min}}$<br>$f$ Werkzeugvorschub pro Umdrehung — mm<br>$n$ Umdrehungsfrequenz des Fräsers (Drehzahl) — $\frac{1}{\text{min}}$<br>$f_z$ Vorschub je Zahn — mm<br>$z$ Zähnezahl am Fräswerkzeug<br>$v_c$ Schnittgeschwindigkeit — $\frac{\text{m}}{\text{min}}$ |

**Beispiel**

$L = 400\,\text{mm}$

$i = 1$

$f_z = 0{,}2\,\text{mm}$

$z = 6$

$n = 70\,\frac{1}{\text{min}}$

$t_h = ?$

$$t_h = \frac{L \cdot i}{f_z \cdot z \cdot n}$$

$$t_h = \frac{400\,\text{mm} \cdot 1}{0{,}2\,\text{mm} \cdot 6 \cdot 70\,\frac{1}{\text{min}}} = 4{,}76\,\frac{\cancel{\text{mm}} \cdot \text{min}}{\cancel{\text{mm}}} = \underline{\underline{4{,}76\,\text{min}}}$$

## Hauptnutzungszeit beim Stirnumfangs-Planfräsen

| Formelzeichen / Einheiten | | | Formel / Formelumstellung | Abbildung |
|---|---|---|---|---|
| $L$ | Vorschubweg | mm | $L = l_w + l_a + l_ü + l_s$ [1] (für Schruppen) | **Hauptnutzungszeit beim Stirnumfangs-Planfräsen (Scheiben-, Walzenstirnfräser)** |
| $l_w$ | Werkstücklänge | mm | $L = l_w + l_a + l_ü + 2 \cdot l_s$ [1] (für Schlichten) | 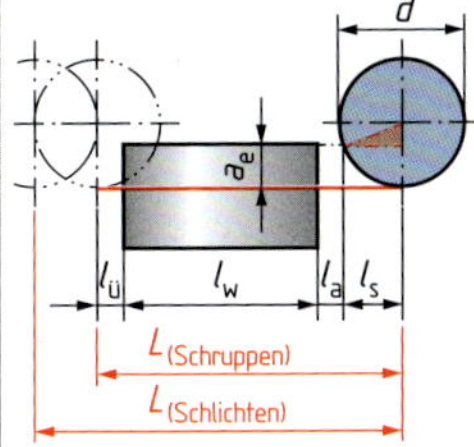 |
| $l_a$ | Anlaufweg | mm | $l_s = \sqrt{a_e(d - a_e)}$ | |
| $l_ü$ | Überlaufweg | mm | $t_h = \frac{L \cdot i}{v_f}$ | |
| $l_s$ | Anschnitt (Fräserzugabe) | mm | $L = \frac{t_h \cdot v_f}{i}$ $\quad i = \frac{t_h \cdot v_f}{L}$ $\quad v_f = \frac{L \cdot i}{t_h}$ | |
| $a_e$ | Schnittbreite | mm | $v_f = f_z \cdot z \cdot n$ $\quad$ (mit $v_f = f \cdot n$ $\quad f = f_z \cdot z$) | |
| $d$ | Fräserdurchmesser | mm | $f_z = \frac{v_f}{z \cdot n}$ $\quad z = \frac{v_f}{f_z \cdot n}$ $\quad n = \frac{v_f}{f_z \cdot z}$ | 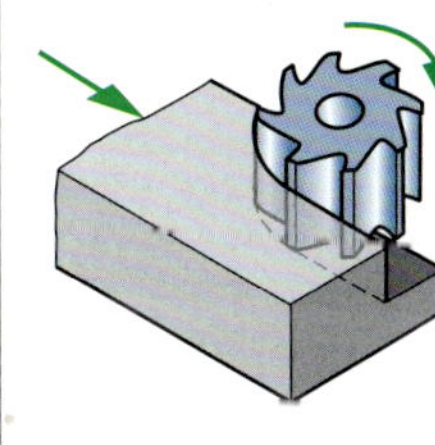 |
| $t_h$ | Hauptnutzungszeit | min | $t_h = \frac{L \cdot i}{f_z \cdot z \cdot n}$ | |
| $i$ | Anzahl der Schnitte | mm | $n = \frac{v_c}{\pi \cdot d}$ $\quad v_c = n \cdot \pi \cdot d$ $\quad d = \frac{v_c}{n \cdot \pi}$ | |
| $v_f$ | Vorschubgeschwindigkeit | $\frac{mm}{min}$ | | |
| $f_z$ | Vorschub je Zahn | mm | | |
| $z$ | Zähnezahl am Fräswerkzeug | | | |
| $n$ | Umdrehungsfrequenz des Fräsers (Drehzahl) | $\frac{1}{min}$ | | |
| $f$ | Werkzeugvorschub pro Umdrehung | mm | | |
| $v_c$ | Schnittgeschwindigkeit | $\frac{m}{min}$ | [1] Ohne weitere Angabe ist $l_a = l_ü = 1{,}5$ mm anzunehmen. | |

**Beispiel**

$L = 322\,mm$

$f_z = 0{,}1\,mm$

$n = 50 \frac{1}{min}$

$i = 1$

$z = 8$

$t_h = ?$

$$t_h = \frac{L \cdot i}{f_z \cdot z \cdot n}$$

$$t_h = \frac{322\,mm \cdot 1}{0{,}1\,mm \cdot 8 \cdot 50 \frac{1}{min}} = 8{,}05 \frac{\cancel{mm} \cdot min}{\cancel{mm}} = \underline{\underline{8{,}05\,min}}$$



3

## Hauptnutzungszeit beim Stirn-Planfräsen 1

| Abbildung | Formel / Formelumstellung | Formelzeichen / Einheiten |
|---|---|---|
| **Hauptnutzungszeit beim mittigen Stirn-Planfräsen (Walzenstirnfräser)** 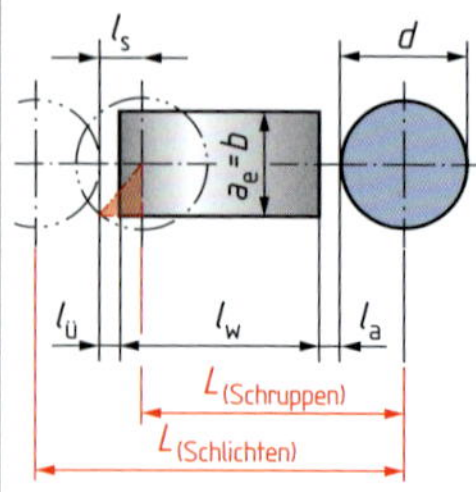  | $L = l_w + l_a + l_ü + \frac{d}{2} - l_s$ [1] (für Schruppen)<br>$l_s = \frac{1}{2} \cdot \sqrt{d^2 - a_e^2}$<br>$L = l_w + l_a + l_ü + d$ (für Schlichten)<br>$t_h = \frac{L \cdot i}{v_f}$<br>$L = \frac{t_h \cdot v_f}{i}$ $i = \frac{t_h \cdot v_f}{L}$ $v_f = \frac{L \cdot i}{t_h}$<br>$v_f = f_z \cdot z \cdot n$ (mit $v_f = f \cdot n$ $f = f_z \cdot z$)<br>$f_z = \frac{v_f}{z \cdot n}$ $z = \frac{v_f}{f_z \cdot n}$ $n = \frac{v_f}{f_z \cdot z}$<br>$t_h = \frac{L \cdot i}{f_z \cdot z \cdot n}$<br>$n = \frac{v_c}{\pi \cdot d}$ $v_c = n \cdot \pi \cdot d$ $d = \frac{v_c}{n \cdot \pi}$<br><br>[1] Ohne weitere Angabe ist $l_a = l_ü = 1{,}5$ mm anzunehmen. | $L$ Vorschubweg mm<br>$l_w$ Werkstücklänge mm<br>$l_a$ Anlaufweg mm<br>$l_ü$ Überlaufweg mm<br>$d$ Fräserdurchmesser mm<br>$l_s$ Anschnitt (Fräserzugabe) mm<br>$b$ Werkstückbreite mm<br>$a_e$ Schnitt-, Fräsbreite mm<br>$t_h$ Hauptnutzungszeit min<br>$i$ Anzahl der Schnitte<br>$v_f$ Vorschubgeschwindigkeit $\frac{mm}{min}$<br>$f_z$ Vorschub je Zahn mm<br>$z$ Zähnezahl am Fräswerkzeug<br>$n$ Umdrehungsfrequenz des Fräsers (Drehzahl) $\frac{1}{min}$<br>$f$ Werkzeugvorschub pro Umdrehung mm<br>$v_c$ Schnittgeschwindigkeit $\frac{m}{min}$<br><br>$a_e = b$ |

**Beispiel**

$L = 403\,mm$

$f_z = 0{,}1\,mm$

$n = 90\,\frac{1}{min}$

$i = 1$

$z = 8$

$t_h = ?$

$$t_h = \frac{L \cdot i}{f_z \cdot z \cdot n}$$

$$t_h = \frac{403\,mm \cdot 1}{0{,}1\,mm \cdot 8 \cdot 90\,\frac{1}{min}} = 5{,}6\,\frac{\cancel{mm} \cdot min}{\cancel{mm}} = \underline{\underline{5{,}6\,min}}$$

3

handwerk-technik.de

## Hauptnutzungszeit beim Stirn-Planfräsen 2

| Formelzeichen / Einheiten | | | Formel / Formelumstellung | Abbildung |
|---|---|---|---|---|
| $L$ | Vorschubweg | mm | $L = l_w + l_a + l_ü + \frac{d}{2} - l_s$ [1] (für Schruppen) | **Hauptnutzungszeit beim außermittigen Stirn-Planfräsen (Walzenstirnfräser)** |
| $l_w$ | Werkstücklänge | mm | $l_s = \sqrt{\frac{d^2}{4} - \left(\frac{a_e}{2} + x\right)^2}$ | 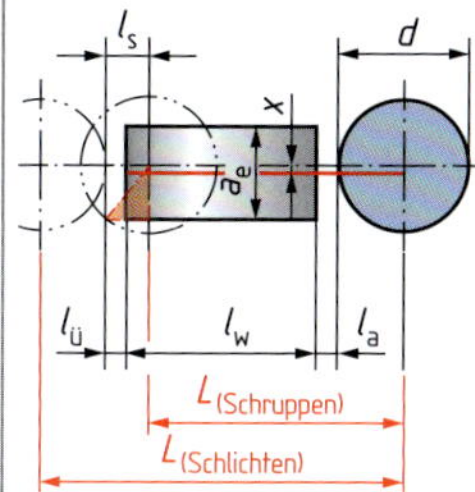 |
| $l_a$ | Anlaufweg | mm | $L = l_w + l_a + l_ü + d$ (für Schlichten) | |
| $l_ü$ | Überlaufweg | mm | $t_h = \frac{L \cdot i}{v_f}$ | |
| $d$ | Fräserdurchmesser | mm | $L = \frac{t_h \cdot v_f}{i}$ $\quad i = \frac{t_h \cdot v_f}{L}$ $\quad v_f = \frac{L \cdot i}{t_h}$ | |
| $l_s$ | Anschnitt (Fräserzugabe) | mm | $v_f = f_z \cdot z \cdot n$ (mit $v_f = f \cdot n$ $\quad f = f_z \cdot z$) | |
| $a_e$ | Arbeitseingriff | mm | $f_z = \frac{v_f}{z \cdot n}$ $\quad z = \frac{v_f}{f_z \cdot n}$ $\quad n = \frac{v_f}{f_z \cdot z}$ | |
| $t_h$ | Hauptnutzungszeit | min | $t_h = \frac{L \cdot i}{f_z \cdot z \cdot n}$ | |
| $i$ | Anzahl der Schnitte | | $n = \frac{v_c}{\pi \cdot d}$ $\quad v_c = n \cdot \pi \cdot d$ $\quad d = \frac{v_c}{n \cdot \pi}$ | |
| $v_f$ | Vorschubgeschwindigkeit | $\frac{mm}{min}$ | | |
| $f_z$ | Vorschub je Zahn | mm | | |
| $z$ | Zähnezahl am Fräswerkzeug | | | |
| $n$ | Umdrehungsfrequenz des Fräsers (Drehzahl) | $\frac{1}{min}$ | | |
| $f$ | Werkzeugvorschub pro Umdrehung | mm | | |
| $x$ | Mittenversatz | mm | | |
| $v_c$ | Schnittgeschwindigkeit | $\frac{m}{min}$ | | |

[1] Ohne weitere Angabe ist $l_a = l_ü = 1{,}5$ mm anzunehmen.

**Beispiel**

$L = 323$ mm
$f_z = 0{,}1$ mm
$n = \frac{1}{min}$
$i = 1$
$z = 8$
$t_h = ?$

$$t_h = \frac{L \cdot i}{f_z \cdot z \cdot n}$$

$$t_h = \frac{323\,\text{mm} \cdot 1}{0{,}1\,\text{mm} \cdot 8 \cdot 85\,\frac{1}{\text{min}}} = 4{,}75\,\frac{\cancel{\text{mm}} \cdot \text{min}}{\cancel{\text{mm}}} = \underline{\underline{4{,}75\,\text{min}}}$$

3

## Hauptnutzungszeit beim Nutenfräsen

| Abbildung | Formel / Formelumstellung | Formelzeichen / Einheiten |
|---|---|---|
| **Hauptnutzungszeit beim Nutenfräsen (Nutenfräser)** | **einseitig offen:** $L = l - \frac{d}{2} + l_ü$ [1)] **geschlossen:** $L = l - d$ | $L$ Vorschubweg mm |
| | $i = \frac{t + l_a}{a_p}$ [1)] (Anzahl der Schnitte) | $l$ Nutlänge mm |
| | $t_h = \frac{L \cdot i}{v_f}$ | $d$ Fräserdurchmesser mm |
| | $L = \frac{t_h \cdot v_f}{i}$ $i = \frac{t_h \cdot v_f}{L}$ $v_f = \frac{L \cdot i}{t_h}$ | $l_ü$ Überlaufweg mm |
| | $v_f = f_z \cdot z \cdot n$ (mit $v_f = f \cdot n$ $f = f_z \cdot z$) | $t$ Frästiefe (Nuttiefe) mm |
| | $f_z = \frac{v_f}{z \cdot n}$ $z = \frac{v_f}{f_z \cdot n}$ $n = \frac{v_f}{f_z \cdot z}$ | $l_a$ Anlaufweg mm |
| | $t_h = \frac{L \cdot i}{f_z \cdot z \cdot n}$ | $a_p$ Schnitttiefe (Spanungstiefe) mm |
| | $n = \frac{v_c}{\pi \cdot d}$ $v_c = n \cdot \pi \cdot d$ $d = \frac{v_c}{n \cdot \pi}$ | $t_h$ Hauptnutzungszeit min |
| | | $i$ Anzahl der Schnitte |
| | | $v_f$ Vorschubgeschwindigkeit $\frac{mm}{min}$ |
| | | $f_z$ Vorschub je Zahn mm |
| | | $z$ Zähnezahl am Fräswerkzeug |
| | | $n$ Umdrehungsfrequenz des Fräsers (Drehzahl) $\frac{1}{min}$ |
| | | $f$ Werkzeugvorschub pro Umdrehung mm |
| | | $v_c$ Schnittgeschwindigkeit $\frac{m}{min}$ |

einseitig offen:

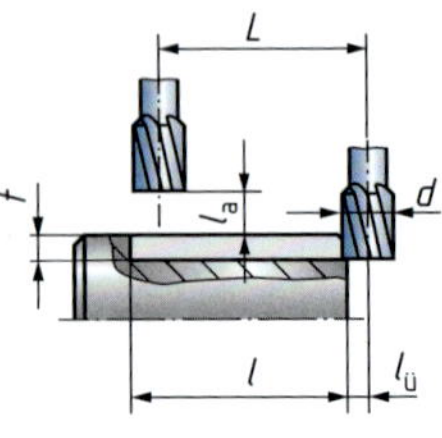


geschlossen:

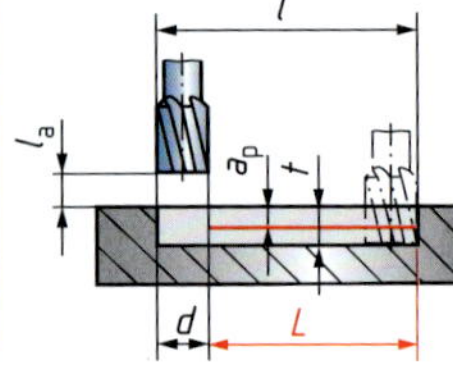


1) Ohne weitere Angabe ist $l_a = l_ü = 1{,}5$ mm anzunehmen.

**Beispiel**

$L = 67{,}5$ mm

$i = 3$

$v_f = 140 \frac{mm}{min}$

$t_h = ?$

$$t_h = \frac{L \cdot i}{v_f}$$

$$t_h = \frac{67{,}5\,mm \cdot 3}{140\,\frac{mm}{min}} = 1{,}45\,\frac{\cancel{mm} \cdot min}{\cancel{mm}} = \underline{\underline{1{,}45\,min}}$$

## Hauptnutzungszeit beim Schleifen 1

| Formelzeichen / Einheiten | | | Formel / Formelumstellung | | | Abbildung |
|---|---|---|---|---|---|---|
| $L$ | Vorschubweg | mm | $L = l_w + l_a + l_ü$ [1] | | | **Hauptnutzungszeit beim Flachschleifen, Umfangs-Planschleifen (ohne Ansatz)** |
| $l_w$ | Werkstücklänge | mm | $t_h = \frac{i}{n} \cdot \left(\frac{B}{f} + 1\right)$ | | | |
| $l_a$ | Anlaufweg | mm | $B = b_w - \frac{1}{3} \cdot b_s$ | | | |
| $l_ü$ | Überlaufweg | mm | $n = \frac{v_w}{L}$ | $v_w = n \cdot L$ | $L = \frac{v_w}{n}$ | |
| $t_h$ | Hauptnutzungszeit | min | $v_w = \frac{L}{t}$ | $L = v_w \cdot t$ | $t = \frac{L}{v_w}$ | |
| $i$ | Anzahl der Schliffe, Schnitte, Zustellungen | | $i = \frac{t_z}{a_e} + 4$ [2] | (Anzahl der Schnitte = Anzahl der Zustellungen $a_e$ bis zum Fertigmaß) | | |
| $n$ | Hubzahl je Minute | $\frac{1}{min}$ | $n_s = \frac{v_c}{\pi \cdot d}$ | $v_c = n_s \cdot \pi \cdot d$ | $d = \frac{v_c}{n_s \cdot \pi}$ | |
| $B$ | Schleifbreite | mm | | | | |
| $f$ | Quervorschub je Hub | mm | | | | |
| $v_w$ | Vorschubgeschwindigkeit, Werkstückgeschwindigkeit | $\frac{mm}{min}$ | | | | |
| $b_w$ | Werkstückbreite | mm | | | | |
| $b_s$ | Schleifscheibenbreite | mm | | | | |
| $t$ | Zeit pro Hub | min | | | | |
| $t_z$ | Schleifzugabe, -aufmaß | mm | | | | |
| $a_e$ | Schnitttiefe (Spanungstiefe) | mm | | | | |
| $n_s$ | Umdrehungsfrequenz der Schleifscheibe (Drehzahl) | $\frac{1}{min}$ | | | | |
| $v_c$ | Schnittgeschwindigkeit | $\frac{m}{s}$ | | | | |
| $d$ | Schleifscheibendurchmesser | mm | | | | |



[1] Ohne weitere Angabe ist $l_a = l_ü = 10\,mm$ anzunehmen.

[2] 4 Schnitte zum Ausfeuern

**Beispiel**

$i = 21$

$B = 70\,mm$

$n = 24\,\frac{1}{min}$

$f = 18\,mm$

$t_h = ?$

$$t_h = \frac{i}{n} \cdot \left(\frac{B}{f} + 1\right)$$

$$t_h = \frac{21}{24\,\frac{1}{min}} \cdot \left(\frac{70\,mm}{18\,mm} + 1\right) = 4{,}28\,min \cdot \frac{\cancel{mm}}{\cancel{mm}} = \underline{\underline{4{,}28\,min}}$$

3

## Hauptnutzungszeit beim Schleifen 2

| Abbildung | Formel / Formelumstellung | | | Formelzeichen / Einheiten | | |
|---|---|---|---|---|---|---|
| **Hauptnutzungszeit beim Flachschleifen, Umfangs-Planschleifen (mit Ansatz)** | $L = l_w + l_a + l_ü$ [1)] | | | $L$ | Vorschubweg | mm |
| 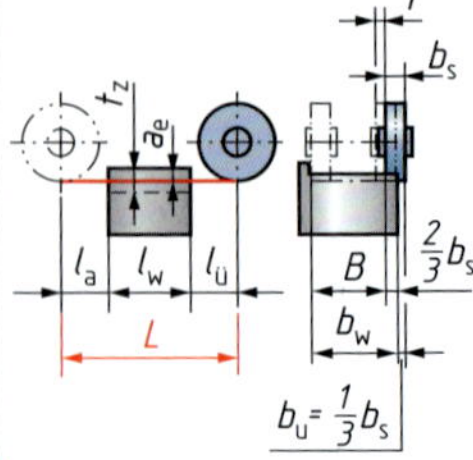  | $t_h = \frac{i}{n} \cdot \left(\frac{B}{f} + 1\right)$ | | | $l_w$ | Werkstücklänge | mm |
| | $B = b_w - \frac{2}{3} \cdot b_s$ | | | $l_a$ | Anlaufweg | mm |
| | $n = \frac{v_w}{L}$ | $v_w = n \cdot L$ | $L = \frac{v_w}{n}$ | $l_ü$ | Überlaufweg | mm |
| | $v_w = \frac{L}{t}$ | $L = v_w \cdot t$ | $t = \frac{L}{v_w}$ | $t_h$ | Hauptnutzungszeit | min |
| | $i = \frac{t_z}{a_e} + 4$ [2)] | (Anzahl der Schnitte = Anzahl der Zustellungen $a_e$ bis zum Fertigmaß) | | $i$ | Anzahl der Schliffe, Schnitte, Zustellungen | |
| | $n_s = \frac{v_c}{\pi \cdot d}$ | $v_c = n_s \cdot \pi \cdot d$ | $d = \frac{v_c}{n_s \cdot \pi}$ | $n$ | Hubzahl je Minute | $\frac{1}{min}$ |
| | | | | $B$ | Schleifbreite | mm |
| | | | | $f$ | Quervorschub je Hub | mm |
| | | | | $v_w$ | Vorschubgeschwindigkeit, Werkstückgeschwindigkeit | $\frac{mm}{min}$ |
| | | | | $b_w$ | Werkstückbreite | mm |
| | | | | $b_s$ | Schleifscheibenbreite | mm |
| | | | | $t$ | Zeit pro Hub | min |
| | | | | $t_z$ | Schleifzugabe, -aufmaß | mm |
| | | | | $a_e$ | Schnitttiefe (Spanungstiefe) | mm |
| | | | | $n_s$ | Umdrehungsfrequenz der Schleifscheibe (Drehzahl) | $\frac{1}{min}$ |
| | | | | $v_c$ | Schnittgeschwindigkeit | $\frac{m}{s}$ |
| | [1)] Ohne weitere Angabe ist $l_a = l_ü = 10\,mm$ anzunehmen.<br>[2)] 4 Schnitte zum Ausfeuern | | | $d$ | Schleifscheibendurchmesser | mm |

**Beispiel**

$i = 25$

$B = 85\,mm$

$n = 24\,\frac{1}{min}$

$f = 15\,mm$

$t_h = ?$

$$t_h = \frac{i}{n} \cdot \left(\frac{B}{f} + 1\right)$$

$$t_h = \frac{25}{24\,\frac{1}{min}} \cdot \left(\frac{85\,mm}{15\,mm} + 1\right) = 6{,}94\,min \cdot \frac{\cancel{mm}}{\cancel{mm}} = \underline{\underline{6{,}94\,min}}$$

## Hauptnutzungszeit beim Schleifen 3

| Formelzeichen / Einheiten | | | Formel / Formelumstellung | | | Abbildung |
|---|---|---|---|---|---|---|
| $L$ | Vorschubweg | mm | $L = l_w - \frac{1}{3} \cdot b_s$ | | | **Hauptnutzungszeit beim Längs-Rundschleifen (ohne Ansatz)** |
| $l_w$ | Werkstücklänge | mm | $t_h = \frac{L \cdot i}{f \cdot n}$ | $L = \frac{t_h \cdot f \cdot n}{i}$ | $i = \frac{t_h \cdot f \cdot n}{L}$ | 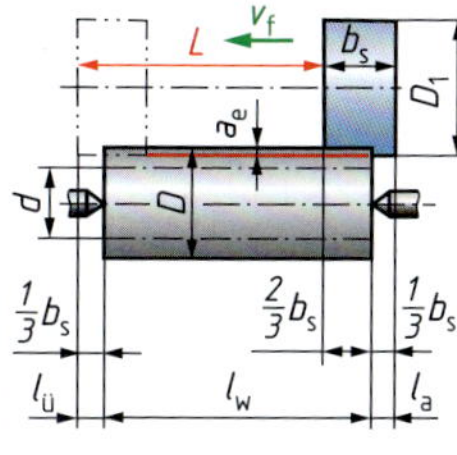 |
| $b_s$ | Schleifscheibenbreite | mm | | $f = \frac{L \cdot i}{t_h \cdot n}$ | $n = \frac{L \cdot i}{t_h \cdot f}$ | |
| $t_h$ | Hauptnutzungszeit | min | $v_f = D \cdot \pi \cdot n$ | $n = \frac{v_f}{D \cdot \pi}$ | $D = \frac{v_f}{\pi \cdot n}$ | |
| $i$ | Anzahl der Schliffe, Schnitte, Zustellungen | | $v_c = n_s \cdot \pi \cdot D_1$ | $n_s = \frac{v_c}{\pi \cdot D_1}$ | $D_1 = \frac{v_c}{n_s \cdot \pi}$ | |
| $f$ | Vorschub je Werkstückumdrehung | mm | **Außenrundschleifen:** | | | |
| $n$ | Umdrehungsfrequenz des Werkstücks (Drehzahl) | $\frac{1}{\text{min}}$ | $i = \frac{D - d}{2 \cdot a_e} + 4$ [1] | | | |
| $v_f$ | Vorschubgeschwindigkeit | $\frac{\text{mm}}{\text{min}}$ | **Innenrundschleifen:** | | | |
| $D$ | Ausgangsdurchmesser des Werkstücks | mm | $i = \frac{d - D}{2 \cdot a_e} + 4$ [1] | | | |
| $v_c$ | Schnittgeschwindigkeit der Schleifscheibe | $\frac{\text{m}}{\text{s}}$ | | | | |
| $n_s$ | Umdrehungsfrequenz der Schleifscheibe (Drehzahl) | $\frac{1}{\text{min}}$ | | | | |
| $d$ | Fertigdurchmesser des Werkstücks | mm | | | | |
| $D_1$ | Schleifscheibendurchmesser | mm | | | | |
| $a_e$ | Schnitttiefe (Spanungstiefe) | mm | [1] 4 Schnitte zum Ausfeuern | | | |



**Beispiel**

$L = 73{,}3\,\text{mm}$

$f = 2\,\text{mm}$

$i = 14$

$n = 75\,\frac{1}{\text{min}}$

$t_h = ?$

$$t_h = \frac{L \cdot i}{f \cdot n}$$

$$t_h = \frac{73{,}3\,\text{mm} \cdot 14}{2\,\text{mm} \cdot 75\,\frac{1}{\text{min}}} = 6{,}8\,\frac{\cancel{\text{mm}} \cdot \text{min}}{\cancel{\text{mm}}} = \underline{\underline{6{,}8\,\text{min}}}$$

3

## Hauptnutzungszeit beim Schleifen 4

| Abbildung | Formel / Formelumstellung | Formelzeichen / Einheiten |
|---|---|---|
| **Hauptnutzungszeit beim Längs-Rundschleifen**<br>**(mit Ansatz)**<br>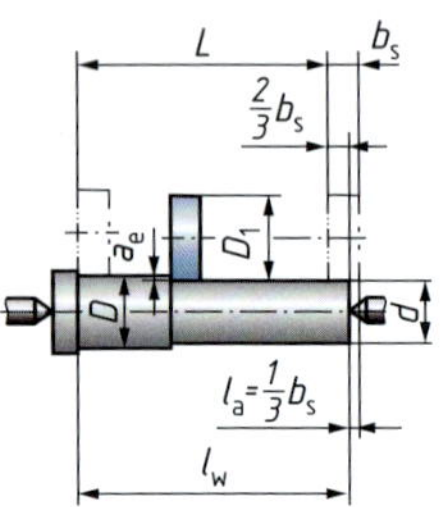<br> | $L = l_w - \frac{2}{3} \cdot b_s$<br><br>$t_h = \frac{L \cdot i}{f \cdot n}$   $L = \frac{t_h \cdot f \cdot n}{i}$   $i = \frac{t_h \cdot f \cdot n}{L}$<br>$f = \frac{L \cdot i}{t_h \cdot n}$   $n = \frac{L \cdot i}{t_h \cdot f}$<br><br>$v_f = D \cdot \pi \cdot n$   $n = \frac{v_f}{D \cdot \pi}$   $D = \frac{v_f}{\pi \cdot n}$<br><br>$v_c = n_s \cdot \pi \cdot D_1$   $n_s = \frac{v_c}{\pi \cdot D_1}$   $D_1 = \frac{v_c}{n_s \cdot \pi}$<br><br>**Außenrundschleifen:**<br>$i = \frac{D - d}{2 \cdot a_e} + 4$ [1)]<br><br>**Innenrundschleifen:**<br>$i = \frac{d - D}{2 \cdot a_e} + 4$ [1)]<br><br>1) 4 Schnitte zum Ausfeuern | $L$ Vorschubweg – mm<br>$l_w$ Schleifweg – mm<br>$b_s$ Schleifscheibenbreite – mm<br>$t_h$ Hauptnutzungszeit – min<br>$i$ Anzahl der Schliffe, Schnitte, Zustellungen<br>$f$ Vorschub je Werkstückumdrehung – mm<br>$n$ Umdrehungsfrequenz des Werkstücks (Drehzahl) – $\frac{1}{\text{min}}$<br>$v_f$ Vorschubgeschwindigkeit – $\frac{\text{mm}}{\text{min}}$<br>$D$ Ausgangsdurchmesser des Werkstücks – mm<br>$v_c$ Schnittgeschwindigkeit der Schleifscheibe – $\frac{\text{m}}{\text{s}}$<br>$n_s$ Umdrehungsfrequenz der Schleifscheibe (Drehzahl) – $\frac{1}{\text{min}}$<br>$d$ Fertigdurchmesser des Werkstücks – mm<br>$D_1$ Schleifscheibendurchmesser – mm<br>$a_e$ Schnitttiefe (Spanungstiefe) – mm |

**Beispiel**

$L = 60\,\text{mm}$

$f = 3\,\text{mm}$

$i = 14$

$n = 75\,\frac{1}{\text{min}}$

$t_h = ?$

$$t_h = \frac{L \cdot i}{f \cdot n}$$

$$t_h = \frac{60\,\text{mm} \cdot 14}{3\,\text{mm} \cdot 75\,\frac{1}{\text{min}}} = 3{,}7\,\frac{\cancel{\text{mm}} \cdot \text{min}}{\cancel{\text{mm}}} = \underline{\underline{3{,}7\,\text{min}}}$$

## Direktes Teilen mit dem Teilkopf

| Formelzeichen / Einheiten | Formel / Formelumstellung | Abbildung |
|---|---|---|
| $n_l$ Zahl der Löcher oder Nuten, um die bei einem Teilschritt weitergedreht werden muss<br>$n_L$ Zahl der Löcher oder Nuten auf der Teilscheibe<br>$T$ Teilzahl, verlangte Zahl der Teile auf dem Kreisumfang<br>$\alpha$ Winkelteilung des Werkstücks in ° (Grad)<br><br>Beim direkten Teilen ist die Schnecke außer Eingriff und die Klemmung gelöst. Die Teilkopfspindel mit Teilscheibe und Werkstück wird von Hand nach Bedarf verdreht. | $n_l = \frac{n_L}{T}$ ($n_l$ muss ohne Rest aufgehen)<br>$n_L = n_l \cdot T$<br>$T = \frac{n_L}{n_l}$<br>$n_l = \frac{n_L \cdot \alpha}{360°}$<br>$n_L = \frac{360° \cdot n_l}{\alpha}$<br>$\alpha = \frac{360° \cdot n_l}{n_L}$ | **Direktes Teilen mit dem Teilkopf**<br>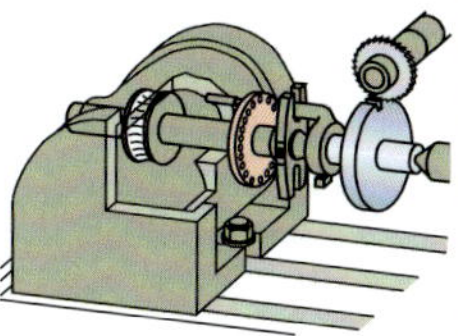<br>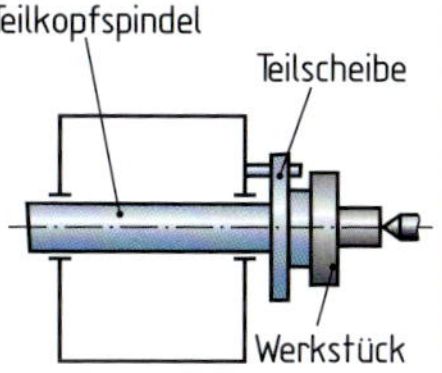<br> |

**Beispiel**

$n_L = 24$

$T = 6$

$n_l = ?$

$n_l = \frac{n_L}{T}$

$n_l = \frac{24}{6} = 4$

## Indirektes Teilen mit dem Teilkopf

| Abbildung | Formel / Formelumstellung | Formelzeichen / Einheiten |
|---|---|---|

**Indirektes Teilen mit dem Teilkopf**

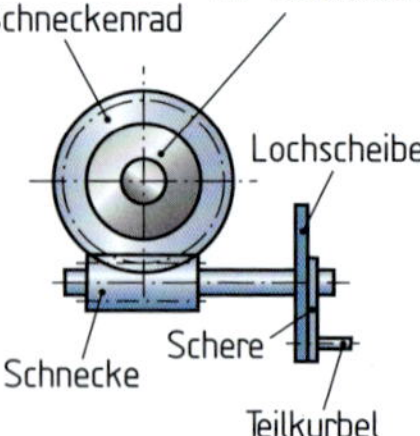


$$n_k = \frac{i}{T}$$

$$i = n_k \cdot T \qquad T = \frac{i}{n_k}$$

$$n_k = \frac{\alpha \cdot i}{360°}$$

$$i = \frac{n_k \cdot 360°}{\alpha} \qquad \alpha = \frac{n_k \cdot 360°}{i}$$

$$n_k = \frac{i \cdot l_B}{\pi \cdot d}$$

$$i = \frac{n_k \cdot d \cdot \pi}{l_B} \qquad l_B = \frac{n_k \cdot d \cdot \pi}{i} \qquad d = \frac{i \cdot l_B}{\pi \cdot n_k}$$

| Lochkreise der Lochscheiben |
|---|
| 15-16-17-18-19-20-21-23-27-29-31-33-37-39-41-43-47-49 |
| oder |
| 17-19-23-24-25-27-28-29-30-31-33-37-39-41-42-43-47-49-51-53-57-59-61-63 |

| Zeichen | Bedeutung | Einheit |
|---|---|---|
| $n_k$ | Zahl der Teilkurbelumdrehungen für einen Teilschritt | |
| $i$ | Übersetzungsverhältnis des Teilkopfes (Kurbel-Werkstück, üblicher Wert 40 : 1) | |
| $T$ | Teilzahl, verlangte Zahl der Teile auf dem Kreisumfang | |
| $\alpha$ | Winkelteilung des Werkstücks | in ° (Grad) |
| $l_B$ | Bogenteilung Werkstück | mm |
| $d$ | Teilkreisdurchmesser des Werkstücks | mm |

Beim indirekten Teilen ist die Schnecke im Eingriff. Die Teilkopfspindel wird über die Teilkurbel mit Indexstift, der in die Lochscheibe eingreift, verdreht (Universalteilapparat).

**Beispiel**

$i = 40$

$T = 20$

$n_k = ?$

$$n_k = \frac{i}{T}$$

$$n_k = \frac{40}{20} = \underline{\underline{2}}$$



3

## Differentialteilen mit dem Teilkopf

| Formelzeichen / Einheiten | Formel / Formelumstellung | Abbildung |
|---|---|---|
| $n_k$ Zahl der Teilkurbelumdrehungen für einen Teilschritt<br>$i$ Übersetzungsverhältnis des Teilkopfes (Kurbel-Werkstück, üblicher Wert 40 : 1)<br>$T'$ Ersatzteilzahl (Hilfsteilzahl)<br>$z_t$ Zähnezahl der treibenden Räder ($z_1, z_3$)<br>$z_g$ Zähnezahl der getriebenen Räder ($z_2, z_4$)<br>$T$ Teilzahl, verlangte Zahl der Teile auf dem Kreisumfang | $n_k = \frac{i}{T'}$<br>$i = n_k \cdot T'$<br>$T' = \frac{i}{n_k}$<br>$\frac{z_t}{z_g} = \frac{i}{T'}(T' - T)$<br>$T = T' - \left( \pm \frac{z_t}{z_g}^{1)} \cdot \frac{T'}{i} \right)$<br>$\frac{z_t}{z_g} = \frac{z_1}{z_2} \cdot \frac{z_3}{z_4}$ | **Differentialteilen mit dem Teilkopf**<br>**(Ausgleichsteilen)**<br>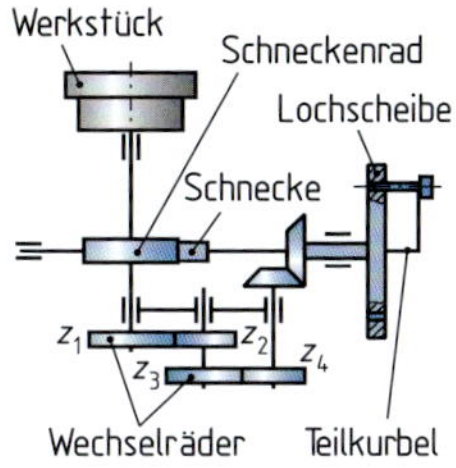<br> |

| Zähnezahlen des Wechselrädersatzes |
|---|
| 24-26-28-30-32-36-37-40-48-49-56-60-64-66-68-72-76-78-80-84-86-90-96-100-112 |

[1] Ein positives Ergebnis von $\frac{z_t}{z_g}$ bedeutet, dass Teilkurbel und Lochscheibe den gleichen Drehsinn besitzen. Ist das Ergebnis negativ, so ist der Drehsinn entgegengesetzt. Ggf. ist ein Zwischenrad erforderlich. Eine einfache Übersetzung mit Zwischenrad erfordert ein weiteres Zwischenrad.

**Beispiel**

$i = 40$

$T' = 5$

$n_k = ?$

$$n_k = \frac{i}{T'}$$

$$n_k = \frac{40}{5} = \underline{\underline{8}}$$

## Wendelnutenfräsen mit dem Teilkopf

| Abbildung | Formel / Formelumstellung | Formelzeichen / Einheiten |
|---|---|---|
| **Wendelnutenfräsen (Schraubfräsen) mit dem Teilkopf**<br>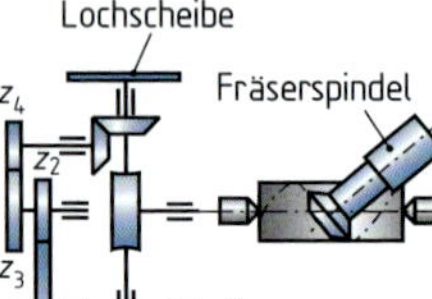<br> | $\tan\alpha = \frac{P}{d \cdot \pi}$<br>$P = d \cdot \pi \cdot \tan\alpha$ $\quad d = \frac{P}{\pi \cdot \tan\alpha}$<br>$\cot\beta = \frac{P}{d \cdot \pi}$ $\quad \beta = 90° - \alpha$<br>$P = d \cdot \pi \cdot \cot\beta$<br>$d = \frac{P}{\pi \cdot \cot\beta}$<br>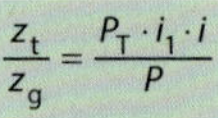<br>$\frac{z_t}{z_g} = \frac{P_T \cdot i_1 \cdot i}{P}$<br>$P_T = \frac{z_t \cdot P}{z_g \cdot i_1 \cdot i}$ $\quad P = \frac{z_g \cdot P_T \cdot i_1 \cdot i}{z_t}$<br>$i_1 = \frac{z_t \cdot P}{z_g \cdot P_T \cdot i}$ $\quad i = \frac{z_t \cdot P}{z_g \cdot P_T \cdot i_1}$ | $\alpha$ Steigungswinkel der Wendelnut — in ° (Grad)<br>$P$ Steigung der Wendel — mm<br>$d$ Werkstückdurchmesser — mm<br>$\beta$ Einstellung (Winkel) des Frästisches — in ° (Grad)<br>$z_t$ Zähnezahl der treibenden Räder ($z_1$, $z_3$)<br>$z_g$ Zähnezahl der getriebenen Räder ($z_2$, $z_4$)<br>$P_T$ Steigung der Tischspindel — mm<br>$i_1$ Übersetzungsverhältnis der Kegelräder<br>$i$ Übersetzungsverhältnis des Schneckentriebes |

**Beispiel**

$d = 35\,\text{mm}$

$\alpha = 40°$

$P = ?$

$P = d \cdot \pi \cdot \tan\alpha$

$P = 35\,\text{mm} \cdot \pi \cdot \tan 40° = \underline{\underline{92{,}3\,\text{mm}}}$

## Tiefziehen 1

| Formelzeichen / Einheiten | | | Formel / Formelumstellung | Abbildung |
|---|---|---|---|---|
| $\beta$ | Ziehverhältnis | | **Tiefziehverhältnis $\beta$** | **Ziehstufen und -verhältnisse** |
| $\beta_1$ | Ziehverhältnis für 1. Zug | | $\beta = \frac{\text{Durchmesser vor dem Ziehen}}{\text{Durchmesser nach dem Ziehen}}$ | 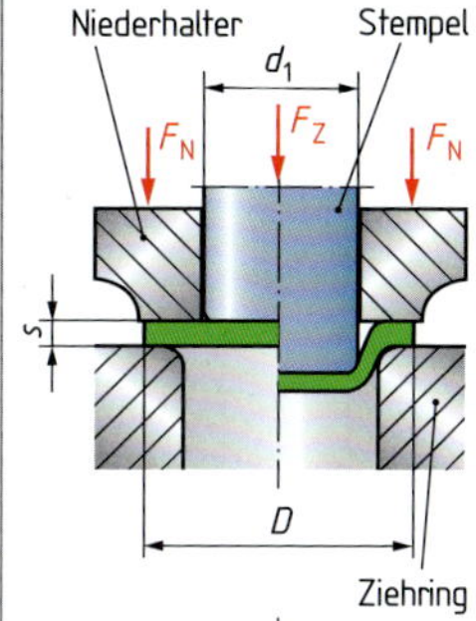 |
| $D$ | Zuschnittdurchmesser der Ronde | mm | **1. Zug** | |
| $d_1$ | Stempeldurchmesser 1. Zug | mm | $\beta_1 = \frac{D}{d_1}$ $D = \beta_1 \cdot d_1$ $d_1 = \frac{D}{\beta_1}$ | 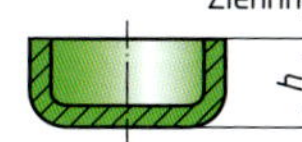 |
| $\beta_2$ | Ziehverhältnis für 2. Zug | | **2. Zug** | |
| $d_2$ | Stempeldurchmesser 2. Zug | mm | $\beta_2 = \frac{d_1}{d_2}$ $d_1 = \beta_2 \cdot d_2$ $d_2 = \frac{d_1}{\beta_2}$ | |
| $\beta_3$ | Ziehverhältnis für 3. Zug | | **3. Zug (usw.)** | |
| $d_3$ | Stempeldurchmesser 3. Zug | mm | $\beta_3 = \frac{d_2}{d_3}$ $d_2 = \beta_3 \cdot d_3$ $d_3 = \frac{d_2}{\beta_3}$ | |
| $\beta_{ges}$ | Gesamtziehverhältnis | | $\beta_{ges} = \beta_1 \cdot \beta_2 \cdot \beta_3 \ldots$ | |
| $F_N$ | Niederhalterkraft | (z. B.) N | | |
| $F_Z$ | Tiefziehkraft | (z. B.) N | | |
| $s$ | Blechdicke | mm | | |
| $h$ | Napfhöhe | mm | | |

**Beispiel**

$D = 100\,\text{mm}$

$d_1 = 50\,\text{mm}$

$\beta_1 = ?$

$$\beta_1 = \frac{D}{d_1} = \frac{100\,\text{mm}}{50\,\text{mm}} = \underline{\underline{2}}$$

3

## Tiefziehen 2

| Abbildung | Formel / Formelumstellung | Formelzeichen / Einheiten |
|---|---|---|

**Kräfte beim Tiefziehen**

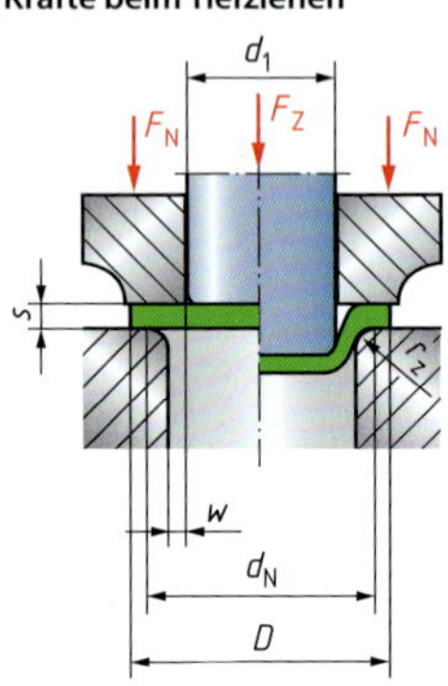


**Tiefziehkraft (für Erstzug)**

$$F_Z = \pi \cdot (d_1 + s) \cdot s \cdot R_m \cdot 1{,}2 \cdot \frac{\beta_1 - 1}{\beta_{1\,max} - 1}$$

**Bodenreißkraft**

$$F_B = \pi \cdot (d_1 + s) \cdot s \cdot R_m$$

**Auflagedurchmesser Niederhalter**

$$d_N = 2 \cdot (r_Z + w) + d_1$$

$$r_Z = \frac{d_N - d_1}{2} - w \qquad w = \frac{d_N - d_1}{2} - r_Z$$

**Niederhalterkraft**

$$F_N = \frac{1}{4} \cdot \pi \cdot (D^2 - d_N^2) \cdot p$$

$$D = \sqrt{\frac{4 \cdot F_N}{\pi \cdot p} + d_N^2} \qquad d_N = \sqrt{D^2 - \frac{4 \cdot F_N}{\pi \cdot p}} \qquad p = \frac{4}{\pi} \cdot \frac{F_N}{(D^2 - d_N^2)}$$

**Presskraft**

$$F = F_Z + F_N \qquad F_Z = F - F_N \qquad F_N = F - F_Z$$

| Formelzeichen | Bedeutung | Einheit |
|---|---|---|
| $F_Z$ | Tiefziehkraft | N |
| $d_1$ | Stempeldurchmesser | mm |
| $s$ | Blechdicke | mm |
| $R_m$ | Zugfestigkeit | $\frac{N}{mm^2}$ |
| $\beta_1$ | Ziehverhältnis (Erstzug) | |
| $\beta_{1\,max}$ | höchstmögliches Ziehverhältnis | |
| $F_B$ | Bodenreißkraft | N |
| $d_N$ | Auflagedurchmesser des Niederhalters | mm |
| $r_Z$ | Ziehringradius | mm |
| $w$ | Ziehspalt | mm |
| $F_N$ | Niederhalterkraft | N |
| $D$ | Zuschnittdurchmesser der Ronde | mm |
| $p$ | Niederhalterdruck | $\frac{N}{mm^2}$ |

| **Niederhalterdruck $p$ in $\frac{N}{mm^2}$** | |
|---|---|
| Al-Legierungen | 1,2 … 1,5 |
| Cu-Legierungen | 2,0 … 2,4 |
| Stahl | 2,5 |

**Beispiel**

$d_1 = 40\,mm$

$s = 1{,}2\,mm$

$R_m = 350\,\frac{N}{mm^2}$

$\beta_1 = 1{,}6 \qquad \beta_{1\,max} = 2{,}0$

$F_Z = ?$

$$F_Z = \pi \cdot (d_1 + s) \cdot s \cdot R_m \cdot 1{,}2 \cdot \frac{\beta_1 - 1}{\beta_{1\,max} - 1}$$

$$F_Z = \pi \cdot (40\,mm + 1{,}2\,mm) \cdot 1{,}2\,mm \cdot 350\,\frac{N}{mm^2} \cdot 1{,}2 \cdot \frac{1{,}6 - 1}{2{,}0 - 1} = 39141\,\frac{\cancel{mm^2} \cdot N}{\cancel{mm^2}} = \underline{\underline{39141\,N}}$$

3

## Tiefziehen 3

**Formelzeichen / Einheiten**

| | | |
|---|---|---|
| $r_Z$ | Ziehringradius | mm |
| $D$ | Zuschnittdurchmesser der Ronde | mm |
| $d$ | Stempeldurchmesser | mm |
| $s$ | Blechdicke | mm |
| $w$ | Ziehspalt | mm |
| $k$ | Werkstofffaktor | |
| $d_R$ | Ziehringdurchmesser | mm |
| $r_{St}$ | Stempelradius | mm |
| $r_{R1}$ | Ziehringradius (Erstzug) | mm |
| $d_{R1}$ | Ziehringdurchmesser (Erstzug) | mm |
| $r_{R2}$ | Ziehringradius (Weiterzug) | mm |
| $d_{R2}$ | Ziehringdurchmesser (Weiterzug) | mm |
| $F_N$ | Niederhalterkraft | (z. B.) N |
| $F_Z$ | Tiefziehkraft | (z. B.) N |

| Werkstofffaktor *k* | |
|---|---|
| Stahl | 0,07 |
| Aluminiumlegierung | 0,02 |
| Sonstige NE-Metalle | 0,04 |

**Formel / Formelumstellung**

$$r_Z = 0{,}035 \cdot \left[50 + (D - d)\right] \cdot \sqrt{s}$$

$$D = \frac{r_Z}{0{,}035 \cdot \sqrt{s}} - 50 + d$$

$$d = D + 50 - \frac{r_Z}{0{,}035 \cdot \sqrt{s}}$$

$$s = \left\{\frac{r_Z}{0{,}035 \cdot \left[50 + (D - d)\right]}\right\}^2$$

$$w = s + k \cdot \sqrt{10 \cdot s} \quad \text{oder} \quad w = \frac{d_R - d}{2}$$

$$r_{St} = (3 \ldots 5) \cdot s$$

$$r_{R1} = 0{,}6 \cdot \sqrt{(D - d_{R1}) \cdot s}$$

$$r_{R2} = 0{,}8 \cdot \sqrt{(D - d_{R2}) \cdot s}$$

**Abbildung**

**Maße am Tiefziehwerkzeug**

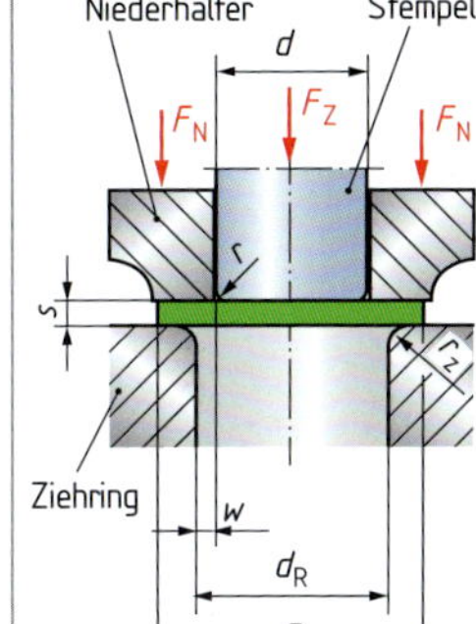


**Beispiel**

$D = 150\,\text{mm}$

$d = 75\,\text{mm}$

$s = 1{,}2\,\text{mm}$

$r_Z = ?$

$$r_Z = 0{,}035 \cdot \left[50 + (D - d)\right] \cdot \sqrt{s}$$

$$r_Z = 0{,}035 \cdot \left[50 + (150\,\text{mm} - 75\,\text{mm})\right] \cdot \sqrt{1{,}2\,\text{mm}} = \underline{\underline{4{,}79\,\text{mm}}}$$

## Tiefziehen 4

| Abbildung | Formel / Formelumstellung | Formelzeichen / Einheiten |
|---|---|---|

**Berechnung der Zuschnittdurchmesser 1 (Ronde)**

Ziehstempel
Niederhalter
D
d
Ziehring

### Formel / Formelumstellung

d
h

**ohne Rand**

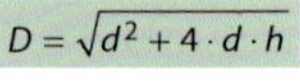

$$D = \sqrt{d^2 + 4 \cdot d \cdot h}$$

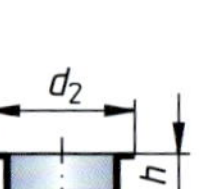


**mit Rand**

$$D = \sqrt{d_2^2 + 4 \cdot d_1 \cdot h}$$

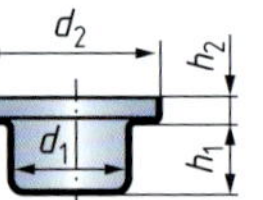


**ohne Rand**

$$D = \sqrt{d_2^2 + 4 \cdot (d_1 \cdot h_1 + d_2 \cdot h_2)}$$

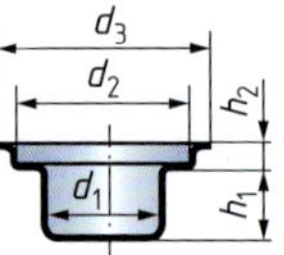


**mit Rand**

$$D = \sqrt{d_3^2 + 4 \cdot (d_1 \cdot h_1 + d_2 \cdot h_2)}$$

### Formelzeichen / Einheiten

| Zeichen | Bedeutung | Einheit |
|---|---|---|
| $D$ | Rondendurchmesser | mm |
| $d, d_1, d_2, \ldots$ | Ziehstempeldurchmesser bzw. Teildurchmesser (siehe Bild) | mm |
| $h, h_1, h_2, \ldots$ | Napfhöhe bzw. Teilhöhe (siehe Bild) | mm |

**Beispiel**

(oberstes Bild)

$d = 50\,\text{mm}$

$h = 35\,\text{mm}$

$D = ?$

$$D = \sqrt{d^2 + 4 \cdot d \cdot h}$$

$$D = \sqrt{(50\,\text{mm})^2 + 4 \cdot 50\,\text{mm} \cdot 35\,\text{mm}} \approx \underline{\underline{97{,}5\,\text{mm}}}$$

## Tiefziehen 5

| Formelzeichen / Einheiten | | | Formel / Formelumstellung | Abbildung |
|---|---|---|---|---|
| $D$ | Rondendurchmesser | mm | **ohne Rand** $D = \sqrt{d_1^2 + 4 \cdot d_2 \cdot l}$ | **Berechnung der Zuschnittdurchmesser 2 (Ronde)** |
| $d, d_1, d_2, \ldots$ | Ziehstempeldurchmesser bzw. Teildurchmesser (siehe Bild) | mm | **mit Rand** $D = \sqrt{d_1^2 + 4 \cdot d_2 \cdot l + \left(d_4^2 - d_3^2\right)}$ | Ziehstempel, Niederhalter, $D$, $d$, Ziehring |
| $h, h_1, h_2, \ldots$ | Napfhöhe bzw. Teilhöhe (siehe Bild) | mm | **ohne Rand** $D = \sqrt{d_1^2 + 4 \cdot d_2 \cdot l + 4 \cdot d_3 \cdot h}$ bzw. $D = \sqrt{d_1^2 + 2 \cdot \left(d_1 + d_3\right) \cdot l + 4 \cdot d_3 \cdot h}$ mit $d_2 = \frac{d_1 + d_3}{2}$ | |
| $l$ | Seitenlänge | mm | **mit Rand** $D = \sqrt{d_1^2 + 4 \cdot d_2 \cdot l + 4 \cdot d_3 \cdot h + \left(d_4^2 - d_3^2\right)}$ bzw. $D = \sqrt{d_1^2 + 2 \cdot \left(d_1 + d_3\right) \cdot l + 4 \cdot d_3 \cdot h + \left(d_4^2 - d_3^2\right)}$ mit $d_2 = \frac{d_1 + d_3}{2}$ | |

**Beispiel**

(oberstes Bild)

$d_1 = 30\,\text{mm}$

$d_2 = 60\,\text{mm}$

$l = 25\,\text{mm}$

$D = ?$

$$D = \sqrt{d_1^2 + 4 \cdot d_2 \cdot l}$$

$$D = \sqrt{(30\,\text{mm})^2 + 4 \cdot 60\,\text{mm} \cdot 25\,\text{mm}} \approx \underline{\underline{83{,}1\,\text{mm}}}$$



3

## Tiefziehen 6

| Abbildung | Formel / Formelumstellung | Formelzeichen / Einheiten |
|---|---|---|

**Berechnung der Zuschnittdurchmesser 3 (Ronde)**

Ziehstempel
Niederhalter
D
d
Ziehring

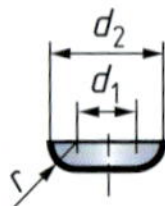


**ohne Rand**

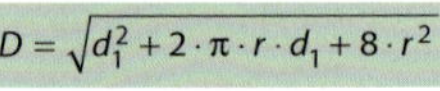

$$D = \sqrt{d_1^2 + 2 \cdot \pi \cdot r \cdot d_1 + 8 \cdot r^2}$$

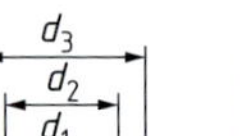


**mit Rand**

$$D = \sqrt{d_1^2 + 2 \cdot \pi \cdot r \cdot d_1 + 8 \cdot r^2 + \left(d_3^2 - d_2^2\right)}$$

**ohne Rand**

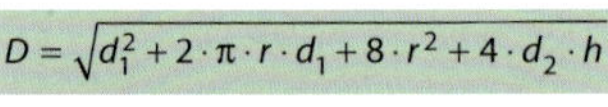

$$D = \sqrt{d_1^2 + 2 \cdot \pi \cdot r \cdot d_1 + 8 \cdot r^2 + 4 \cdot d_2 \cdot h}$$

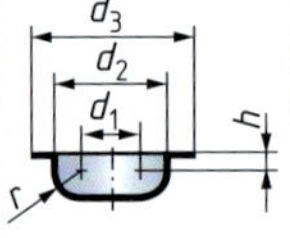


**mit Rand**

$$D = \sqrt{d_1^2 + 6{,}3 \cdot d_1 \cdot r + \left(d_3^2 - d_2^2\right) + 4 \cdot d_2 \cdot h}$$

| Formelzeichen | Bedeutung | Einheit |
|---|---|---|
| $D$ | Rondendurchmesser | mm |
| $d, d_1, d_2, \ldots$ | Ziehstempeldurchmesser bzw. Teildurchmesser (siehe Bild) | mm |
| $h, h_1, h_2, \ldots$ | Napfhöhe bzw. Teilhöhe (siehe Bild) | mm |
| $r$ | Radius | mm |

**Beispiel**

(oberstes Bild)

$d_1 = 20\,\text{mm}$

$r = 3\,\text{mm}$

$D = ?$

$$D = \sqrt{d_1^2 + 2 \cdot \pi \cdot r \cdot d_1 + 8 \cdot r^2}$$

$$D = \sqrt{(20\,\text{mm})^2 + 2 \cdot \pi \cdot 3\,\text{mm} \cdot 20\,\text{mm} + 8 \cdot (3\,\text{mm})^2} \approx \underline{\underline{29{,}1\,\text{mm}}}$$

## Tiefziehen 7

| Formelzeichen / Einheiten | | |
|---|---|---|
| $D$ | Rondendurchmesser | mm |
| $d, d_1, d_2, \ldots$ | Ziehstempeldurchmesser bzw. Teildurchmesser (siehe Bild) | mm |
| $h, h_1, h_2, \ldots$ | Napfhöhe bzw. Teilhöhe (siehe Bild) | mm |
| $r$ | Radius | mm |

**Formel / Formelumstellung**

**ohne Rand**

$$D = \sqrt{2 \cdot d_1^2}$$

oder

$$D = 1{,}414 \cdot d_1$$

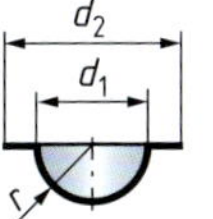

**mit Rand**

$$D = \sqrt{d_1^2 + d_2^2}$$

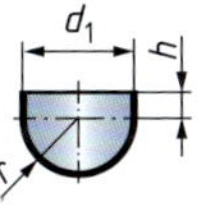

**ohne Rand**

$$D = \sqrt{2 \cdot d_1^2 + 4 \cdot d_1 \cdot h}$$

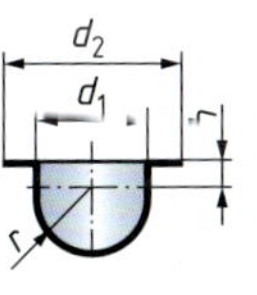

**mit Rand**

$$D = \sqrt{2 \cdot d_1^2 + 4 \cdot d_1 \cdot h + \left(d_2^2 - d_1^2\right)}$$

oder

$$D = \sqrt{d_1^2 + 4 \cdot d_1 \cdot h + d_2^2}$$

**Abbildung**

**Berechnung der Zuschnittdurchmesser 4 (Ronde)**

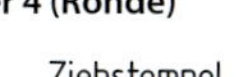


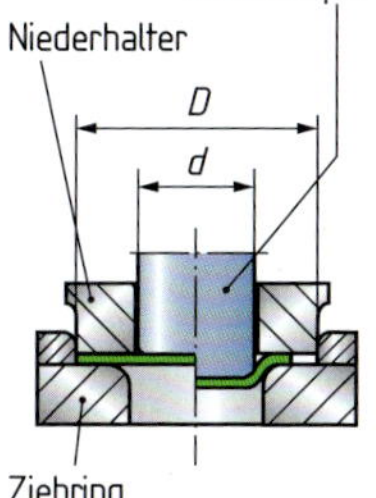


**Beispiel**

(oberstes Bild)

$d_1 = 60\,\text{mm}$

$D = ?$

$$D = \sqrt{2 \cdot d_1^2}$$

$$D = \sqrt{2 \cdot (60\,\text{mm})^2} \approx \underline{\underline{84{,}9\,\text{mm}}}$$



3

## Tiefziehen 8

| Abbildung | Formel / Formelumstellung | Formelzeichen / Einheiten |
|---|---|---|

**Berechnung der Zuschnittdurchmesser 5 (Ronde)**

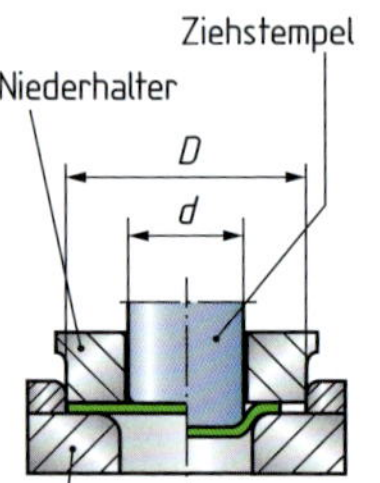


**Formel / Formelumstellung**

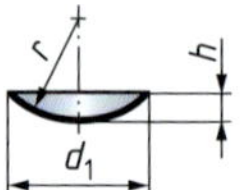


**ohne Rand**

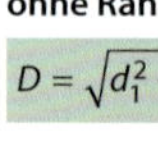

$$D = \sqrt{d_1^2 + 4 \cdot h^2}$$

**mit Rand**

$$D = \sqrt{d_2^2 + 4 \cdot h^2}$$

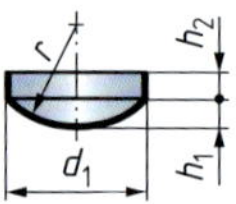


**ohne Rand**

$$D = \sqrt{d_1^2 + 4 \cdot h_1^2 + 4 \cdot d_1 \cdot h_2}$$

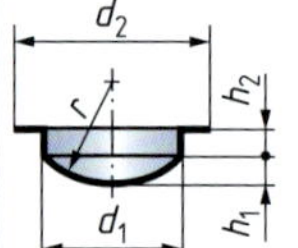


**mit Rand**

$$D = \sqrt{d_1^2 + 4 \cdot h_1^2 + 4 \cdot d_1 \cdot h_2 + \left(d_2^2 - d_1^2\right)}$$

oder

$$D = \sqrt{d_2^2 + 4 \cdot h_1^2 + 4 \cdot d_1 \cdot h_2}$$

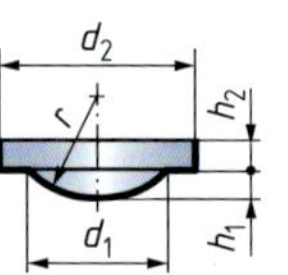


$$D = \sqrt{d_2^2 + 4 \cdot h_1^2 + 4 \cdot d_2 \cdot h_2}$$

**Formelzeichen / Einheiten**

| | | |
|---|---|---|
| $D$ | Rondendurchmesser | mm |
| $d, d_1, d_2, \ldots$ | Ziehstempeldurchmesser bzw. Teildurchmesser (siehe Bild) | mm |
| $h, h_1, h_2, \ldots$ | Napfhöhe bzw. Teilhöhe (siehe Bild) | mm |
| $r$ | Radius | mm |

**Beispiel**

(oberstes Bild)

$d_1 = 70\,\text{mm}$

$h = 20\,\text{mm}$

$D = ?$

$$D = \sqrt{d_1^2 + 4 \cdot h^2}$$

$$D = \sqrt{(70\,\text{mm})^2 + 4 \cdot (20\,\text{mm})^2} \approx \underline{\underline{80{,}6\,\text{mm}}}$$

3

## Erodieren, Funkenerosion

| Formelzeichen / Einheiten | | | Formel / Formelumstellung | | | Abbildung |
|---|---|---|---|---|---|---|
| $L$ | Schnittlänge, Vorschubweg | mm | $L = l_1 + l_2 + l_3 \ldots$ | | | **Hauptnutzungszeit beim Abtragen** |
| $l_1, l_2, l_3, \ldots$ | Einzelschnittlängen | mm | $t_h = \frac{L}{v_f}$ | $L = t_h \cdot v_f$ | $v_f = \frac{L}{t_h}$ | **Funkenerosives Schneiden (Drahterodieren)** 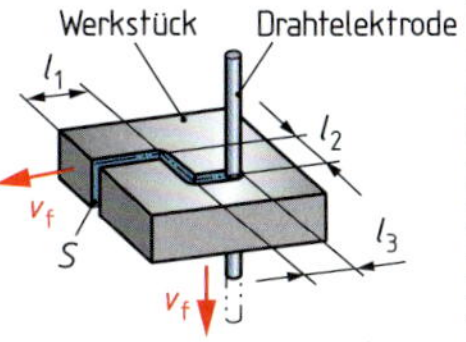  |
| $t_h$ | Hauptnutzungszeit | min | $t_h = \frac{V}{V_W}$ | $V = t_h \cdot V_W$ | $V_W = \frac{V}{t_h}$ | |
| $v_f$ | Vorschubgeschwindigkeit | $\frac{mm}{min}$ | $V_W = v_f \cdot S$ | $S = \frac{V_W}{v_f}$ | $v_f = \frac{V_W}{S}$ | |
| $V$ | abzutragendes Volumen | $mm^3$ | $t_h = \frac{V}{v_f \cdot S}$ | $V = t_h \cdot v_f \cdot S$ | $v_f = \frac{V}{t_h \cdot S}$ | **Funkenerosives Senken (Senkerodieren)** 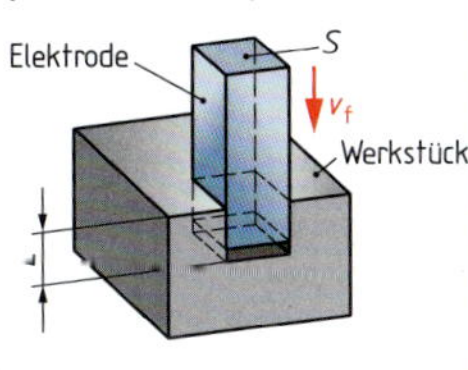  |
| $V_W$ | Abtragrate (spezifisches Abtragvolumen) | $\frac{mm^3}{min}$ | $V = S \cdot L$ | $S = \frac{V}{L}$ | $L = \frac{V}{S}$ | |
| $S$ | Querschnitt des abzutragenden Volumens | $mm^2$ | | | | |

**Beispiel**

$L = 250\,mm$

$v_f = 1{,}6\,mm/min$

$t_h = ?$

$$t_h = \frac{L}{v_f}$$

$$t_h = \frac{250\,mm}{1{,}6\,\frac{mm}{min}} = 156{,}25\,\frac{\cancel{mm} \cdot min}{\cancel{mm}} = \underline{\underline{156{,}25\,min}}$$



3

## Trennen durch Scherschneiden

| Abbildung | Formel / Formelumstellung | Formelzeichen / Einheiten |
|---|---|---|
| **Streifenausnutzung**<br>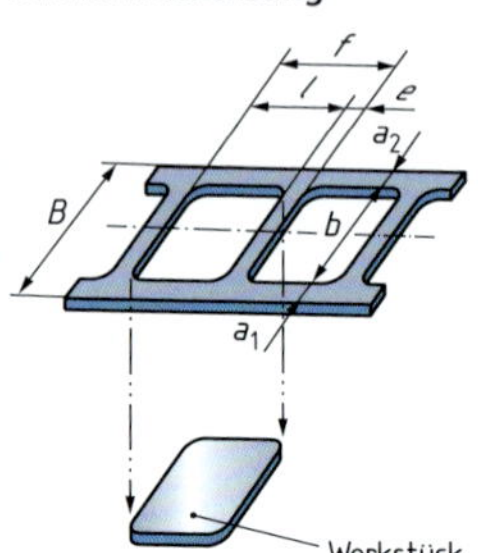<br> | $B = a_1 + b + a_2$<br>$a_1 = B - b - a_2$<br>$b = B - a_1 - a_2$<br>$a_2 = B - a_1 - b$<br>$f = l + e$<br>$l = f - e$<br>$e = f - l$<br>$\eta = \frac{R \cdot A}{f \cdot B}$<br>$R = \frac{\eta \cdot f \cdot B}{A}$<br>$A = \frac{\eta \cdot f \cdot B}{R}$<br>$V = \frac{R \cdot A}{\eta \cdot B}$<br>$B = \frac{R \cdot A}{f \cdot \eta}$ | $B$ Streifenbreite mm<br>$a_1, a_2$ Randbreite(n) mm<br>$b$ Werkstückbreite mm<br>$f$ Streifenvorschub mm<br>$l$ Werkstücklänge mm<br>$e$ Stegbreite mm<br>$\eta$ Ausnutzungsgrad<br>$R$ Anzahl der Reihen<br>$A$ Fläche eines Werkstücks (einschließlich Lochungen) $mm^2$ |

**Beispiel**

$a_1 = a_2 = 3\,mm$

$b = 15\,mm$

$B = ?$

$B = a_1 + b + a_2$

$B = 3\,mm + 15\,mm + 3\,mm = \underline{\underline{21\,mm}}$

# Programmieren von CNC Maschinen

## Koordinaten, Bewegungsrichtungen (DIN 66217 . 1975-12)

Das Koordinatensystem mit den X-, Y- und Z-Achsen wird auf die Hauptführungsbahnen der Maschine ausgerichtet und entspricht somit den Bewegungsrichtungen der Schlittenführung.

**Z-Achse:** Sie verläuft parallel zur Arbeitsspindel und somit senkrecht zur Werkstückaufspannfläche. Die positive Z-Achse verläuft vom Werkstück zum Werkzeug.

**X-Achse:** Sie liegt parallel zur Werkstückaufspannfläche.

**Y-Achse:** Die Lage ergibt sich aus der Lage der X- und Z-Achse (Rechte-Hand-Regel).

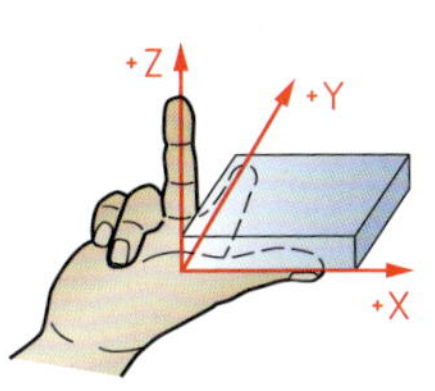


**Rechte-Hand-Regel**

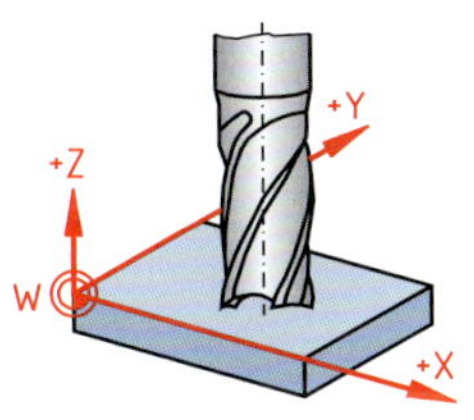


**Werkstückkoordinatensystem**

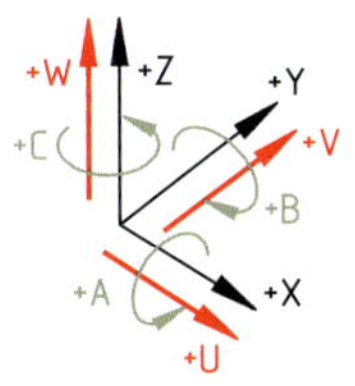


**zusätzliche Koordinatenachsen**

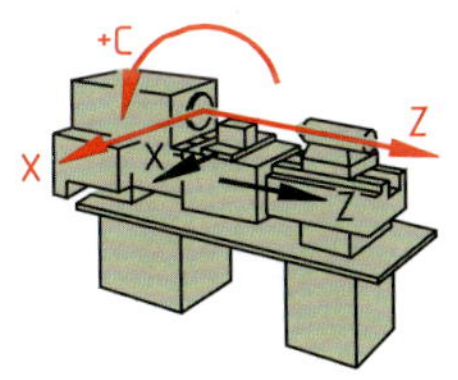


**konventionelle Drehmaschine**

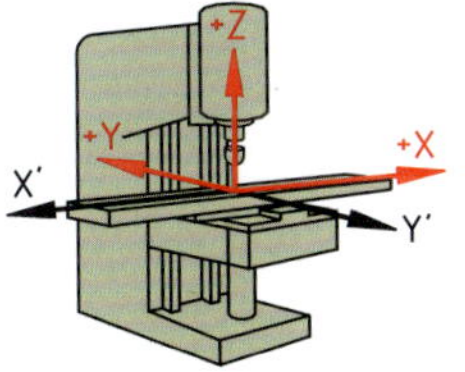


**Senkrecht-Konsolfräsmaschine**

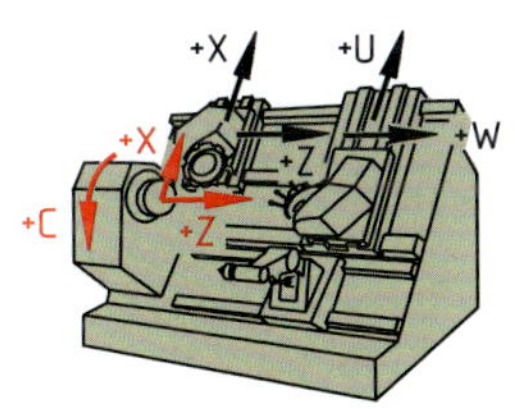


**4-Achsen-Drehmaschine**



3

## Programmieren von CNC Maschinen

Bezugspunkte (DIN 66217 . 1975-12)

**Drehmaschine:**

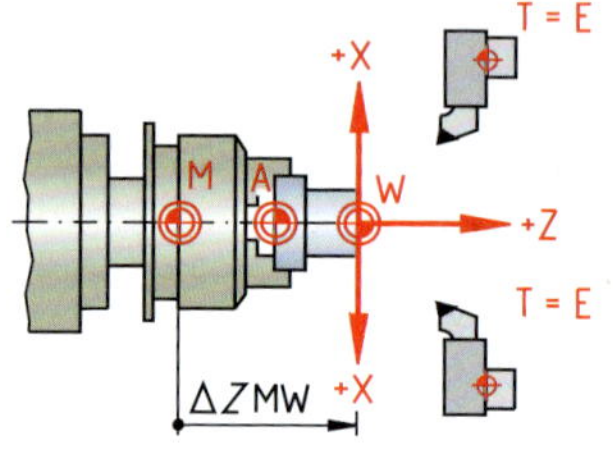


Zerspanung hinter der Drehmitte

Zerspanung vor der Drehmitte

**Fräsmaschine:**

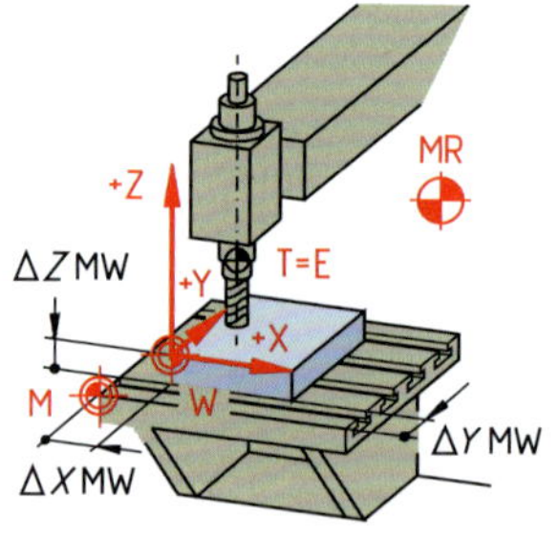


| | | |
|---|---|---|
| *M* | ⊕ | Maschinennullpunkt |
| *MR* | ⊕ | Maschinenreferenzpunkt |
| *W* | ⊕ | Werkstücknullpunkt |
| *A* | ⊕ | Anschlagpunkt im Futter |
| *PO* | ⊕ | Programmstartpunkt |
| *WP* | ⊕ | Werkzeugwechselpunkt |
| *T* | ⊕ | Werkzeugträgerbezugspunkt |
| *E* | ⊕ | Werkzeugeinstellpunkt |

Δ*X MW* ist der Abstand zwischen Maschinennullpunkt *M* und dem Werkstücknullpunkt *W* in Richtung der *X*-Achse.

Δ*Y MW* ist der Abstand zwischen Maschinennullpunkt *M* und dem Werkstücknullpunkt *W* in Richtung der *Y*-Achse.

Δ*Z MW* ist der Abstand zwischen Maschinennullpunkt *M* und dem Werkstücknullpunkt *W* in Richtung der *Z*-Achse.

3

## Programmieren von CNC Maschinen

### Grafische Symbole an CNC-Maschinen 1 (DIN 66217 . 1975-12)

| | | |
|---|---|---|
| 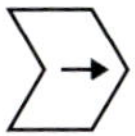 Datenträgervorlauf ohne Einlesen und ohne Maschinenfunktionen | 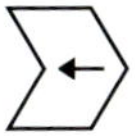 Datenträgerrücklauf ohne Einlesen und ohne Maschinenfunktionen |  fehlerhafter Datenträger |
|  Programmanfang |  Programmende |  fehlerhafte Programmdaten |
|  Programm kontinuierlich einlesen ohne Maschinenfunktionen |  Programm satzweise einlesen ohne Maschinenfunktion (Handbetätigung nach jedem Satz) | 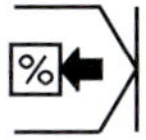 Programmende mit Datenträgerrücklauf zum Programmanfang ohne Maschinenfunktionen |
|  Handeingabe |  Programm satzweise einlesen mit Maschinenfunktionen (Handbetätigung nach jedem Satz) |  Programm kontinuierlich einlesen mit Maschinenfunktionen |
|  programmierter Halt, entspricht Zusatzfunktion M00 |  programmierter wahlweiser Halt, entspricht Zusatzfunktion M01 |  Satzunterdrückung wahlweise |
|  Suchlauf nach bestimmten Daten vorwärts ohne Maschinenfunktionen | 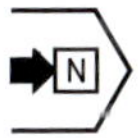 Satznummernsuche vorwärts ohne Maschinenfunktionen |  Hauptsatzsuche vorwärts ohne Maschinenfunktionen |
|  Suchlauf nach bestimmten Daten rückwärts ohne Maschinenfunktionen |  Satznummernsuche rückwärts ohne Maschinenfunktionen |  Hauptsatzsuche rückwärts ohne Maschinenfunktionen |
|  Suchlauf rückwärts zum Programmanfang ohne Maschinenfunktionen |  Programm von externer Einrichtung |  Datenträgereingabe von Zusatzeinrichtung |
|  Programmspeicher |  Unterprogrammspeicher | 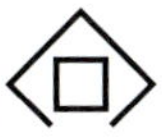 Zwischenspeicher |
|  Unterprogramm |  Programm ändern |  Datenausgabe aus einem Speicher |

## Programmieren von CNC Maschinen

### Grafische Symbole an CNC-Maschinen 2

| | | |
|---|---|---|
| Dateneingabe in einen Speicher | Rücksetzen | Speicherinhalt rücksetzen |
| Daten im Speicher ändern | Löschen | Speicherinhalt löschen |
| Vorwarnung Speicherüberlauf | Speicherüberlauf | Speicherfehler |
| Werkzeuglängenkorrektur (drehendes Werkzeug) | Werkzeugradiuskorrektur (drehendes Werkzeug) | Werkzeugdurchmesserkorrektur (drehendes Werkzeug) |
| Werkzeugkorrektur (nicht drehendesWerkzeug) Achsbezeichnungen können hinzugefügt werden | Werkzeugschneiden-radiuskorrektur | Kontur wieder anfahren |
| Maschinennullpunkt Ursprung des Maschinen-koordinatensystems | Referenzpunkt; definierte Postition zum Abgleich eines in-krementalen Wegmesssystems | Werkstücknullpunkt |
| Nullpunktverschiebung Achsbezeichnungen können hinzugefügt werden | Achssteuerung normal (Maschine folgt Programm) | Spiegelbildliche Achssteuerung (Maschine spiegelt Programm) |
| absolute Maßangaben Bezugsmaße | inkrementale Maßangaben Relativmaße | programmierter Positionssollwert |
| Positionsistwert | in Position | Positionsfehler (Regelkreisfehler) |
| Positioniergenauigkeit fein | Positioniergenauigkeit mittel | Positioniergenauigkeit grob |

# Drehen: Programmieren von CNC Maschinen

PAL-Befehlscodierung bei CNC-Drehmaschinen (mit angetriebenen Werkzeugen)

G-Funktion – Wegbedingungen[1)] (Auswahl)

|  |  |
|---|---|
| **Interpolationsarten** | |
| G0 | Verfahren im Eilgang |
| G1 | Linearinterpolation im Arbeitsgang[1)] |
| G2 | Kreisinterpolation im Uhrzeigersinn |
| G3 | Kreisinterpolation gegen den Uhrzeigersinn |
| G4 | Verweildauer |
| G9 | Genauhalt |
| G14 | Werkzeugwechselpunkt anfahren |
| **Programmtechniken** | |
| G22 | Unterprogrammaufruf |
| G23 | Programmwiederholung |
| **Bearbeitungsebenen und Umspannen** | |
| G17 | Stirnseiten- Bearbeitungsebene (XY-Ebene) |
| G18 | Drehebene (Haupt-, Gegenspindelbearbeitung)[1)] |
| G19 | Mantelflächen- / Sehnenflächen-Bearbeitungsebenen |
| G30 | Umspannen / Gegenspindelübernahme |

[1)] Einschaltzustand beim Start eines CNC-Programms: G18, G90, G53, G71, G95, G97, G1, G40, M5, M9, M60

## Drehen: Programmieren von CNC Maschinen

PAL-Befehlscodierung bei CNC-Drehmaschinen (mit angetriebenen Werkzeugen)

G-Funktion – Wegbedingungen[1)] (Auswahl)

| | |
|---|---|
| **Werkzeugkorrekturen** | |
| G40 | Abwahl der Schneidenradiuskorrektur[1)] **(SRK)** |
| G41 | SRK links von der programmierten Kontur |
| G42 | SRK rechts von der programmierten Kontur |
| **Nullpunkte** | |
| G50 | Aufheben der inkrementellen Nullpunktverschiebung und Drehungen |
| G53 | Alle Nullpunktverschiebungen und Drehungen aufheben[1)] |
| G54 … G57 | Einstellbare absolute Nullpunkte |
| G59 | Inkrementelle Nullpunktverschiebung kartesisch und Drehung |
| **Maßangaben** | |
| G70 | Umschalten auf Maßeinheit Zoll (Inch) |
| G71 | Umschalten auf Maßeinheit Millimeter (mm) |
| G90 | Absolute Maßangabe |
| G91 | Kettenmaßangabe |

[1)] Einschaltzustand beim Start eines CNC-Programms: G18, G90, G53, G71, G95, G97, G1, G40, M5, M9, M60

## Drehen: Programmieren von CNC Maschinen

PAL-Befehlscodierung bei CNC-Drehmaschinen (mit angetriebenen Werkzeugen)

G-Funktion – Wegbedingungen[1)] (Auswahl)

| **Zyklen** | |
|---|---|
| G80 | Abwahl einer Bearbeitungszyklus-Konturbeschreibung |
| G31 | Gewindezyklus |
| G81 | Längsschruppzyklus |
| G82 | Planschruppzyklus |
| G84 | Bohrzyklus |
| G85 | Freistichzyklus |
| G86 | radialer Einstechzyklus |
| G88 | axialer Einstechzyklus |
| **Schnittgrößen** | |
| G92 | Drehzahlbegrenzung |
| G94 | Vorschubgeschwindigkeit in mm/min |
| G95 | Vorschub[1)] in mm |
| G96 | konst. Schnittgeschwindigkeit in m/min |
| G97 | Konstante Drehzahl[1)] in 1/min |

[1)] Einschaltzustand beim Start eines CNC-Programms: G18, G90, G53, G71, G95, G97, G1, G40, M5, M9, M60

3

## Drehen: Programmieren von CNC Maschinen

PAL-Befehlscodierung bei CNC-Drehmaschinen (mit angetriebenen Werkzeugen)

G-Funktion – Wegbedingungen[1)] (Auswahl)

| G-Funktionen für angetriebene Werkzeuge in der X-Y-Ebene oder Z-X-Ebene[1)] | |
|---|---|
| G1 | Linearinterpolation im Arbeitsgang |
| G2 | Kreisinterpolation im Uhrzeigersinn |
| G3 | Kreisinterpolation im Gegenuhrzeigersinn |
| G10 | Verfahren im Eilgang mit Polarkoordinaten |
| G11 | Linearinterpolation mit Polarkoordinaten |
| G12 | Kreisinterpolation im Uhrzeigersinn mit Polarkoordinaten mit angetriebenem Werkzeug |
| G13 | Kreisinterpolation im Gegenuhrzeigersinn mit Polarkoordinaten |
| G45 | lineares tangentiales Anfahren an einer Kontur |
| G46 | lineares tangentiales Abfahren an einer Kontur |
| G47 | tangentiales Anfahren im Viertelkreis |
| G48 | tangentiales Abfahren im Viertelkreis |

[1)] Bei der CNC-Drehmaschine mit angetriebenem Werkzeug sind die Befehle der CNC-Fräsmaschine identisch.

## Drehen: Programmieren von CNC Maschinen

PAL-Befehlscodierung bei CNC-Drehmaschinen (mit angetriebenen Werkzeugen)

G-Funktion – Wegbedingungen[1)] (Auswahl)

| **G-Funktionen für angetriebene Werkzeuge in der X-Y-Ebene oder Z-X-Ebene[1)]** | |
|---|---|
| G73 | Kreistaschen- und Zapfenfräszyklus |
| G74 | Nutenfräszyklus |
| G75 | Kreisbogennut- Fräszyklus |
| G76 | Mehrfachzyklusaufruf auf einer Lochreihe |
| G77 | Mehrfachzyklusaufruf auf einem Lochkreis |
| G79 | Zyklusaufruf auf einem Punkt |
| G81 | Bohrzyklus |
| G82 | Tiefbohrzyklus mit Spanbruch |
| G84 | Gewindebohrzyklus |
| G85 | Reibzyklus |

[1)] Bei der CNC-Drehmaschine mit angetriebenem Werkzeug sind die Befehle der CNC-Fräsmaschine identisch.

3

## Drehen: Programmieren von CNC Maschinen

PAL-Befehlscodierung bei CNC-Drehmaschinen (mit angetriebenen Werkzeugen)

**M-Funktionen – Zusatzfunktionen**

| | |
|---|---|
| M0 | Programmierter Halt |
| M3 | Spindel dreht im Uhrzeigersinn (CW[1]) |
| M4 | Spindel dreht im Gegenuhrzeigersinn (CCW[1]) |
| M5 | Spindel ausschalten |
| M8 | Kühlschmiermittel ein |
| M9 | Kühlschmiermittel aus |
| M10 | Reitstock-Pinole lösen |
| M11 | Reitstock-Pinole setzen |
| M17 | Unterprogramm-Ende |
| M30 | Programmende mit Rücksetzen auf Programmanfang |
| M60 | konstanter Vorschub |

[1] CW: clock wise; CCW: counter clock wise

## Drehen: Programmieren von CNC Maschinen

### PAL-Befehlscodierung bei CNC-Drehmaschinen (mit angetriebenen Werkzeugen)

| **T-Adresse – Werkzeugnummer im Magazin (Auswahl)** | |
|---|---|
| T | Werkzeugspeicherplatz im Werkzeugrevolver |
| TC | Korrektur-Speichernummer |
| TR | inkrementelle Veränderung des Werkzeugradiuswertes |
| TL | inkrementelle Veränderung der Werkzeuglänge |
| TX | inkrementelle Veränderung des X-Korrekturwertes im angewählten Korrekturwertspeicher |
| TZ | inkrementelle Veränderung des Z-Korrekturwertes im angewählten Korrekturwertspeicher für konturparallele Aufmaße |

3

## Fräsen: Programmieren von CNC Maschinen

PAL-Befehlscodierung bei CNC-Fräsmaschinen (mit Mehrseitenbearbeitung)

G-Funktionen – Wegbedingungen[1)] (Auswahl)

**Interpolationsarten**

| | |
|---|---|
| G0 | Verfahrweg im Eilgang[2)] |
| G1 | Linearinterpolation im Arbeitsgang[1) 2)] |
| G2 | Kreisinterpolation im Uhrzeigersinn[2)] |
| G3 | Kreisinterpolation im Gegenuhrzeigersinn[2)] |
| G4 | Verweildauer |
| G9 | Genauhalt |
| G10 | Verfahren im Eilgang mit Polarkoordinaten[2)] |
| G11 | Linearinterpolation mit Polarkoordinaten[2)] |
| G12 | Kreisinterpolation im Uhrzeigersinn mit Polarkoordinaten mit angetriebenem Werkzeug[2)] |
| G13 | Kreisinterpolation im Gegenuhrzeigersinn mit Polarkoordinaten[2)] |
| G45 | lineares tangentiales Anfahren an einer Kontur[2)] |
| G46 | lineares tangentiales Abfahren an einer Kontur[2)] |
| G47 | tangentiales Anfahren an einer Kontur[2)] |
| G48 | tangentiales Abfahren an einer Kontur[2)] |

1) Einschaltzustand beim Start eines CNC-Programms: G17, G90, G53, G40, G94, G97, G1, M5, M9, M60

2) Dieser Befehl kann auch für CNC-Drehmaschinen mit angetriebenem Werkzeug bei der Bearbeitung in der G17- und G19-Ebene verwendet werden. In der G19-Ebene werden die Achsen von XY- zur ZX-Ebene angepasst.

3

## Fräsen: Programmieren von CNC Maschinen

PAL-Befehlscodierung bei CNC-Fräsmaschinen (mit Mehrseitenbearbeitung)

G-Funktion – Wegbedingungen[1)] (Auswahl)

| | |
|---|---|
| **Bearbeitungsebenen** | |
| G16 | inkrementelle Drehung der aktuellen Bearbeitungsebene |
| G17 | Ebenenanwahl mit maschinenfesten Raumwinkeln[1)] |
| **Programmtechniken** | |
| G22 | Programmwiederholung[3)] |
| G23 | Unterprogrammaufruf[3)] |
| **Werkzeugkorrekturen** | |
| G40 | Abwahl der Schneidenradiuskorrektur **(SRK)**[1) 2)] |
| G41 | SRK links von der programmierten Kontur[2)] |
| G42 | SRK rechts von der programmierten Kontur[2)] |
| **Nullpunkte** | |
| G50 | aufheben der inkrementellen Nullpunktverschiebung und Drehungen (G59) |
| G53 | alle Nullpunktverschiebungen und Drehungen aufheben[1)] |
| G54 … G57 | einstellbare absolute Nullpunkte |
| G59 | inkrementelle Nullpunktverschiebung kartesisch und Drehung |

[1)] Einschaltzustand beim Start eines CNC-Programms: G17, G90, G53, G40, G94, G97, G1, M5, M9, M60

[2)] Dieser Befehl kann auch für CNC-Drehmaschinen mit angetriebenem Werkzeug bei der Bearbeitung in der G17- und G19-Ebene verwendet werden. In der G19-Ebene werden die Achsen von XY- zur ZX-Ebene angepasst.

[3)] Die Adressen der Programmwiederholung (G22) und des Unterprogrammaufrufs (G23) werden wie beim CNC-Drehen angegeben.



3

## Fräsen: Programmieren von CNC Maschinen

PAL-Befehlscodierung bei CNC-Fräsmaschinen (mit Mehrseitenbearbeitung)

G-Funktionen – Wegbedingungen[1)] (Auswahl)

| Zyklen | |
|---|---|
| G34 | Eröffnung des Konturtaschenzyklus |
| G35 | Schrupptechnologie des Konturtaschenzyklus |
| G37 | Schlichttechnologie des Konturtaschenzyklus |
| G38 | Konturbeschreibung des Konturtaschenzyklus |
| G80 | Abschluss einer G38-Taschen- / Insel-Konturbeschreibung |
| G39 | Konturtaschenzyklusaufruf |
| G72 | Rechtecktaschenfräszyklus[2)] |
| G73 | Kreistaschen- und Zapfenfräszyklus[2)] |
| G74 | Nutenfräszyklus[2)] |
| G75 | Kreisbogennut-Fräszyklus[2)] |
| G76 | Mehrfachzyklusaufruf auf einer Lochreihe[2)] |
| G77 | Mehrfachzyklusaufruf auf einem Lochkreis[2)] |
| G78 | Zyklusaufruf auf einem Punkt (Polarkoordinaten) |
| G79 | Zyklusaufruf auf einem Punkt (kartesische Koordinaten)[2)] |
| G81 | Bohrzyklus[2)] |
| G82 | Tiefbohrzyklus mit Spanbruch[2)] |
| G84 | Gewindebohrzyklus[2)] |
| G85 | Reibzyklus[2)] |
| G88 | Innengewindefräszyklus |

1) Einschaltzustand beim Start eines CNC-Programms: G17, G90, G53, G40, G94, G97, G1, M5, M9, M60

2) Dieser Befehl kann auch für CNC-Drehmaschinen mit angetriebenem Werkzeug bei der Bearbeitung in der G17- und G19-Ebene verwendet werden. In der G19-Ebene werden die Achsen von XY- zur ZX-Ebene angepasst.

## Fräsen: Programmieren von CNC Maschinen

PAL-Befehlscodierung bei CNC-Fräsmaschinen (mit Mehrseitenbearbeitung)

G-Funktionen – Wegbedingungen[1)] (Auswahl)

| **Maßangaben** | |
|---|---|
| G70 | Umschalten auf die Maßeinheit Zoll (Inch) |
| G71 | Umschalten auf die Maßeinheit Millimeter (mm) |
| G90 | absolute Maßangabe[1)] |
| G91 | Kettenmaßangabe |
| **Schnittgrößen** | |
| G94 | Vorschubgeschwindigkeit[1)] in mm/min (Adresse: F) |
| G95 | Vorschub in mm (Adresse: S) |
| G97 | konstante Drehzahl[1)] in 1/min (Adresse: S) |

[1)] Einschaltzustand beim Start eines CNC-Programms: G17, G90, G53, G40, G94, G97, G1, M5, M9, M60

## Fräsen: Programmieren von CNC Maschinen

PAL-Befehlscodierung bei CNC-Fräsmaschinen (mit Mehrseitenbearbeitung)

| M-Funktionen[1)] – Zusatzfunktionen (Auswahl) | |
|---|---|
| M0 | Programmierter Halt |
| M3 | Spindel dreht im Uhrzeigersinn (CW[2)]) |
| M4 | Spindel dreht im Gegenuhrzeigersinn (CCW[2)]) |
| M5 | Spindel ausschalten[1)] |
| M6 | Werkzeugwechsel |
| M8 | Kühlschmiermittel ein |
| M9 | Kühlschmiermittel aus[1)] |
| M13 | wie M3 und Kühlschmiermittel ein |
| M14 | wie M4 und Kühlschmiermittel ein |
| M15 | Spindel aus, Kühlmittel aus |
| M17 | Unterprogramm-Ende |
| M30 | Programmende mit Rücksetzen auf Programmanfang |
| M60 | konstanter Vorschub[1)] |
| **T-Adresse[3)] – Werkzeugnummer im Magazin (Auswahl)** | |
| TR | inkrementelle Veränderung des Werkzeugradiuswertes |
| TL | inkrementelle Veränderung der Werkzeuglänge |
| T | Werkzeugspeicherplatz im Werkzeugrevolver |
| TC | Korrektur-Speichernummer |

[1)] Einschaltzustand beim Start eines CNC- Programms: G17, G90, G53, G40, G94, G97, G1, M5, M9, M60

[2)] CW: clock wise; CCW: counter clock wise

[3)] Mit dem Werkzeugaufruf wird gleichzeitig der Werkzeugwechselpunkt (WWP) im Eilgang angefahren.

3

## Qualitätsplanung

„8M“-Störgrößen, Ishikawa-Diagramm

**„8M“-Störgrößen (Einflussgrößen auf die Qualität)**

Die Ursachen für Störungen in einem Fertigungsprozess, die wiederum Auswirkung auf die Qualität eines Produktes haben, wurden unter der Abkürzung **„8M“** zusammengeführt. Sie steht für:

**Mensch, Methode, Maschine, Material, Mitwelt (Milieu), Management, Money und Messbarkeit**

**Beispiel**

Die „8M“-Störgrößen werden zusammen mit einer Auswahl möglicher Ursachen zwecks besserer Übersichtlichkeit in einem **Ishikawa-Diagramm** (auch Ursache-Wirkungs-Diagramm oder Fischgräten-Diagramm genannt) dargestellt.

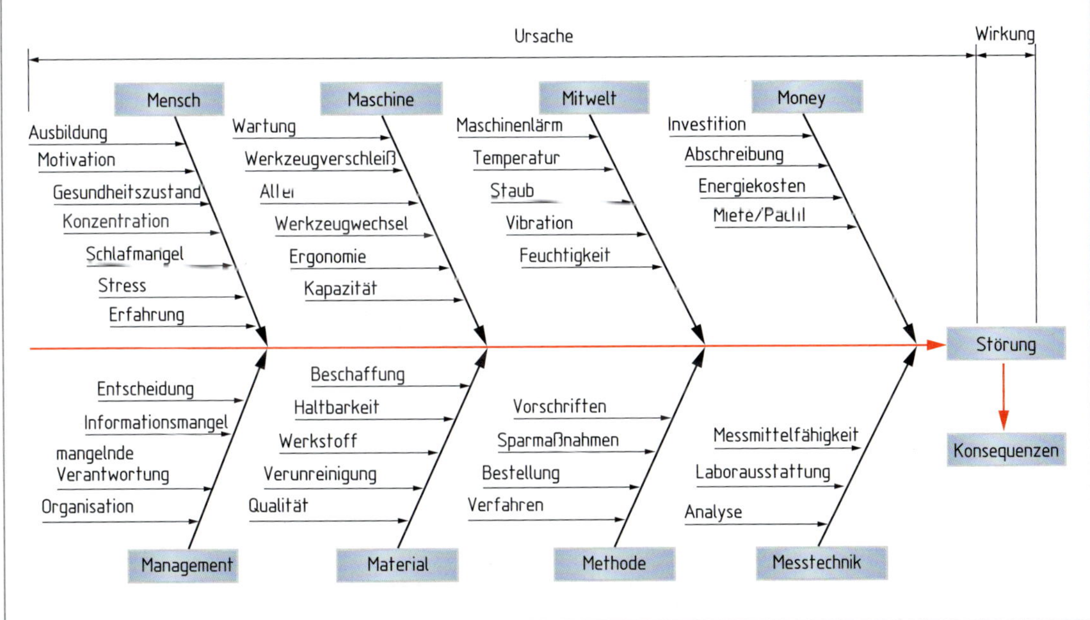


3

## Qualitätsplanung

### Zehnerregel

**Zehnerregel (Fehlerbehebungskosten)**

Während eines Fertigungsprozesses ist die Vermeidung bzw. die frühzeitige Erkennung von Fehlern sehr wichtig.
Je später ein Fehler entdeckt wird und korrigiert werden muss, desto größer sind die Folgen für das Unternehmen.
Hohe Kosten und Imageverlust können etwa die Folgen bei Rückrufaktionen von Automobilherstellern sein.

**Die Zehnerregel besagt, dass entstehende Fehlerbehebungskosten im Laufe eines Fertigungsprozesses von der Entwicklungsphase zur Produktionsphase und von der Produktionsphase zur Einsatzphase jeweils um den Faktor 10 ansteigen.**

**Beispiel**

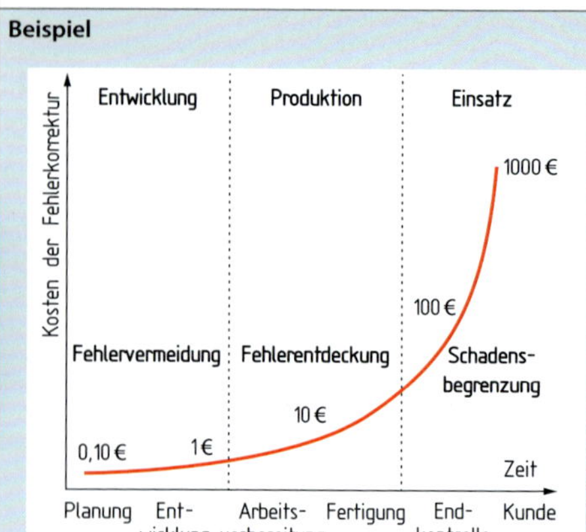

3

# Qualitätsplanung

## Wahrscheinlichkeit, Arten der Qualitätsprüfung

| Formelzeichen / Einheiten | Formel / Formelumstellung | |
|---|---|---|
| $P$ Wahrscheinlichkeit (engl. Probability) % <br> $g$ Anzahl fehlerbehafteter Werkstücke <br> $m$ Gesamtanzahl der Werkstücke | **Wahrscheinlichkeit** <br> $P = \frac{g}{m} \cdot 100\%$ <br> $g = \frac{P \cdot m}{100\%}$ <br> $m = \frac{g \cdot 100\%}{P}$ | **Wahrscheinlichkeit (Fehlerwahrscheinlichkeit)** <br> **Fehlerwahrscheinlichkeit:** Wahrscheinlichkeit eines fehlerbehafteten Werkstücks innerhalb einer gegebenen Anzahl von Werkstücken |

**Beispiel**

$g = 150$

$m = 6000$

$P = ?$

$$P = \frac{g}{m} \cdot 100\%$$

$$P = \frac{150}{6000} \cdot 100\% = \underline{\underline{2{,}5\%}}$$

### Arten der Qualitätsprüfung

| Begriffe und Erläuterungen | |
|---|---|
| Prüfplan und Prüfanweisung | Festlegen und erläutern der Prüfungsart und des Prüfumfangs – Was? Womit? Wie? Wie oft? Wann? Wer? Wo? |
| Vollständige Prüfung | Prüfung, ob alle festgelegten Qualitätsansprüche und Mindestanforderungen erfüllt wurden. |
| 100%-Prüfung | Prüfung aller produzierten Einheiten einer Charge. |
| Stichprobe | Prüfung einer oder mehrerer Einheiten aus einer Teil- bzw. Grundgesamtheit, z. B. Entnahme von 20 Stichproben bei einem Lieferumfang N = 150 Teile. |
| Statistische Prüfung (Stichprobenprüfung) | Unterstützt durch statistische Methoden können aufgrund von Stichprobenentnahmen Aussagen über die Qualität des Prüfloses getätigt werden. |
| Prüflos (Stichprobenprüfung) | Gesamtheit aller produzierten Werkstücke, z. B. die Produktion von 6000 gleichen Wälzlagern |

## Grundlagen der statistischen Auswertung

Urliste

- Eine **Urliste** beinhaltet alle Messwerte ($x_1, x_2, x_3, \ldots, x_n$) aus einer Stichprobe oder einem Prüflos in der Reihenfolge in der sie aufgenommen werden.
- Aus der Urliste lassen sich der größte Messwert $x_{max}$ und der kleinste Messwert $x_{min}$ ablesen.
- Die Messwerte dienen als Grundlage zur Berechnung des arithmetischen Mittelwertes $\bar{x}$, dem Gesamtmittelwert $\bar{\bar{x}}$, der Spannweite $R$, der mittleren Spannweite $\bar{R}$, der Anzahl der Klassen $k$ und der Klassenweite $w$.

**Beispiel**

Stichprobenumfang: $n = 40$ Wellen

Anzahl der Stichproben: $m = 8$

Prüfmerkmal: Wellendurchmesser $d = 40^{+18}_{+2}$ mm

*Urliste:*

| Stichprobe | Nr. | Gemessener Wellendurchmesser *d* in mm | | | | | |
|---|---|---|---|---|---|---|---|
| Welle 1 bis 5 | 1 | 40,008 | 40,011 | 40,014 | 40,009 | 40,013 | |
| Welle 6 bis 10 | 2 | 40,007 | 40,006 | 40,017 | 40,002 | 40,010 | Kleinster Messwert $x_{min}$ = 40,002 mm |
| Welle 11 bis 15 | 3 | 40,006 | 40,013 | 40,012 | 40,016 | 40,016 | |
| Welle 16 bis 20 | 4 | 40,017 | 40,017 | 40,011 | 40,010 | 40,012 | |
| Welle 21 bis 25 | 5 | 40,013 | 40,011 | 40,015 | 40,009 | 40,011 | |
| Welle 26 bis 30 | 6 | 40,016 | 40,012 | 40,008 | 40,013 | 40,014 | |
| Welle 31 bis 35 | 7 | 40,013 | 40,018 | 40,015 | 40,013 | 40,011 | Größter Messwert $x_{max}$ = 40,018 mm |
| Welle 36 bis 40 | 8 | 40,009 | 40,010 | 40,008 | 40,007 | 40,013 | |

## Grundlagen der statistischen Auswertung

Auswertung einer und mehrerer Stichproben (DIN 53804: 2002-04)

| Formelzeichen / Einheiten | | Formel / Formelumstellung |
|---|---|---|
| $\overline{x}$ | arithmetischer Mittelwert | **Auswertung einer Stichprobe** |
| $x_i$ | Wert des messbaren Merkmals z. B. Einzelwert | arithmetischer Mittelwert: $\overline{x} = \frac{x_1 + x_2 + x_3 + \ldots + x_n}{n}$ |
| $n$ | Stichprobenumfang (Anzahl der Einzelwerte) | Spannweite: $R = x_{max} - x_{min}$ |
| $x_{max}$ | größter Messwert der Stichprobe | |
| $x_{min}$ | kleinster Messwert der Stichprobe | |
| $R$ | Spannweite | **Auswertung mehrerer Stichproben** |
| $\overline{\overline{x}}$ | Gesamtmittelwert aus mehreren bzw. allen Stichprobenmittelwerten | Gesamtmittelwert: $\overline{\overline{x}} = \frac{\overline{x}_1 + \overline{x}_2 + \overline{x}_3 + \ldots + \overline{x}_m}{m}$ |
| $\overline{x}_1, \overline{x}_2, \overline{x}_3, \ldots$ | arithmetischer Mittelwert der Stichprobe | Mittlere Spannweite: $\overline{R} = \frac{R_1 + R_2 + R_3 + \ldots + R_m}{m}$ |
| $m$ | Anzahl der Stichproben | |
| $\overline{R}$ | mittlere Spannweite aus mehreren bzw. allen Stichproben | |
| $R_1, R_2, R_3, \ldots$ | Spannweite der Stichprobe | |

**Beispiel**

| Stichprobe | Nr. | Gemessener Wellendurchmesser *d* in mm | | | | |
|---|---|---|---|---|---|---|
| Welle 1 bis 5 | 1 | 40,008 | 40,011 | 40,014 | 40,009 | 40,013 |

| $\overline{x}_1$ | $R_1$ |
|---|---|
| 40,011 | 0,006 |

$$\overline{x}_1 = \frac{x_1 + x_2 + x_3 + x_4 + x_5}{n}$$

$$\overline{x}_1 = \frac{40{,}008\,\text{mm} + 40{,}011\,\text{mm} + 40{,}014\,\text{mm} + 40{,}009\,\text{mm} + 40{,}013\,\text{mm}}{5} = \underline{\underline{40{,}011\,\text{mm}}}$$

$$R_1 = x_{max} - x_{min}$$

$$R_1 = 40{,}014\,\text{mm} - 40{,}008\,\text{mm} = \underline{\underline{0{,}006\,\text{mm}}}$$



3

## Grundlagen der statistischen Auswertung

Klassierung von Beobachtungswerten (DIN 53804: 2002-04)

| Abbildung | Formel / Formelumstellung | Formelzeichen / Einheiten |
|---|---|---|
| 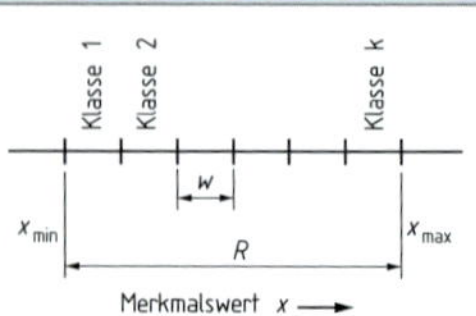<br><br>Übersteigt die Anzahl der Messwerte einer Stichprobe die Zahl 30, dann werden diese üblicherweise in Klassen (Bereiche) mit einer berechneten Klassenweite eingeteilt. | **Anzahl der Klassen**<br>$k = \sqrt{n}$ für $30 < n \leq 400$<br>$k = 20$ für $n > 400$<br><br>**Klassenweite**<br>$w = \frac{R}{k} = \frac{x_{max} - x_{min}}{k}$<br>$R = x_{max} - x_{min}$ | $k$ Anzahl der Klassen (Bereiche)<br>$n$ Stichprobenumfang (Anzahl der Einzelwerte)<br>$w$ Klassenweite<br>$R$ Spannweite<br>$x_{max}$ größter Messwert der Stichprobe<br>$x_{min}$ kleinster Messwert der Stichprobe |

**Beispiel**

(Auswertung der Stichprobenwerte aus dem Beispiel „Urliste")

$n = 40$ Wellen

$x_{max} = 40{,}018$ mm

$x_{min} = 40{,}002$ mm

$k = ?$

$w = ?$

$$k = \sqrt{n}$$

$$k = \sqrt{40} = 6{,}32 \rightarrow \underline{\underline{6}}$$

$$w = \frac{R}{k} = \frac{x_{max} - x_{min}}{k}$$

$$w = \frac{40{,}018\text{ mm} - 40{,}002\text{ mm}}{6} \approx \underline{\underline{0{,}003\text{ mm}}}$$

3

## Grundlagen der statistischen Auswertung

### Häufigkeitsverteilung, Strichliste, Histogramm (DIN 53804: 2002-04)

| Formelzeichen / Einheiten | Formel / Formelumstellung | |
|---|---|---|
| $j$ Klassennummerindex<br>$h_j$ relative Häufigkeit<br>$n_j$ absolute Häufigkeit (Messwertanzahl in der Klasse $j$)<br>$n$ Stichprobenumfang (Anzahl der Einzelwerte) | **Relative Häufigkeit**<br>$h_j = \frac{n_j}{n} \cdot 100\,\%$ | **Häufigkeitstabelle, Strichliste und Histogramm**<br>Jeder Messwert wird einer Klasse in der **Häufigkeitstabelle** zugeordnet. Liegt dieser auf der Grenze zwischen zwei Klassen wird er der höheren zugewiesen.<br>Die **Strichliste** stellt eine überschaubare und verständliche Darstellung von Messwerten dar. Sie lässt sich sinnvoll mit einer Häufigkeitstabelle kombinieren.<br>Das **Histogramm** stellt die Häufigkeitsverteilung der in Klassen eingeteilten Messdaten als Balkendiagramm dar. |

**Beispiel**

(Auswertung der Stichprobenwerte aus dem Beispiel „Urliste")

Häufigkeitstabelle mit Strichliste:

| Klassen | | Strichliste | absolute Häufigkeit $n_j$ | relative Häufigkeit $h_j$ in % |
|---|---|---|---|---|
| **Nr.** | **Messwerte** | | | |
| 1 | 40,002 mm … < 40,005 mm | I | 1 | 2,5 |
| 2 | 40,005 mm … < 40,008 mm | IIII | 4 | 10 |
| 3 | 40,008 mm … < 40,011 mm | ~~IIII~~ IIII | 9 | 22,5 |
| 4 | 40,011 mm … < 40,014 mm | ~~IIII~~ ~~IIII~~ ~~IIII~~ | 15 | 37,5 |
| 5 | 40,014 mm … < 40,017 mm | ~~IIII~~ II | 7 | 17,5 |
| 6 | 40,017 mm … < 40,020 mm | IIII | 4 | 10 |
| | | Σ = | **40** | **100** |

**Histogramm:**

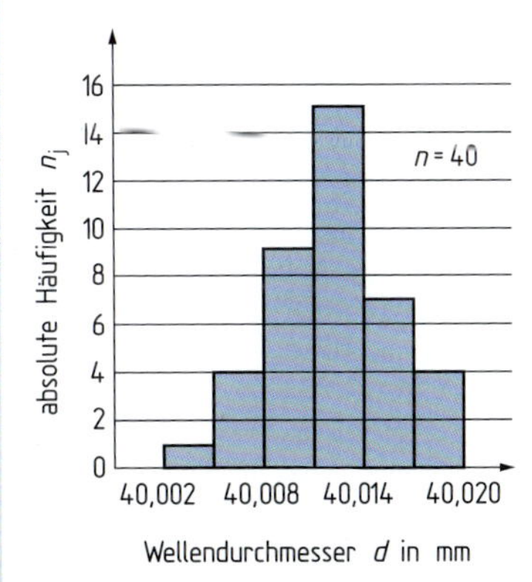


3

## Grundlagen der statistischen Auswertung

Normalverteilung, Gaußsche Glockenkurve

| Formel / Formelumstellung | Formelzeichen / Einheiten |
|---|---|
| **Normalverteilung, Gaußsche Glockenkurve** | $s$ Standardabweichung<br>$x_i$ Wert des messbaren Merkmals z. B. Einzelwert<br>$\bar{x}$ arithmetischer Mittelwert<br>$n$ Stichprobenumfang (Anzahl der Einzelwerte)<br>$\bar{s}$ Mittelwert der Standardabweichung<br>$m$ Anzahl der Stichproben |

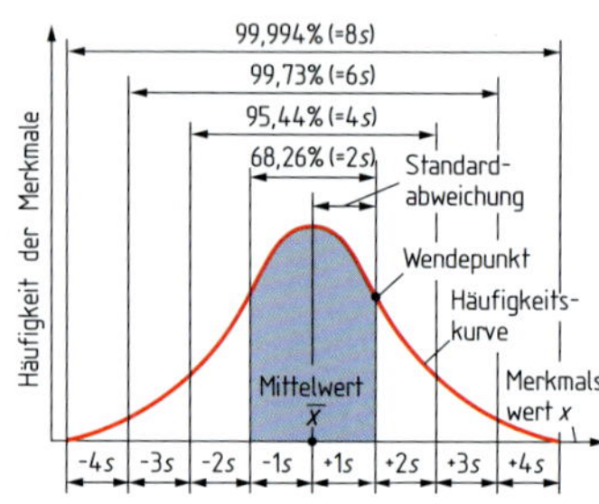


**Standardabweichung**

$$s = \sqrt{\frac{\Sigma(x_i - \bar{x})^2}{n-1}} = \sqrt{\frac{(x_1 - \bar{x})^2 + (x_2 - \bar{x})^2 + \ldots + (x_n - \bar{x})^2}{n-1}}$$

**Mittelwert der Standardabweichungen**

$$\bar{s} = \frac{s_1 + s_2 + \ldots + s_m}{m}$$

- Die **Gaußsche Glockenkurve** ist eine Hüllkurve der Häufigkeitsverteilung bei typischer **Normalverteilung der Merkmalswerte.**
- Der **arithmetische Mittelwert** $\bar{x}$ befindet sich in der Mitte der Kurve, an der Stelle ihres **Hochpunktes.**
- Der Abstand zwischen Hochpunkt und Wendepunkt stimmt mit der **Standardabweichung** $s$ überein. Sie ist ein Maß für die Streuung der Merkmalswerte, sprich der Kurvenbreite.
- Bei Betrachtung der **Grundgesamtheit**, anstelle einer Stichprobe, lautet die Bezeichnung für den arithmetischen Mittelwert $\mu$ und für die Standardabweichung $\sigma$.

**Beispiel** (Auswertung der Messwerte aus Stichprobe Nr. 1 des Beispiels „Urliste")

| Stichprobe | Nr. | Gemessener Wellendurchmesser *d* in mm | | | | |
|---|---|---|---|---|---|---|
| Welle 1 bis 5 | 1 | 40,008 | 40,011 | 40,014 | 40,009 | 40,013 |

$$s = \sqrt{\frac{(x_1 - \bar{x})^2 + (x_2 - \bar{x})^2 + (x_3 - \bar{x})^2 + (x_4 - \bar{x})^2 + (x_5 - \bar{x})^2}{n-1}}$$

$$s = \sqrt{\frac{(40{,}008\,\text{mm} - 40{,}011\,\text{mm})^2 + (40{,}011\,\text{mm} - 40{,}011\,\text{mm})^2 + (40{,}014\,\text{mm} - 40{,}011\,\text{mm})^2 + (40{,}009\,\text{mm} - 40{,}011\,\text{mm})^2 + (40{,}013\,\text{mm} - 40{,}011\,\text{mm})^2}{5-1}} \approx \underline{\underline{0{,}003\,\text{mm}}}$$

3

# Grundlagen der statistischen Auswertung

## Wahrscheinlichkeitsnetz

| Formelzeichen / Einheiten | Formel / Formelumstellung |
|---|---|
| $j$ Klassennummerindex<br>$h_j$ relative Häufigkeit<br>$n_j$ absolute Häufigkeit (Messwertanzahl in der Klasse $j$)<br>$n$ Stichprobenumfang (Anzahl der Einzelwerte)<br>$F_j$ Summe der relativen Häufigkeit | – Das **Wahrscheinlichkeitsnetz** ist ein Hilfsmittel zum Testen einer Stichprobe auf Normalverteilung.<br>– Die **Summe der relativen Häufigkeit $F_j$ in %** wird auf der logarithmisch aufgeteilten senkrechten Achse (Ordinate) über den Merkmalswerten auf der waagerechten Achse (Abszisse) aufgebracht.<br>– Es liegt eine **Normalverteilung** der Einzelmesswerte vor, wenn sich annähernd eine **Gerade** ergibt.<br>– Die **Standardabweichung $s$** kann einfach über die Abszisse bestimmt und der **arithmetische Mittelwert $\bar{x}$** bei $F_j = 50\,\%$ abgelesen werden.<br><br>**Relative Häufigkeit**<br>$h_j = \frac{n_j}{n} \cdot 100\,\%$<br><br>**Summe der relativen Häufigkeiten**<br>$F_j = h_1 + h_2 + \ldots + h_j$ |

**Beispiel**

(Auswertung der Stichprobenwerte aus dem Beispiel „Urliste")

Häufigkeitstabelle mit Strichliste:

| Klassen Nr. | Messwerte | Strichliste | absolute Häufigkeit $n_j$ | relative Häufigkeit $h_j$ in % | $F_j$ in % |
|---|---|---|---|---|---|
| 1 | 40,002 mm … < 40,005 mm | I | 1 | 2,5 | 2,5 |
| 2 | 40,005 mm … < 40,008 mm | IIII | 4 | 10 | 12,5 |
| 3 | 40,008 mm … < 40,011 mm | ~~IIII~~ IIII | 9 | 22,5 | 35 |
| 4 | 40,011 mm … < 40,014 mm | ~~IIII~~ ~~IIII~~ ~~IIII~~ | 15 | 37,5 | 72,5 |
| 5 | 40,014 mm … < 40,017 mm | ~~IIII~~ II | 7 | 17,5 | 90 |
| 6 | 40,017 mm … < 40,020 mm | IIII | 4 | 10 | 100 |
| | | Σ = | 40 | 100 | |

**Histogramm:**

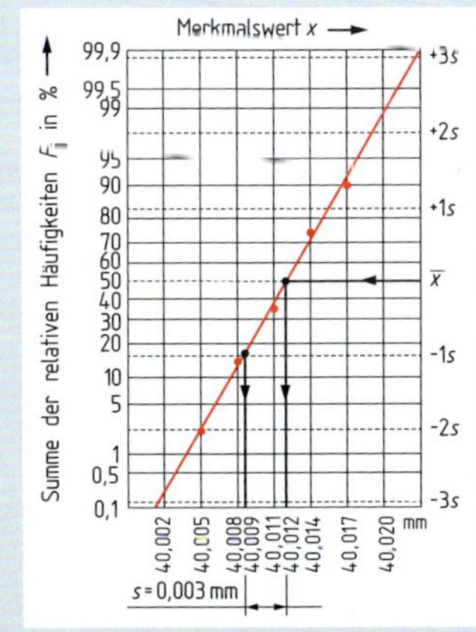

## Statistische Fertigungsüberwachung

### Maschinenfähigkeit, Prozessfähigkeit

**Abbildung**

Mit der Untersuchung der **Maschinenfähigkeit** kann bestimmt werden, ob die Maschine bei normalem Betrieb generell mit der geforderten Qualität fertigen kann. Hierfür werden in kurzer Zeit mindestens 50 in Folge gefertigte Teile gemessen und beurteilt.

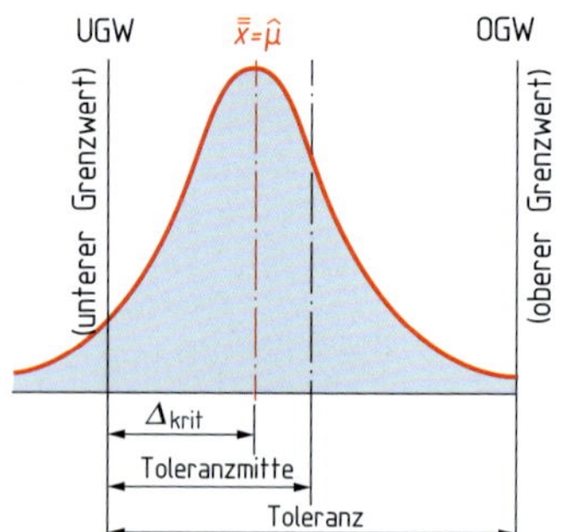


Mit der Untersuchung der **Prozessfähigkeit** kann bestimmt werden, ob der Fertigungsprozess generell die vereinbarten Forderungen erfüllen kann. Hierfür werden mindestens 125 Teile gemessen und beurteilt.

**Formel / Formelumstellung**

**Maschinenfähigkeitsindex**

$$c_m = \frac{T}{6 \cdot s} = \frac{OGW - UGW}{6 \cdot s}$$

$c_m \geq 1{,}67$ [1]

$c_{mk} = \frac{\Delta_{krit}}{3 \cdot s} \geq 1{,}33$ [1]

**Prozessfähigkeitsindex**

$$c_p = \frac{T}{6 \cdot \hat{\sigma}} = \frac{OGW - UGW}{6 \cdot \hat{\sigma}}$$

$c_p \geq 1{,}33$ [1]

$c_{pk} = \frac{\Delta_{krit}}{3 \cdot \hat{\sigma}} \geq 1{,}33$ [1]

$\Delta_{krit} = OGW - \bar{\bar{x}}$ bzw. $\Delta_{krit} = \bar{\bar{x}} - UGW$

(Es ist stets der kleinere Wert $\Delta_{krit}$ zu wählen.)

[1] Der Wert wird vom Kunden bzw. Qualitätsmanagement vorgegeben

**Formelzeichen / Einheiten**

| | |
|---|---|
| $c_m$ | Maschinenfähigkeit |
| $T$ | Toleranz |
| $\hat{\sigma}$ | Schätzwert für die Standardabweichung (s. Tabelle unten links) |
| $OGW$ | Oberer Grenzwert |
| $UGW$ | Unterer Grenzwert |
| $c_{mk}$ | kritische Maschinenfähigkeit |
| $\Delta_{krit}$ | kleinster Abstand zwischen Gesamtmittelwert $\bar{\bar{x}}$ und den Toleranzgrenzen *OGW* bzw. *UGW* |
| $c_p$ | Prozessfähigkeit |
| $c_{pk}$ | kritische Prozessfähigkeit |
| $\hat{\mu}$ | Schätzwert für den Prozessmittelwert |
| $n$ | Stichprobenumfang (Anzahl der Einzelwerte) |
| s | Standardabweichung |
| $\bar{s}$ | Mittelwert der Standardabweichung |
| $\bar{R}$ | mittlere Spannweite |

| $n$ | 2 | 3 | 4 | 5 | 6 | 7 | 8 | 9 | 10 |
|---|---|---|---|---|---|---|---|---|---|
| $\hat{\sigma} =$ | $1{,}25 \cdot \bar{s}$ | $1{,}13 \cdot \bar{s}$ | $1{,}09 \cdot \bar{s}$ | $1{,}06 \cdot \bar{s}$ | $1{,}05 \cdot \bar{s}$ | $1{,}04 \cdot \bar{s}$ | $1{,}04 \cdot \bar{s}$ | $1{,}03 \cdot \bar{s}$ | $1{,}03 \cdot \bar{s}$ |
| | $0{,}89 \cdot \bar{R}$ | $0{,}59 \cdot \bar{R}$ | $0{,}49 \cdot \bar{R}$ | $0{,}43 \cdot \bar{R}$ | $0{,}39 \cdot \bar{R}$ | $0{,}37 \cdot \bar{R}$ | $0{,}35 \cdot \bar{R}$ | $0{,}34 \cdot \bar{R}$ | $0{,}32 \cdot \bar{R}$ |

| Bewertung | $c_p < 1{,}33$ bzw. $c_m < 1{,}67$ | $c_p \geq 1{,}33$ bzw. $c_m \geq 1{,}67$ |
|---|---|---|
| $c_{mk}$ bzw. $c_{pk} < 1{,}33$ | Streuung verkleinern, ggf. zentrieren | zentrieren |
| $c_{mk}$ bzw. $c_{pk} \geq 1{,}33$ | Streuung verkleinern | **Maschine bzw. Prozess fähig** |

3

## Statistische Prozessregelung (SPC)

### Prozesseinflüsse

Die **Statistische Prozessregelung** dient in erster Linie dazu, der Entstehung von Fehlern vorzubeugen. Durch die Analyse der Produktqualität können Fehlerursachen bestimmt und Gegenmaßnahmen zu ihrer Bekämpfung eingeleitet werden. Die Fehler können durch zufällige oder systematische **Prozesseinflüsse** auftreten.

**Beispiel**

| **Prozesseinflüsse** | Systematischer Einfluss | Zufälliger Einfluss |
|---|---|---|
| **Prüfwerte (beispielhafter Verlauf)** | Prüfwerte / Zeit | Prüfwerte / Zeit |
| **mögliche Ursache** | – Werkzeugverschleiß<br>– Kalibrierungsfehler (Messzeug)<br>– ungenaue Skalen | – Abweichung aufgrund unterschiedlicher Werkstücktemperaturen während des Prüfens<br>– Messkraftschwankungen |
| **Wirkung** | – bei erneuter Messung tritt eine unsymmetrische Häufung der gemessenen Werte auf | – die gemessenen Werte häufen sich symmetrisch um einen bestimmten Wert |
| **mögliche Maßnahmen** | – Eichung bzw. Justierung der Messgeräte<br>– Wahl alternativer Messmethoden | – erneute Messung bei konstanter Prüftemperatur<br>– gleiche Prüfkraft aufbringen |

## Statistische Prozessregelung (SPC)

### Qualitätsregelkarte 1

Die Voraussetzung für eine statistische Prozessregelung ist ein fähiger Prozess mit Normalverteilung. Die **Qualitätsregelkarte (QRK)** ist ein Hilfsmittel zur ständigen Beobachtung und Regelung von Fertigungsprozessen. Mit ihr können Abweichungen anhand von häufigen Stichprobenentnahmen gleichen Umfangs erkannt und Korrekturen vorgenommen werden, um der Fertigung von Ausschuss frühzeitig entgegen zu wirken.

**Arten von QRK (einspurig):**

1. **Urwertkarte** → Von jeder Stichprobe werden alle Messwerte eingetragen.
2. **Mittelwertkarte** ($\bar{x}$-Karte) → Von jeder Stichprobe wird der Mittelwert eingetragen.
3. **Spannweitenkarte** ($R$-Karte) → Von jeder Stichprobe wird die Spannweite eingetragen.
4. **Medianwertkarte** ($\tilde{x}$-Karte) → Von jeder Stichprobe wird der Medianwert eingetragen.
5. **Standardabweichungskarte** ($s$-Karte) → Von jeder Stichprobe wird die Standardabweichung eingetragen.

**Kombinierte QRKs (zweispurig):**

1. **$\bar{x}/R$-Karte** → hohe Aussagekraft
2. **$\bar{x}/s$-Karte** → höchste Aussagekraft



**Kennwerte einer QRK:**

| | | | |
|---|---|---|---|
| | | **M** | Mittelwert |
| **OGW** | oberer Grenzwert | **UGW** | unterer Grenzwert |
| **OEG** | obere Eingriffsgrenze | **UEG** | untere Eingriffsgrenze |
| **OWG** | obere Warngrenze | **UWG** | untere Warngrenze |

**Zu berechnende Kennwerte für eine QRK:**

| | | | |
|---|---|---|---|
| $\bar{x}$ | Mittelwert | $\tilde{x}$ | Medianwert |
| $R$ | Spannweite | $s$ | Standardabweichung |

**Beispiel**

(Auswertung der ersten drei Stichproben aus dem Beispiel „Urliste“)

**Urwertkarte**

- Die Urwertkarte ist eine QRK, die keine weiteren Berechnungen benötigt.
- Die Messwerte werden direkt in die Urwertkarte eingetragen.
- Aufgrund der Eintragung aller Messwerte wirkt sie teilweise ein wenig unübersichtlich.
- Die Urwertkarte besitzt nur eine geringe Aussagekraft.

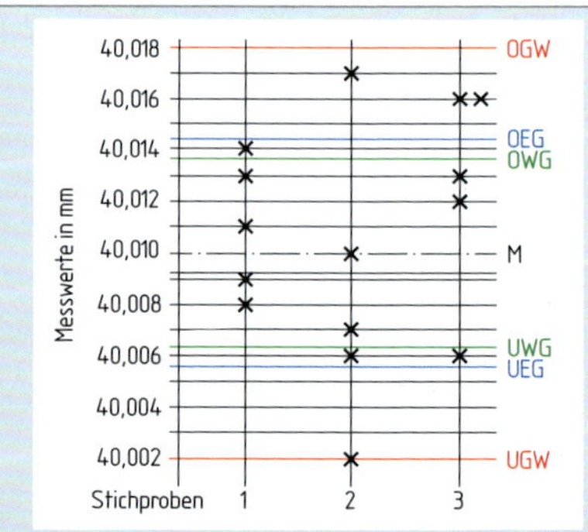

## Statistische Prozessregelung (SPC)

Qualitätsregelkarte 2

**Maßnahmen:**

- Bei Über- bzw. Unterschreitung einer **Warngrenze (OWG/UWG)** wird die Entnahme der Stichproben erhöht.
- Sollte eine **Eingriffsgrenze (OEG/UEG)** erreicht werden, ist ein Eingreifen in den Fertigungsprozess zwingend erforderlich.

**Beispiel**

(Auswertung der ersten drei Stichproben aus dem Beispiel „Urliste")

**Mittelwertkarte**

- Zur Verwendung der Mittelwertkarte (**$\bar{x}$-Karte)** ist die Berechnung des **arithmetischen Mittelwertes $\bar{x}$** jeder Stichprobe erforderlich.
- Die **arithmetischen Mittelwerte** werden anschließend in die Spur der Mittelwertkarte eingetragen und miteinander verbunden.
- Stichprobe 1 liegt knapp unterhalb der oberen Warngrenze (OWG) ist also noch im angestrebten Bereich.
- Stichprobe 2 hat die untere Warngrenze (UWG) unterschritten, liegt aber noch oberhalb der unteren Eingriffsgrenze (UEG). Als Folge wird die Entnahme der Stichproben erhöht.
- Stichprobe 3 hat die obere Eingriffsgrenze (OEG) überschritten. Ein Eingreifen in den Fertigungsprozess ist somit erforderlich.

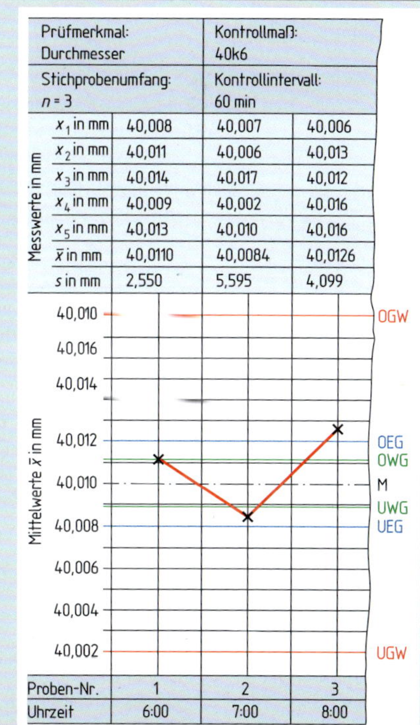

| Prüfmerkmal: Durchmesser | | Kontrollmaß: 40k6 | |
|---|---|---|---|
| Stichprobenumfang: $n = 3$ | | Kontrollintervall: 60 min | |
| Messwerte in mm: $x_1$ in mm | 40,008 | 40,007 | 40,006 |
| $x_2$ in mm | 40,011 | 40,006 | 40,013 |
| $x_3$ in mm | 40,014 | 40,017 | 40,012 |
| $x_4$ in mm | 40,009 | 40,002 | 40,016 |
| $x_5$ in mm | 40,013 | 40,010 | 40,016 |
| $\bar{x}$ in mm | 40,0110 | 40,0084 | 40,0126 |
| $s$ in mm | 2,550 | 5,595 | 4,099 |
| Proben-Nr. | 1 | 2 | 3 |
| Uhrzeit | 6:00 | 7:00 | 8:00 |





3

## Statistische Prozessregelung (SPC)

Qualitätsregelkarte 3

In der Tabelle sind mögliche **Prozessverläufe**, die während eines Fertigungsprozesses auftreten können, dargestellt und erläutert.

| Prozessverlauf | Erläuterung |
|---|---|
| OEG<br>M<br>UEG | **Natürlicher Verlauf**<br>• 2/3 der Messwerte befinden sich im Bereich ± *s* (Standardabweichung).<br>• Alle Messwerte befinden sich zwischen der oberen und unteren Eingriffsgrenze.<br>→ Ein Eingriff in den Prozess ist nicht erforderlich |
| OEG<br>M<br>UEG | **Werte kurz vor der Eingriffsgrenze**<br>• Ein oder mehrere Messwerte liegen im Bereich zwischen Warngrenze und Eingriffsgrenze.<br>→ Der Prozess wird verstärkt beobachtet. Zusätzliche Stichproben werden sofort entnommen. Der Prozess ist zu korrigieren, falls sich kein natürlicher Verlauf einstellt. |
| 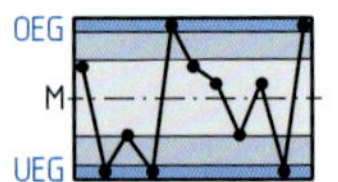 | **Eingriffsgrenzen über- bzw. unterschritten**<br>• Einer oder mehrere Messwerte liegen außerhalb einer Eingriffsgrenze (oder beider).<br>→ Die Maschine kann z. B. defekt sein oder muss nachjustiert werden. Ein Eingriff in den Prozess ist erforderlich. Alle nach der letzten Stichprobe gefertigten Teile müssen einer 100%-Prüfung unterzogen werden. |
| 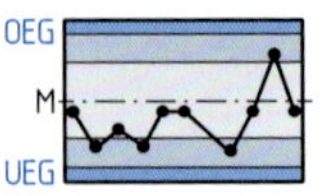 | **Run**<br>• Mindestens 7 Messwerte in Reihe liegen auf der selben Seite der Mittellinie.<br>→ Die Ursache kann z. B. Werkzeugwechsel sein. Der Prozess wird verstärkt beobachtet. Zusätzliche Stichproben werden sofort entnommen. Der Prozess ist zu ggf. zu korrigieren. |
| 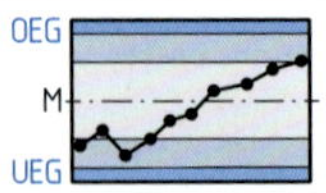 | **Trend fallend / Trend steigend**<br>• Mindestens 7 Messwerte in Reihe weisen zusammen einen fallenden / steigenden Verlauf auf.<br>→ Die Ursache kann z. B. Werkzeugverschleiß sein. Der Prozess ist zu unterbrechen um die Ursache abzustellen, da ggf. ein Überschreiten der unteren / oberen Eingriffsgrenze droht. |
| 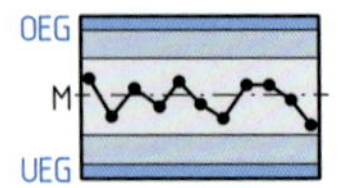 | **Middle Third**<br>• Mindestens 7 Messwerte in Reihe befinden sich im Bereich ± *s* (Standardabweichung).<br>→ Die Ursache kann z. B. eine optimierte Fertigung sein. Eine Analyse ist erforderlich. |
| 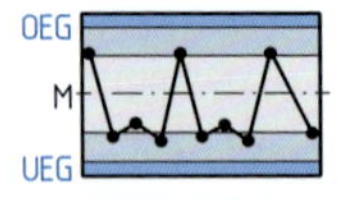 | **Perioden**<br>• Die Messwerte ändern in regemäßigen Abständen die Seite der Mittellinie.<br>→ Die Ursache kann z. B. in der Beschaffenheit der Messinstrumente liegen. Eine Analyse ist erforderlich. |

# Graphische Fehleranalyse

Fehlersammelkarte, Pareto-Analyse (ABC-Analyse)

## Fehlersammelkarte

In einer Fehlersammelkarte werden in **Stichproben** auftretende **Fehlerarten** und die **Häufigkeit** ihres Auftretens tabellarisch protokolliert. Die aufgetretenen Fehlerarten werden untereinander aufgelistet. Die jeweilige Fehlerhäufigkeit wird daneben notiert.

**Beispiel**

- Schweißteil (Verfahren: Lichtbogenhandschweißen)
- Anzahl der Stichproben $m = 5$
- Es wurde zusätzlich die absolute und relative Häufigkeit der Fehlerarten berechnet.

| **Teil:** | | **Prüfturnus:** | | | | **Stichprobenumfang:** | |
|---|---|---|---|---|---|---|---|
| Fehler | | | | | | Häufigkeit | |
| | | | | | | absolut | relativ |
| Einbrandkerbe | 4 | | 3 | | 3 | 10 | 25 % |
| Spritzer | | 4 | | 1 | 3 | 8 | 20 % |
| Bindefehler | | | | | 2 | 2 | 5 % |
| Zündstellen | | | | 4 | | 4 | 10 % |
| Endkraterriss | | 3 | 2 | 5 | 4 | 14 | 35 % |
| Poren | | 2 | | | | 2 | 5 % |
| Stichprobe | 1 | 2 | 3 | 4 | 5 | 40 | 100 % |

## Pareto-Analyse (ABC-Analyse)

Grundlage der Pareto-Analyse ist die Erkenntnis, dass lediglich 20 % der möglichen Fehlerursachen für 80 % der auftretenden Fehler verantwortlich sind. Durch systematische Bekämpfung dieser Fehlerursachen lassen sich somit große Verbesserungen erzielen.
Ein Pareto-Diagramm hilft bei der Entscheidung, welche Ursachen in welcher Reihenfolge angegangen werden sollten.
Als Grundlage für das Pareto-Diagramm wird häufig eine Fehlersammelkarte verwendet.

**Beispiel**

- Schweißteil (Verfahren: Lichtbogenhandschweißen)
- Es werden die am häufigsten auftretenden Fehler addiert, bis die Summenhäufigkeit 80 % erreicht wird, also Endkraterriss (35 %), Einbrandkerbe (25 %) und Spritzer (20 %).
- Die Fehlerursachen für Endkraterriss, Einbrandkerbe und Spritzer sollten als erstes minimiert bzw. behoben werden.

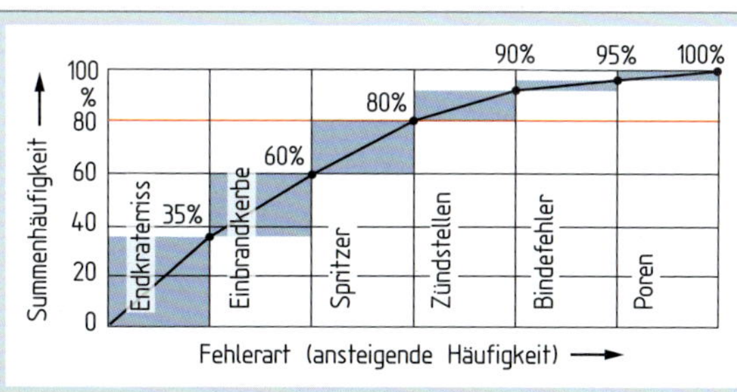


3

## Einfacher Riementrieb

| Abbildung | Formel / Formelumstellung | | Formelzeichen / Einheiten | |
|---|---|---|---|---|
| $d_1$; treibend; $n_1$; $v_1$; $v = v_1 = v_2$; $i$; $v_2$; $n_2$; getrieben; $d_2$ | $d_1 \cdot n_1 = d_2 \cdot n_2$ | | **Treibende Scheibe:** | |
| | $d_1 = \frac{d_2 \cdot n_2}{n_1}$ | $n_1 = \frac{d_2 \cdot n_2}{d_1}$ | $d_1$ Wirkdurchmesser | (z. B.) mm, m |
| | $d_2 = \frac{d_1 \cdot n_1}{n_2}$ | $n_2 = \frac{d_1 \cdot n_1}{d_2}$ | $n_1$ Drehzahl | (z. B.) $\frac{1}{\text{min}}$ |
| | $i = \frac{n_1}{n_2}$ | | **Getriebene Scheibe:** | |
| | $n_1 = i \cdot n_2$ | $n_2 = \frac{n_1}{i}$ | $d_2$ Wirkdurchmesser | (z. B.) mm, m |
| | $v = d \cdot \pi \cdot n$ | | $n_2$ Drehzahl | (z. B.) $\frac{1}{\text{min}}$ |
| | $d = \frac{v}{\pi \cdot n}$ | $n = \frac{v}{d \cdot \pi}$ | $v$ Umfangs-geschwindigkeit | (z. B.) $\frac{\text{mm}}{\text{min}}$ |
| | $i = \frac{d_2}{d_1}$ | | $i$ Übersetzungsverhältnis | |
| | $d_2 = d_1 \cdot i$ | $d_1 = \frac{d_2}{i}$ | $i > 1$: Übersetzung ins Langsame<br>$i < 1$: Übersetzung ins Schnelle<br>$i = 1$: direkte Übersetzung | |

**Beispiel**

$d_1 = 150\,\text{mm}$

$n_1 = 600\,\frac{1}{\text{min}}$

$d_2 = 240\,\text{mm}$

$n_2 = ?$

$$n_2 = \frac{d_1 \cdot n_1}{d_2}$$

$$n_2 = \frac{150\ \text{mm} \cdot 600\ \frac{1}{\text{min}}}{240\ \text{mm}} = 375\ \frac{\cancel{\text{mm}} \cdot \frac{1}{\text{min}}}{\cancel{\text{mm}}} = 375\ \frac{1}{\text{min}}$$

4

## Mehrfacher Riementrieb 1

| Formelzeichen / Einheiten | | | Formel / Formelumstellung | Abbildung |
|---|---|---|---|---|
| **Treibende Scheiben:** | | | $d_1 \cdot d_3 \cdot n_1 = d_2 \cdot d_4 \cdot n_4$ | 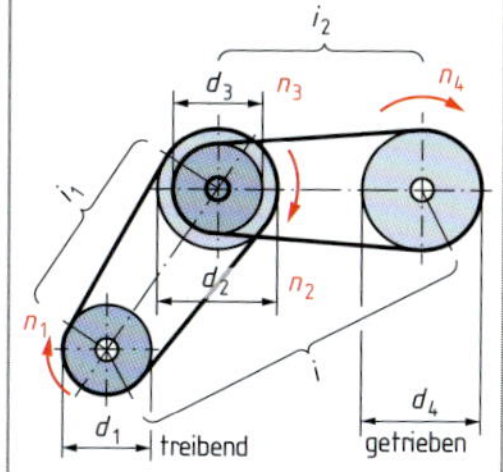 |
| $d_1, d_3$ | Wirkdurchmesser | (z. B.) mm, m | $n_1 = \frac{d_2 \cdot d_4 \cdot n_4}{d_1 \cdot d_3}$ $\quad n_4 = \frac{d_1 \cdot d_3 \cdot n_1}{d_2 \cdot d_4}$ | $n_1 = n_A$ |
| $n_1, n_3$ | Umdrehungsfrequenz (Drehzahl) | (z. B.) $\frac{1}{\text{min}}$ | $d_1 = \frac{d_2 \cdot d_4 \cdot n_4}{d_3 \cdot n_1}$ $\quad d_2 = \frac{d_1 \cdot d_3 \cdot n_1}{d_4 \cdot n_4}$ | $n_4 = n_E$ |
| $n_A$ | Anfangsumdrehungsfrequenz | (z. B.) $\frac{1}{\text{min}}$ | $d_3 = \frac{d_2 \cdot d_4 \cdot n_4}{d_1 \cdot n_1}$ $\quad d_4 = \frac{d_1 \cdot d_3 \cdot n_1}{d_2 \cdot n_4}$ | $n_2 = n_3$ |
| **Getriebene Scheiben:** | | | | |
| $d_2, d_4$ | Wirkdurchmesser | (z. B.) mm, m | | |
| $n_2, n_4$ | Umdrehungsfrequenz (Drehzahl) | (z. B.) $\frac{1}{\text{min}}$ | | |
| $n_E$ | Endumdrehungsfrequenz | (z. B.) $\frac{1}{\text{min}}$ | | |
| $i_1, i_2$ | Einzelübersetzungsverhältnisse | | | |
| $i$ | Gesamtübersetzungsverhältnis | | | |

**Beispiel**

$n_1 = 650 \frac{1}{\text{min}}$

$d_1 = 180\,\text{mm}$ $\quad d_2 = 300\,\text{mm}$

$d_3 = 200\,\text{mm}$ $\quad d_4 = 350\,\text{mm}$

$n_4 = ?$

$$n_4 = \frac{d_1 \cdot d_3 \cdot n_1}{d_2 \cdot d_4}$$

$$n_4 = \frac{180\,\text{mm} \cdot 200\,\text{mm} \cdot 650\,\frac{1}{\text{min}}}{300\,\text{mm} \cdot 350\,\text{mm}} = 222{,}9\,\frac{\cancel{\text{mm}} \cdot \cancel{\text{mm}} \cdot \frac{1}{\text{min}}}{\cancel{\text{mm}} \cdot \cancel{\text{mm}}} = \underline{\underline{222{,}9\,\frac{1}{\text{min}}}}$$

4

## Mehrfacher Riementrieb 2

### Abbildung

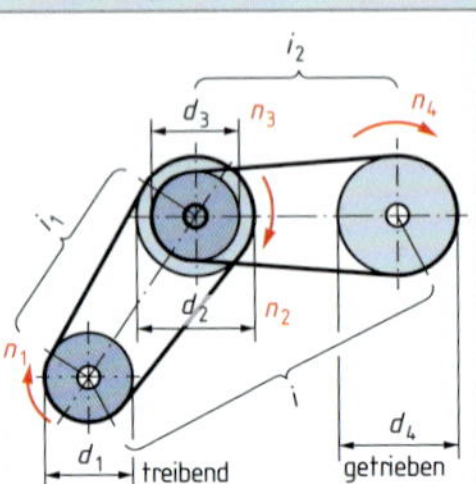


$n_1 = n_A$

$n_4 = n_E$

$n_2 = n_3$

### Formel / Formelumstellung

$$i_1 = \frac{d_2}{d_1} \qquad i_1 = \frac{n_1}{n_2}$$

$$i_2 = \frac{d_4}{d_3} \qquad i_2 = \frac{n_3}{n_4}$$

$$i = i_1 \cdot i_2$$

$$i = \frac{n_1}{n_2} \cdot \frac{n_3}{n_4} \qquad i = \frac{d_2}{d_1} \cdot \frac{d_4}{d_3}$$

$$i = \frac{n_A}{n_E} = \frac{n_1}{n_4}$$

$$n_A = i \cdot n_E \qquad n_E = \frac{n_A}{i}$$

### Formelzeichen / Einheiten

**Treibende Scheiben:**

| | | |
|---|---|---|
| $d_1, d_3$ | Wirkdurchmesser | (z.B.) mm, m |
| $n_1, n_3$ | Drehzahl | (z.B.) $\frac{1}{\text{min}}$ |
| $n_A$ | Anfangs-umdrehungs-frequenz | (z.B.) $\frac{1}{\text{min}}$ |

**Getriebene Scheiben:**

| | | |
|---|---|---|
| $d_2, d_4$ | Wirkdurchmesser | (z.B.) mm, m |
| $n_2, n_4$ | Drehzahl | (z.B.) $\frac{1}{\text{min}}$ |
| $n_E$ | End-umdrehungs-frequenz | (z.B.) $\frac{1}{\text{min}}$ |

$i_1, i_2$ Einzelübersetzungsverhältnisse

$i$ Gesamtübersetzungsverhältnis

4

**Beispiel**

$d_1 = 180\,\text{mm}$

$d_2 = 300\,\text{mm}$

$d_3 = 200\,\text{mm}$

$d_4 = 350\,\text{mm}$

$i = ?$

$$i = \frac{d_2}{d_1} \cdot \frac{d_4}{d_3}$$

$$i = \frac{300\,\text{mm}}{180\,\text{mm}} \cdot \frac{350\,\text{mm}}{200\,\text{mm}} = 2{,}9\,\frac{\cancel{\text{mm}} \cdot \cancel{\text{mm}}}{\cancel{\text{mm}} \cdot \cancel{\text{mm}}} = \underline{\underline{2{,}9}}$$

## Einfacher Zahntrieb

| Formelzeichen / Einheiten | | Formel / Formelumstellung | | Abbildung |
|---|---|---|---|---|
| $z_1$ Zähnezahl treibendes Zahnrad | | $z_1 \cdot n_1 = z_2 \cdot n_2$ | | **Einfacher Zahntrieb** |
| $z_2$ Zähnezahl getriebenes Zahnrad | | $n_1 = \frac{z_2 \cdot n_2}{z_1}$ | $z_1 = \frac{z_2 \cdot n_2}{n_1}$ | |
| $n_1$ Umdrehungsfrequenz (Drehzahl) treibendes Zahnrad | (z. B.) $\frac{1}{\text{min}}$ | $n_2 = \frac{z_1 \cdot n_1}{z_2}$ | $z_2 = \frac{z_1 \cdot n_1}{n_2}$ | |
| $n_2$ Umdrehungsfrequenz (Drehzahl) getriebenes Zahnrad | (z. B.) $\frac{1}{\text{min}}$ | $i = \frac{z_2}{z_1}$ | | |
| $d_1$ Teilkreisdurchmesser | mm | $z_2 = i \cdot z_1$ | $z_1 = \frac{z_2}{i}$ | |
| $d_2$ Teilkreisdurchmesser | mm | $i = \frac{n_1}{n_2}$ | | |
| $i$ Übersetzungsverhältnis | | $n_1 = i \cdot n_2$ | $n_2 = \frac{n_1}{i}$ | |
| $i > 1$: Übersetzung ins Langsame<br>$i < 1$: Übersetzung ins Schnelle<br>$i = 1$: direkte Übersetzung | | $i = \frac{d_2}{d_1}$ | | |
| | | $d_2 = i \cdot d_1$ | $d_1 = \frac{d_2}{i}$ | |

**Beispiel**

$z_1 = 36$

$z_2 = 90$

$n_1 = 120 \frac{1}{\text{min}}$

$n_2 = ?$

$$n_2 = \frac{z_1 \cdot n_1}{z_2}$$

$$n_2 = \frac{36 \cdot 120 \frac{1}{\text{min}}}{90} = \underline{\underline{48 \frac{1}{\text{min}}}}$$

4

## Mehrfacher Zahntrieb 1

| Abbildung | Formel / Formelumstellung | | Formelzeichen / Einheiten | | |
|---|---|---|---|---|---|
| **Mehrfacher Zahntrieb** 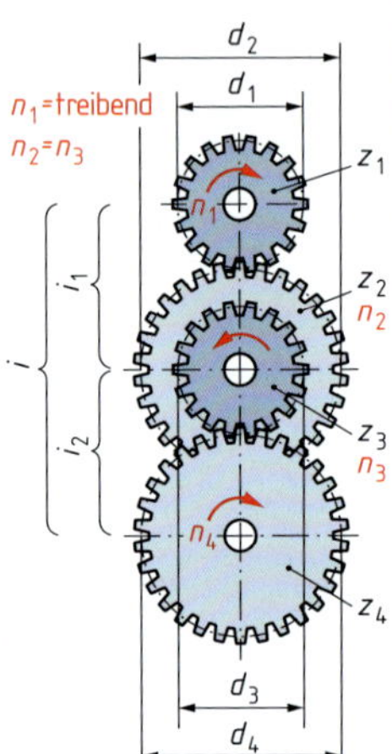  | $z_1 \cdot z_3 \cdot n_1 = z_2 \cdot z_4 \cdot n_4$ | | **Treibende Zahnräder:** | | |
| | $n_1 = \frac{z_2 \cdot z_4 \cdot n_4}{z_1 \cdot z_3}$ | $n_4 = \frac{z_1 \cdot z_3 \cdot n_1}{z_2 \cdot z_4}$ | $z_1, z_3$ … | Zähnezahl | |
| | $z_1 = \frac{z_2 \cdot z_4 \cdot n_4}{z_3 \cdot n_1}$ | $z_2 = \frac{z_1 \cdot z_3 \cdot n_1}{z_4 \cdot n_4}$ | $n_1, n_3$ … | Umdrehungsfrequenz (Drehzahl) | (z. B.) $\frac{1}{\text{min}}$ |
| | $z_3 = \frac{z_2 \cdot z_4 \cdot n_4}{z_1 \cdot n_1}$ | $z_4 = \frac{z_1 \cdot z_3 \cdot n_1}{z_2 \cdot n_4}$ | $d_1, d_3$ … | Teilkreisdurchmesser | mm |
| | | | **Getriebene Zahnräder:** | | |
| | | | $z_2, z_4$ … | Zähnezahl | |
| | | | $n_2, n_4$ … | Umdrehungsfrequenz (Drehzahl) | (z. B.) $\frac{1}{\text{min}}$ |
| | | | $d_2, d_4$ … | Teilkreisdurchmesser | mm |
| | | | $i_1, i_2$ … | Einzelübersetzungsverhätnisse | |
| | | | $i$ | Gesamtübersetzungsverhältnis | |
| | | | $n_1$ | Anfangsdrehzahl | (z. B.) $\frac{1}{\text{min}}$ |
| | | | $n_4$ | Enddrehzahl | (z. B.) $\frac{1}{\text{min}}$ |

**Beispiel**

$n_1 = 280 \frac{1}{\text{min}}$

$z_1 = 36$ $z_2 = 60$

$z_3 = 36$ $z_4 = 60$

$n_4 = ?$

$$n_4 = \frac{z_1 \cdot z_3 \cdot n_1}{z_2 \cdot z_4}$$

$$n_4 = \frac{36 \cdot 36 \cdot 280 \frac{1}{\text{min}}}{60 \cdot 60} = \underline{\underline{100{,}8 \frac{1}{\text{min}}}}$$

4

## Mehrfacher Zahntrieb 2

### Formelzeichen / Einheiten

**Treibende Zahnräder:**

| | | |
|---|---|---|
| $z_1, z_3 \dots$ | Zähnezahl | |
| $n_1, n_3 \dots$ | Umdrehungsfrequenz (Drehzahl) | (z. B.) $\frac{1}{\text{min}}$ |
| $d_1, d_3 \dots$ | Teilkreisdurchmesser | mm |

**Getriebene Zahnräder:**

| | | |
|---|---|---|
| $z_2, z_4 \dots$ | Zähnezahl | |
| $n_2, n_4 \dots$ | Umdrehungsfrequenz (Drehzahl) | (z. B.) $\frac{1}{\text{min}}$ |
| $d_2, d_4 \dots$ | Teilkreisdurchmesser | mm |
| $i_1, i_2 \dots$ | Einzelübersetzungsverhätnisse | |
| $i$ | Gesamtübersetzungsverhältnis | |
| $n_1$ | Anfangsdrehzahl | (z. B.) $\frac{1}{\text{min}}$ |
| $n_4$ | Enddrehzahl | (z. B.) $\frac{1}{\text{min}}$ |

### Formel / Formelumstellung

$$i_1 = \frac{z_2}{z_1} \qquad i_1 = \frac{n_1}{n_2} \qquad i_1 = \frac{d_2}{d_1}$$

$$i_2 = \frac{z_4}{z_3} \qquad i_2 = \frac{n_3}{n_4} \qquad i_2 = \frac{d_4}{d_3}$$

$$i = i_1 \cdot i_2$$

$$i = \frac{z_2}{z_1} \cdot \frac{z_4}{z_3} \qquad i = \frac{n_1}{n_2} \cdot \frac{n_3}{n_4} \qquad i = \frac{d_2}{d_1} \cdot \frac{d_4}{d_3}$$

$$i = \frac{n_1}{n_4}$$

$$n_1 = i \cdot n_4 \qquad n_4 = \frac{n_1}{i}$$

### Abbildung

**Mehrfacher Zahntrieb**

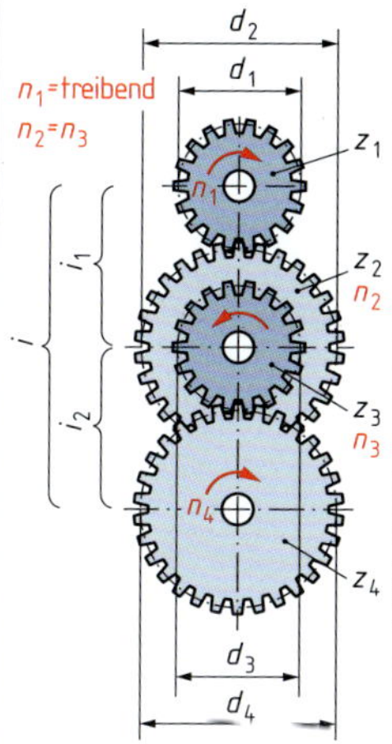

$n_1$ = treibend

$n_2 = n_3$

### Beispiel

$z_1 = 24 \quad z_2 = 60$

$z_3 = 36 \quad z_4 = 56$

$i = ?$

$$i = \frac{z_2}{z_1} \cdot \frac{z_4}{z_3}$$

$$i = \frac{60 \cdot 56}{24 \cdot 36} = \underline{\underline{3{,}89}}$$

## Schneckentrieb, Übersetzungen

| Abbildung | Formel / Formelumstellung | | Formelzeichen / Einheiten |
|---|---|---|---|
| **Schneckentrieb**<br>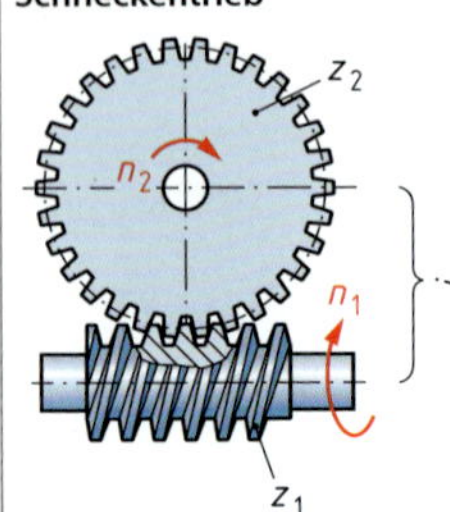<br> | $z_1 \cdot n_1 = z_2 \cdot n_2$ | | $z_1$ Gangzahl der Schnecke (Zähnezahl)<br>$z_2$ Zähnezahl Schneckenrad<br>$n_1$ Umdrehungsfrequenz (Drehzahl) Schnecke (z. B.) $\frac{1}{\text{min}}$<br>$n_2$ Umdrehungsfrequenz (Drehzahl) Schneckenrad (z. B.) $\frac{1}{\text{min}}$<br>$i$ Übersetzungsverhältnis |
| | $n_1 = \frac{z_2 \cdot n_2}{z_1}$ | $z_1 = \frac{z_2 \cdot n_2}{n_1}$ | |
| | $n_2 = \frac{z_1 \cdot n_1}{z_2}$ | $z_2 = \frac{z_1 \cdot n_1}{n_2}$ | |
| | $i = \frac{z_2}{z_1}$ | | |
| | $z_2 = i \cdot z_1$ | $z_1 = \frac{z_2}{i}$ | |
| | $i = \frac{n_1}{n_2}$ | | |
| | $n_1 = i \cdot n_2$ | $n_2 = \frac{n_1}{i}$ | |



**Beispiel**

$z_1 = 2$

$z_2 = 60$

$n_1 = 240 \frac{1}{\text{min}}$

$n_2 = ?$

$$n_2 = \frac{z_1 \cdot n_1}{z_2}$$

$$n_2 = \frac{2 \cdot 240 \frac{1}{\text{min}}}{60} = \underline{\underline{8 \frac{1}{\text{min}}}}$$

## Achsabstand, Zahnradberechnung

| Formelzeichen / Einheiten | | | Formel / Formelumstellung | Abbildung |
|---|---|---|---|---|
| $a$ | Achsabstand | mm | $a = \frac{m}{2} \cdot (z_1 + z_2)$ | **Achsabstand** |
| $m$ | Modul | mm | $m = \frac{2 \cdot a}{z_1 + z_2}$ | |
| $z_1$ | Zähnezahl | | $z_1 = \frac{2 \cdot a}{m} - z_2$ | |
| $z_2$ | Zähnezahl | | $z_2 = \frac{2 \cdot a}{m} - z_1$ | |
| $d_1$ | Teilkreisdurchmesser | mm | $a = \frac{d_1 + d_2}{2}$ | |
| $d_2$ | Teilkreisdurchmesser | mm | $d_1 = 2 \cdot a - d_2$ | |
| $p$ | Teilung | mm | $d_2 = 2 \cdot a - d_1$ | |
| $c$ | Kopfspiel | mm | | |

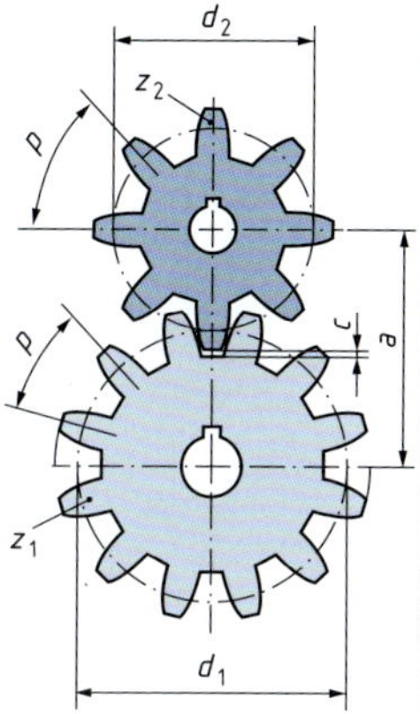

**Beispiel**

$z_1 = 32$

$z_2 = 64$

$m = 2\,\text{mm}$

$a = ?$

$$a = \frac{m}{2} \cdot (z_1 + z_2)$$

$$a = \frac{2\,\text{mm}}{2} \cdot (32 + 64) = \underline{\underline{96\,\text{mm}}}$$

4

## Achsabstand bei Innenverzahnung

| Abbildung | Formel / Formelumstellung | Formelzeichen / Einheiten |
|---|---|---|
| **Achsabstand bei Innenverzahnung**<br>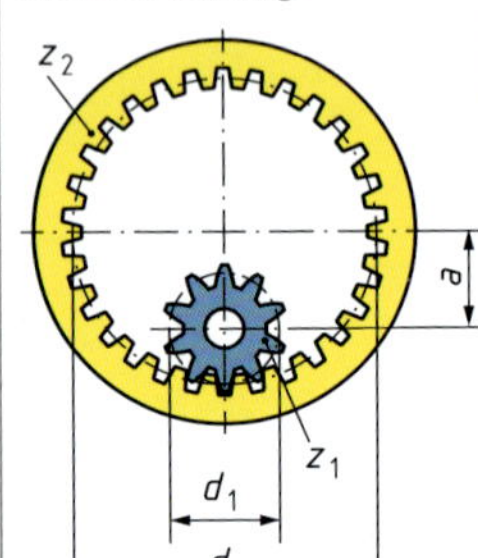<br> | $a = \frac{m}{2} \cdot (z_2 - z_1)$<br><br>$m = \frac{2 \cdot a}{z_2 - z_1}$<br><br>$z_1 = z_2 - \frac{2 \cdot a}{m}$<br><br>$z_2 = z_1 + \frac{2 \cdot a}{m}$<br><br>$a = \frac{d_2 - d_1}{2}$<br><br>$d_1 = d_2 - 2 \cdot a$<br><br>$d_2 = d_1 + 2 \cdot a$ | $a$ Achsabstand mm<br>$m$ Modul mm<br>$z_1$ Zähnezahl des inneren Zahnrades<br>$z_2$ Zähnezahl des äußeren Zahnrades<br>$d_1$ Teilkreisdurchmesser des inneren Rades mm<br>$d_2$ Teilkreisdurchmesser des äußeren Rades mm |

**Beispiel**

$z_1 = 16$

$z_2 = 64$

$m = 2{,}5\,\text{mm}$

$a = ?$

$$a = \frac{m}{2} \cdot (z_2 - z_1)$$

$$a = \frac{2{,}5\,\text{mm}}{2} \cdot (64 - 16) = \underline{\underline{60\,\text{mm}}}$$

## Zahnstangentrieb

| Formelzeichen / Einheiten | | | Formel / Formelumstellung | Abbildung |
|---|---|---|---|---|
| $s$ | Zahnstangenweg in Abhängigkeit vom Drehwinkel $\alpha$ des Zahnrades | (z. B.) mm | Zahnstangenweg in Abhängigkeit vom Drehwinkel $\alpha$: $s = m \cdot z \cdot \pi \cdot \frac{\alpha}{360°}$ | **Zahnstangentrieb** |
| $m$ | Modul | mm | $z = \frac{s \cdot 360°}{m \cdot \pi \cdot \alpha}$  $\alpha = \frac{s \cdot 360°}{m \cdot z \cdot \pi}$ | |
| $z$ | Zähnezahl des Zahnrades | | $v_f = n \cdot z \cdot p$ | |
| $\alpha$ | Drehwinkel des Zahnrades | in ° (Grad) | $n = \frac{v_f}{z \cdot p}$  $z = \frac{v_f}{n \cdot p}$  $p = \frac{v_f}{n \cdot z}$ | |
| $v_f$ | Vorschubgeschwindigkeit | (z. B.) $\frac{\text{mm}}{\text{min}}$ | $v_f = d \cdot \pi \cdot n$ | |
| $n$ | Umdrehungsfrequenz (Drehzahl) des Zahnrades | (z. B.) $\frac{1}{\text{min}}$ | $d = \frac{v_f}{\pi \cdot n}$  $n = \frac{v_f}{\pi \cdot d}$ | |
| $p$ | Teilung | mm | $p = \pi \cdot m$ | |
| $d$ | Teilkreisdurchmesser des Zahnrades | mm | $m = \frac{p}{\pi}$ | |



**Beispiel**

$m = 4\,\text{mm}$

$z = 60$

$\alpha = 120°$

$s = ?$

$$s = m \cdot z \cdot \pi \cdot \frac{\alpha}{360°}$$

$$s = 4\,\text{mm} \cdot 60 \cdot \pi \cdot \frac{120°}{360°} = \underline{\underline{251{,}3\,\text{mm}}}$$

4

## Zahnradmaße 1

| Abbildung | Formel / Formelumstellung | Formelzeichen / Einheiten |
|---|---|---|
| **Zahnradmaße 1**<br>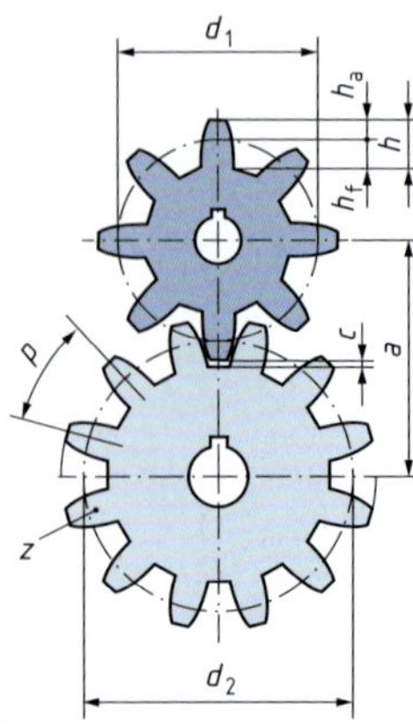<br> | $d = m \cdot z$<br>$m = \frac{d}{z}$<br>$z = \frac{d}{m}$<br>$m = \frac{p}{\pi}$<br>$p = m \cdot \pi$<br>$h = h_a + h_f$ $h_a = m$<br>$h_f = h - h_a$<br>$h_a = h - h_f$<br>$h_f = m + c$<br>$h = 2 \cdot m + c$ | $d$ Teilkreisdurchmesser mm<br>$m$ Modul mm<br>$z$ Zähnezahl<br>$p$ Teilung mm<br>$h$ Zahnhöhe mm<br>$h_a$ Zahnkopfhöhe mm<br>$h_f$ Zahnfußhöhe mm<br>$c$ Kopfspiel mm<br>$a$ Achsabstand mm<br><br>$c = 0{,}1 \cdot m$ bis $0{,}3 \cdot m$<br>häufig $c = 0{,}167 \cdot m$ |

**Beispiel**

$m = 2{,}5\,\text{mm}$
$z = 80$
$c = 0{,}167 \cdot m$
$d = ?$
$h = ?$

$d = m \cdot z$

$d = 2{,}5\,\text{mm} \cdot 80 = \underline{\underline{200\,\text{mm}}}$

$h = 2 \cdot m + c$

$h = 2 \cdot 2{,}5\,\text{mm} + (0{,}167 \cdot 2{,}5\,\text{mm}) = \underline{\underline{5{,}42\,\text{mm}}}$

4

handwerk-technik.de

## Zahnradmaße 2

| Formelzeichen / Einheiten | | | Formel / Formelumstellung | Abbildung |
|---|---|---|---|---|
| $d_a$ | Kopfkreisdurchmesser | mm | $d_a = d + 2 \cdot m$ | **Zahnradmaße 2** |
| $d$ | Teilkreisdurchmesser | mm | $d_a = m \cdot (z + 2)$ | 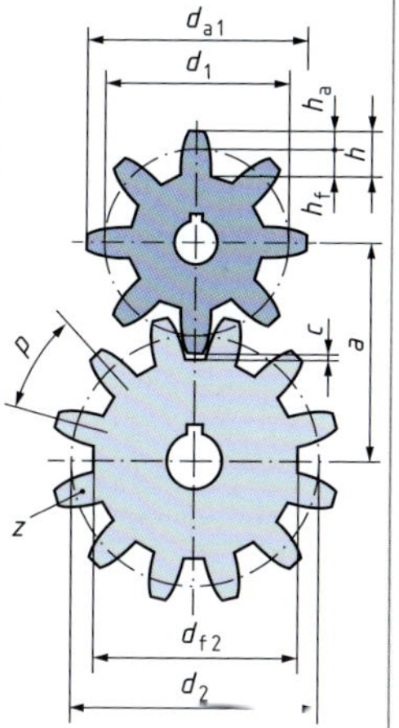 |
| $m$ | Modul | mm | $d_f = d - 2 \cdot (m + c)$ | |
| $z_1, z_2$ | Zähnezahl | | $a = \frac{z_1 + z_2}{2} \cdot m$ | |
| $d_f$ | Fußkreisdurchmesser | mm | $a = \frac{d_1 + d_2}{2}$ | |
| $c$ | Kopfspiel | mm | | |
| $a$ | Achsabstand | mm | | |
| $p$ | Teilung | mm | | |
| $h$ | Zahnhöhe | mm | | |
| $h_a$ | Zahnkopfhöhe | mm | | |
| $h_f$ | Zahnfußhöhe | mm | | |



$c = 0{,}1 \cdot m$ bis $0{,}3 \cdot m$
häufig $c = 0{,}167 \cdot m$

**Beispiel**

$m = 4\,\text{mm}$
$z = 80$
$d_a = ?$

$d_a = m \cdot (z + 2)$

$d_a = 4\text{ mm} \cdot (80 + 2) = \underline{\underline{328\text{ mm}}}$

4

## Hydrostatischer Druck, Seitendruckkraft

| Abbildung | Formel / Formelumstellung | Formelzeichen / Einheiten |
|---|---|---|
| **Hydrostatischer Druck** | $p_e = \varrho \cdot g \cdot h$<br>$\varrho = \frac{p_e}{g \cdot h}$<br>$h = \frac{p_e}{\varrho \cdot g}$ | $p_e$ hydrostatischer Druck (z. B.) $\frac{N}{m^2}$, bar, Pa<br>$\varrho$ Dichte des Mediums (z. B.) $\frac{kg}{dm^3}$, $\frac{kg}{m^3}$<br>$g$ Fall-/Erdbeschleunigung $\frac{m}{s^2}$<br>$h$ Höhe der Flüssigkeitssäule (z. B.) mm, m<br>$1\,bar = 10\,\frac{N}{cm^2} = 10^5\,Pa$ \| $g = 9{,}81\,\frac{m}{s^2}$ |

**Beispiel**

$\varrho_{Wasser} = 1000\,\frac{kg}{m^3}$

$h = 2\,m$

$p_e = ?$

$p_e = \varrho \cdot g \cdot h$

$p_e = 1000\,\frac{kg}{m^3} \cdot 9{,}81\,\frac{m}{s^2} \cdot 2\,m = 19620\,\frac{kg \cdot \cancel{m} \cdot \cancel{m}}{m^{\cancel{3}} \cdot s^2} = 19620\,\frac{kg}{m \cdot s^2} = 19620\,Pa = \underline{\underline{0{,}196\,bar}}$

| Abbildung | Formel / Formelumstellung | Formelzeichen / Einheiten |
|---|---|---|
| **Seitendruckkraft**<br>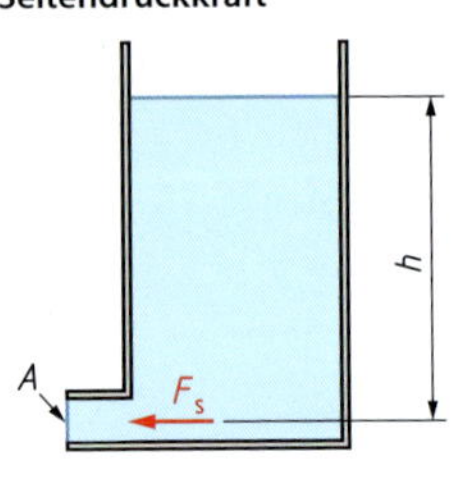 | $F_S = p_e \cdot A$   $p_e = \frac{F_S}{A}$   $A = \frac{F_S}{p_e}$<br>$F_S = \varrho \cdot g \cdot h \cdot A$<br>$\varrho = \frac{F_S}{g \cdot h \cdot A}$   $h = \frac{F_S}{\varrho \cdot g \cdot A}$   $A = \frac{F_S}{\varrho \cdot g \cdot h}$ | $F_s$ Seitendruckkraft (z. B.) N, kN<br>$p_e$ hydrostatischer Druck (z. B.) $\frac{N}{m^2}$, bar, Pa<br>$A$ seitliche Fläche (z. B.) $m^2$, $cm^2$<br>$\varrho$ Dichte des Mediums (z. B.) $\frac{kg}{dm^3}$, $\frac{kg}{m^3}$<br>$g$ Fall-/Erdbeschleunigung $\frac{m}{s^2}$<br>$h$ Höhe der Flüssigkeitssäule (z. B.) mm, m<br>$1\,bar = 10\,\frac{N}{cm^2} = 10^5\,Pa$ \| $g = 9{,}81\,\frac{m}{s^2}$ |

**Beispiel**

$\varrho_{Heizöl} = 830\,\frac{kg}{m^3}$

$h = 1{,}5\,m$

$A = 0{,}0025\,m^2$

$F_s = ?$

$F_s = \varrho \cdot g \cdot h \cdot A$

$F_s = 830\,\frac{kg}{m^3} \cdot 9{,}81\,\frac{m}{s^2} \cdot 1{,}5\,m \cdot 0{,}0025\,m^2 = 30{,}53\,\frac{kg \cdot m \cdot \cancel{m} \cdot \cancel{m^2}}{\cancel{m^3} \cdot s^2} = 30{,}53\,\frac{kg \cdot m}{s^2} = \underline{\underline{30{,}53\,N}}$

5

## Aufdruckkraft, Auftrieb in Flüssigkeiten

| Formelzeichen / Einheiten | | Formel / Formelumstellung | Abbildung |
|---|---|---|---|
| $F$ Aufdruckkraft | (z. B.) N, kN | $F = p_e \cdot A$ | **Aufdruckkraft** 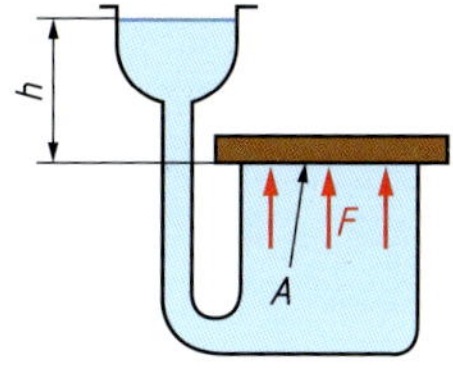  |
| $p_e$ hydrostatischer Druck | (z. B.) $\frac{N}{m^2}$, bar, Pa | $p_e = \frac{F}{A}$ $\quad A = \frac{F}{p_e}$ | |
| $A$ Fläche der Abdeckung | (z. B.) $m^2$ | | |
| $\varrho$ Dichte des Mediums | (z. B.) $\frac{kg}{dm^3}, \frac{kg}{m^3}$ | $F = \varrho \cdot g \cdot h \cdot A$ | |
| $g$ Fall-/Erdbeschleunigung | $\frac{m}{s^2}$ | $\varrho = \frac{F}{g \cdot h \cdot A}$ $\quad h = \frac{F}{\varrho \cdot g \cdot h}$ $\quad A = \frac{F}{\varrho \cdot g \cdot h}$ | |
| $h$ Höhe der Flüssigkeit | (z. B.) mm, m | | |
| $1\,bar = 10 \frac{N}{cm^2} = 10^5\,Pa$ | $g = 9{,}81 \frac{m}{s^2}$ | | |

**Beispiel**

$\varrho_{Wasser} = 1000 \frac{kg}{m^3}$

$h = 3\,m$

$A = 0{,}25\,m^2 \quad F_s = ?$

$$F = \varrho \cdot g \cdot h \cdot A$$

$$F = 1000 \frac{kg}{m^3} \cdot 9{,}81 \frac{m}{s^2} \cdot 3\,m \cdot 0{,}25\,m^2 = 7357{,}5 \frac{kg \cdot m \cdot \cancel{m} \cdot \cancel{m^2}}{\cancel{m^3} \cdot s^2} = 7357{,}5 \frac{kg \cdot m}{s^2} = \underline{\underline{7357{,}5\,N}}$$

| Formelzeichen / Einheiten | | Formel / Formelumstellung | Abbildung |
|---|---|---|---|
| $F_A$ Auftriebskraft | (z. B.) N, kN | $F_A = V_{Fl} \cdot \varrho_{Fl} \cdot g$ $\quad F_A = F_{GFl}$ | **Auftrieb in Flüssigkeiten** 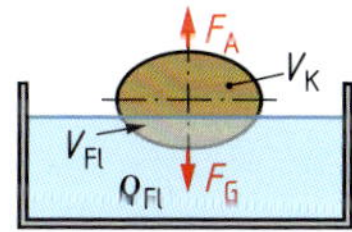  |
| $V_{Fl}$ Volumen der verdrängten Flüssigkeit | (z. B.) l, $m^3$ | $V_{Fl} = \frac{F_A}{\varrho_{Fl} \cdot g}$ $\quad \varrho_{Fl} = \frac{F_A}{V_{Fl} \cdot g}$ | |
| $\varrho_{Fl}$ Dichte der Flüssigkeit | (z. B.) $\frac{kg}{dm^3}, \frac{kg}{m^3}$ | | |
| $g$ Fall-/Erdbeschleunigung | $\frac{m}{s^2}$ | $F_G = V_K \cdot \varrho_K \cdot g$ | |
| $F_{GFL}$ Gewichtskraft der verdrängten Flüssigkeit | (z. B.) N, kN | $V_K = \frac{F_G}{\varrho_K \cdot g}$ $\quad \varrho_K = \frac{F_G}{V_K \cdot g}$ | $F_A < F_G \rightarrow$ Sinken |
| $F_G$ Gewichtskraft des Körpers | (z. B.) N, kN | | $F_A = F_G \rightarrow$ Schweben |
| $V_K$ Volumen des Körpers | (z. B.) l, $m^3$ | | $F_A > F_G \rightarrow$ Steigen |
| $\varrho_K$ Dichte des Körpers | (z. B.) $\frac{kg}{dm^3}, \frac{kg}{m^3}$ | | |

**Beispiel**

$V_{Fl} = 0{,}02\,m^3 \quad \varrho_{Fl} = 1000 \frac{kg}{m^3}$

$g = 9{,}81 \frac{m}{s^2}$

$F_A = ?$

$$F_A = V_{Fl} \cdot \varrho_{Fl} \cdot g$$

$$F_A = 0{,}02\,m^3 \cdot 1000 \frac{kg}{m^3} \cdot 9{,}81 \frac{m}{s^2} = 196{,}2 \frac{\cancel{m^3} \cdot kg \cdot m}{\cancel{m^3} \cdot s^2} = 196{,}2 \frac{kg \cdot m}{s^2} = \underline{\underline{196{,}2\,N}}$$

## Kolbenkraft 1

| Abbildung | Formel / Formelumstellung | Formelzeichen / Einheiten |
|---|---|---|
| **Kolbendruckkraft beim Ausfahren des Kolbens**<br>$A_1$, $p_e$, $F$, $D$ | $F = p_e \cdot A_1 \cdot \eta$ <br> $F = \frac{p_e \cdot D^2 \cdot \pi \cdot \eta}{4}$ <br> $p_e = \frac{F}{A_1 \cdot \eta}$ <br> $p_e = \frac{4 \cdot F}{D^2 \cdot \pi \cdot \eta}$ <br> $A_1 = \frac{F}{p_e \cdot \eta}$ <br> $D = \sqrt{\frac{4 \cdot F}{p_e \cdot \pi \cdot \eta}}$ <br> $A_1 = \frac{D^2 \cdot \pi}{4}$ <br> $D = \sqrt{\frac{A_1 \cdot \pi}{4}}$ | $F$ Kolbenkraft (z. B.) N, kN<br>$p_e$ Überdruck (z. B.) bar, $\frac{N}{cm^2}$<br>$A_1$ Kolbenfläche (z. B.) $mm^2$, $cm^2$<br>$D$ Kolbendurchmesser (z. B.) mm, cm<br>$\eta$ Wirkungsgrad des Zylinders<br><br>$1\ Pa = 1\frac{N}{m^2} = 0{,}01\ mbar$<br>$1\ bar = 10\frac{N}{cm^2} = 0{,}1\frac{N}{mm^2} = 10^5\ Pa$<br>$10\ bar = 1\frac{N}{mm^2} = 100\frac{N}{cm^2} = 1\ MPa$ |

**Beispiel**

$p_e = 8\ bar$

$A_1 = 12{,}57\ cm^2$

$\eta = 0{,}95$

$F = ?$

$$F = p_e \cdot A_1 \cdot \eta$$

$$F = 80\ \frac{N}{cm^2} \cdot 12{,}57\ cm^2 \cdot 0{,}95 = 955{,}32\ \frac{N \cdot \cancel{cm^2}}{\cancel{cm^2}} = \underline{\underline{955{,}32\ N}}$$

$8\ bar = 80\frac{N}{cm^2}$

## Kolbenkraft 2

| Formelzeichen / Einheiten | | | Formel / Formelumstellung | Abbildung |
|---|---|---|---|---|
| $F$ | Kolbenkraft | (z. B.) N, kN | $F = p_e \cdot A_2 \cdot \eta$ | **Kolbenkraft beim Einfahren des Kolbens** |
| $p_e$ | Überdruck | (z. B.) bar, $\frac{N}{cm^2}$ | $p_e = \frac{F}{A_2 \cdot \eta}$ | 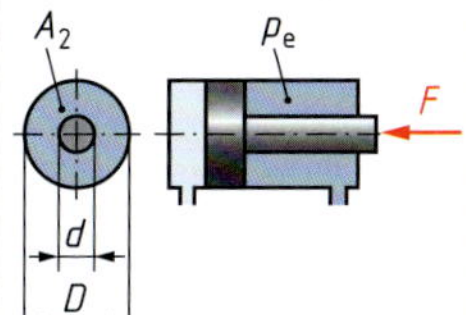 |
| $A_2$ | Kolbenfläche (wirksame Kreisringfläche) | (z. B.) mm², cm² | $A_2 = \frac{F}{p_e \cdot \eta}$ | |
| $D$ | Kolbendurchmesser | (z. B.) mm, cm | $A_2 = \frac{(D^2 - d^2) \cdot \pi}{4}$ | |
| $d$ | Kolbenstangendurchmesser | (z. B.) mm, cm | $F = \frac{p_e \cdot (D^2 - d^2) \cdot \pi \cdot \eta}{4}$ | |
| $\eta$ | Wirkungsgrad des Zylinders | | $p_e = \frac{F \cdot 4}{(D^2 - d^2) \cdot \pi \cdot \eta}$ | |
| | | | $D = \sqrt{\frac{F \cdot 4}{p_e \cdot \pi \cdot \eta} + d^2}$ | |
| | | | $d = \sqrt{D^2 - \frac{F \cdot 4}{p_e \cdot \pi \cdot \eta}}$ | |

$1\,Pa = 1\,\frac{N}{m^2} = 0{,}01\,mbar$

$1\,bar = 10\,\frac{N}{cm^2} = 0{,}1\,\frac{N}{mm^2} = 10^5\,Pa$

$10\,bar = 1\,\frac{N}{mm^2} = 100\,\frac{N}{cm^2} = 1\,MPa$

**Beispiel**

$p_e = 10\,bar$

$A_2 = 10\,cm^2$

$\eta = 0{,}92$

$F = ?$

$$F = p_e \cdot A_2 \cdot \eta$$

$$F = 100\,\frac{N}{cm^2} \cdot 10\,cm^2 \cdot 0{,}92 = 920\,\frac{N \cdot \cancel{cm^2}}{\cancel{cm^2}} = \underline{\underline{920\,N}}$$

$10\,bar = 100\,\frac{N}{cm^2}$



5

## Hydraulische Presse 1

| Abbildung | Formel / Formelumstellung | Formelzeichen / Einheiten |
|---|---|---|
| **Hydraulische Presse**<br>$F_1$ $F_2$ $s_2$ $A_1$ $A_2$ $s_1$ Druckkolben Arbeitskolben $p_e$ | $\frac{F_2}{F_1} = \frac{A_2}{A_1} = \frac{s_1}{s_2}$<br><br>**Kraft-Fläche-Beziehung:**<br>$\frac{F_1}{A_1} = \frac{F_2}{A_2}$<br>$F_1 = \frac{F_2 \cdot A_1}{A_2}$ $F_2 = \frac{F_1 \cdot A_2}{A_1}$<br>$A_1 = \frac{F_1 \cdot A_2}{F_2}$ $A_2 = \frac{F_2 \cdot A_1}{F_1}$<br><br>**Kraft-Weg-Beziehung:**<br>$F_1 \cdot s_1 = F_2 \cdot s_2$<br>$F_1 = \frac{F_2 \cdot s_2}{s_1}$ $F_2 = \frac{F_1 \cdot s_1}{s_2}$<br>$s_1 = \frac{F_2 \cdot s_2}{F_1}$ $s_2 = \frac{F_1 \cdot s_1}{F_2}$ | $F_1$ Kraft am Druckkolben (z. B.) N, kN<br>$F_2$ Kraft am Arbeitskolben (z. B.) N, kN<br>$A_1$ Fläche des Druckkolbens (z. B.) $mm^2$, $cm^2$<br>$A_2$ Fläche des Arbeitskolbens (z. B.) $mm^2$, $cm^2$<br>$s_1$ Weg des Druckkolbens (z. B.) mm, cm<br>$s_2$ Weg des Arbeitskolbens (z. B.) mm, cm<br>$p_e$ Überdruck (z. B.) bar, $\frac{N}{cm^2}$<br><br>$1\,Pa = 1\,\frac{N}{m^2} = 0{,}01\,mbar$<br>$1\,bar = 10\,\frac{N}{cm^2} = 0{,}1\,\frac{N}{mm^2} = 10^5\,Pa$<br>$10\,bar = 1\,\frac{N}{mm^2} = 100\,\frac{N}{cm^2} = 1\,MPa$ |

**Beispiel**

$F_2 = 1000\,N$

$A_1 = 300\,mm^2$

$A_2 = 1500\,mm^2$

$F_1 = ?$

$$F_1 = \frac{F_2 \cdot A_1}{A_2}$$

$$F_1 = \frac{1000\,N \cdot 300\,mm^2}{1500\,mm^2} = 200\,\frac{N \cdot \cancel{mm^2}}{\cancel{mm^2}} = \underline{\underline{200\,N}}$$

5

## Hydraulische Presse 2

| Formelzeichen / Einheiten | | | Formel / Formelumstellung | Abbildung |
|---|---|---|---|---|
| $F_1$ | Kraft am Druckkolben | (z. B.) N, kN | **Fläche-Weg-Beziehung:** | **Hydraulische Presse** |
| $F_2$ | Kraft am Arbeitskolben | (z. B.) N, kN | $A_1 \cdot s_1 = A_2 \cdot s_2$ | 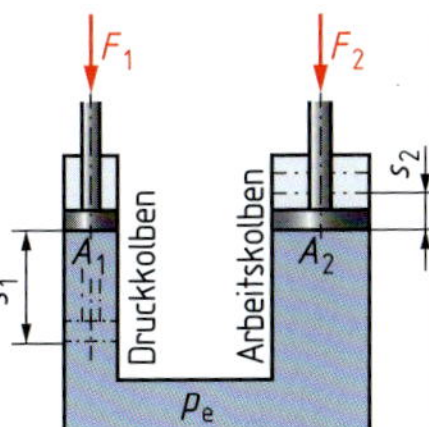  |
| $A_1$ | Fläche des Druckkolbens | (z. B.) mm², cm² | $A_1 = \frac{A_2 \cdot s_2}{s_1}$ $\quad A_2 = \frac{A_1 \cdot s_1}{s_2}$ | |
| $A_2$ | Fläche des Arbeitskolbens | (z. B.) mm², cm² | $s_1 = \frac{A_2 \cdot s_2}{A_1}$ $\quad A_2 = \frac{A_1 \cdot s_1}{s_2}$ | |
| $s_1$ | Weg des Druckkolbens | (z. B.) mm, cm | **Übersetzungsverhältnis:** | |
| $s_2$ | Weg des Arbeitskolbens | (z. B.) mm, cm | $i = \frac{F_1}{F_2}$ $\quad i = \frac{s_2}{s_1}$ $\quad i = \frac{A_1}{A_2}$ | |
| $i$ | hydraulisches Übersetzungsverhältnis | | $F_1 = i \cdot F_2$ $\quad s_1 = \frac{s_2}{i}$ $\quad A_1 = i \cdot A_2$ | |
| $p_e$ | Überdruck | (z. B.) bar, $\frac{\text{N}}{\text{cm}^2}$ | $F_2 = \frac{F_1}{i}$ $\quad s_2 = i \cdot s_1$ $\quad A_2 = \frac{A_1}{i}$ | |

$$1\,\text{Pa} = 1\,\frac{\text{N}}{\text{m}^2} = 0{,}01\,\text{mbar}$$

$$1\,\text{bar} = 10\,\frac{\text{N}}{\text{cm}^2} = 0{,}1\,\frac{\text{N}}{\text{mm}^2} = 10^5\,\text{Pa}$$

$$10\,\text{bar} = 1\,\frac{\text{N}}{\text{mm}^2} = 100\,\frac{\text{N}}{\text{cm}^2} = 1\,\text{MPa}$$

**Beispiel**

$A_2 = 1600\,\text{mm}^2$

$s_1 = 75\,\text{mm}$

$s_2 = 12\,\text{mm}$

$A_1 = ?$

$$A_1 = \frac{A_2 \cdot s_2}{s_1}$$

$$A_1 = \frac{1600\,\text{mm}^2 \cdot 12\,\text{mm}}{75\,\text{mm}} = 256\,\frac{\text{mm}^2 \cdot \cancel{\text{mm}}}{\cancel{\text{mm}}} = \underline{\underline{256\,\text{mm}^2}}$$

## Durchflussgeschwindigkeit, Kontinuitätsgleichung

| Abbildung | Formel / Formelumstellung | | Formelzeichen / Einheiten |
|---|---|---|---|
| **Durchflussgeschwindigkeit, Kontinuitätsgleichung** | $Q_1 = Q_2$ | | $Q_1$ Volumenstrom 1 (z. B.) $\frac{cm^3}{s}$, $\frac{dm^3}{s}$ |
| 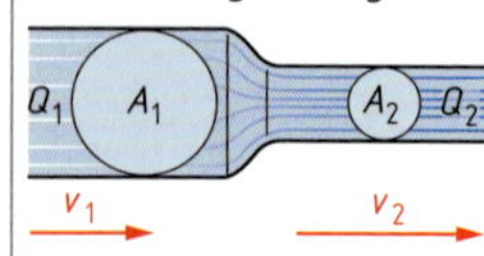  | $Q_1 = A_1 \cdot v_1$ | $Q_2 = A_2 \cdot v_2$ | $Q_2$ Volumenstrom 2 (z. B.) $\frac{cm^3}{s}$, $\frac{dm^3}{s}$ |
| | $A_1 = \frac{Q_1}{v_1}$ | $A_2 = \frac{Q_2}{v_2}$ | $A_1$ Querschnittsfläche 1 (z. B.) $mm^2$, $cm^2$ |
| | $v_1 = \frac{Q_1}{A_1}$ | $v_2 = \frac{Q_2}{A_2}$ | $A_2$ Querschnittsfläche 2 (z. B.) $mm^2$, $cm^2$ |
| | $A_1 \cdot v_1 = A_2 \cdot v_2$ | | $v_1$ Strömungsgeschwindigkeit 1 (z. B.) $\frac{m}{s}$ |
| | $A_1 = \frac{A_2 \cdot v_2}{v_1}$ | $A_2 = \frac{A_1 \cdot v_1}{v_2}$ | $v_2$ Strömungsgeschwindigkeit 2 (z. B.) $\frac{m}{s}$ |
| | $v_1 = \frac{A_2 \cdot v_2}{A_1}$ | $v_2 = \frac{A_1 \cdot v_1}{A_2}$ | |

**Beispiel**

$A_1 = 0{,}5\,m^2$

$v_1 = 10\,\frac{m}{s}$

$Q_1 = ?$

$$Q_1 = A_1 \cdot v_1$$

$$Q_1 = 0{,}5\,m^2 \cdot 10\,\frac{m}{s} = 5\,\frac{m^2 \cdot m}{s} = 5\,\frac{m^3}{s}$$

5

## Kolbengeschwindigkeit, Hydraulik

| Formelzeichen / Einheiten | | | Formel / Formelumstellung | Abbildung |
|---|---|---|---|---|
| $Q_1$ | Volumenstrom beim Ausfahren | (z. B.) $\frac{mm^3}{s}, \frac{dm^3}{s}$ | **Ausfahren des Zylinders**<br>$v_1 = \frac{Q_1}{A_1}$ $\quad Q_1 = v_1 \cdot A_1$ $\quad A_1 = \frac{Q_1}{v_1}$<br>$A_1 = \frac{D^2 \cdot \pi}{4}$ $\quad D = \sqrt{\frac{A_1 \cdot \pi}{4}}$ | **Kolbengeschwindigkeit** |
| $Q_2$ | Volumenstrom beim Einfahren | (z. B.) $\frac{mm^3}{s}, \frac{dm^3}{s}$ | **Einfahren des Zylinders**<br>$v_2 = \frac{Q_2}{A_2}$ $\quad Q_2 = v_2 \cdot A_2$ $\quad A_2 = \frac{Q_2}{v_2}$<br>$A_2 = \frac{(D^2 - d^2) \cdot \pi}{4}$<br>$D = \sqrt{\frac{4 \cdot A_2}{\pi} + d^2}$<br>$d = \sqrt{D^2 - \frac{4 \cdot A_2}{\pi}}$ | |
| $A_1$ | Kolbenfläche | (z. B.) $mm^2$, $cm^2$ | | |
| $A_2$ | Kolbenfläche (wirksame Kreisringfläche) | (z. B.) $mm^2$, $cm^2$ | | |
| $D$ | Kolbendurchmesser | (z. B.) mm, cm | | |
| $d$ | Kolbenstangendurchmesser | (z. B.) mm, cm | | |
| $v_1$ | Kolbengeschwindigkeit (beim Ausfahren des Kolbens) | (z. B.) $\frac{m}{s}$ | | |
| $v_2$ | Kolbengeschwindigkeit (beim Einfahren des Kolbens) | (z. B.) $\frac{m}{s}$ | | |

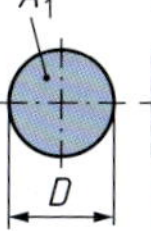


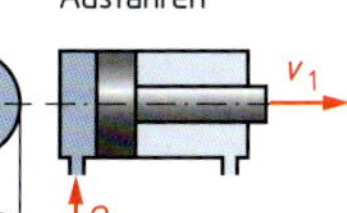


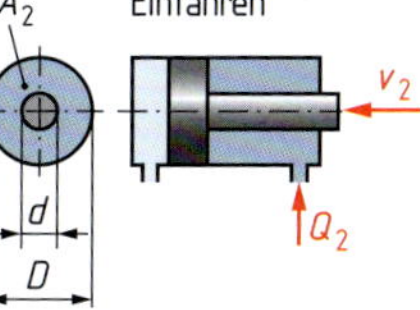


**Beispiel**

$Q_1 = 10 \frac{l}{min}$

$A_1 = 3{,}14\,cm^2$

$v_1 = ?$

$$v_1 = \frac{Q_1}{A_1}$$

$$v_1 = \frac{10 \frac{dm^3}{min}}{0{,}0314\,dm^2} = 318{,}5 \frac{dm^3}{dm^2 \cdot min} = 318{,}5 \frac{dm}{min} = 31{,}9 \frac{m}{min} = \underline{\underline{0{,}53 \frac{m}{s}}}$$

## Pumpenleistung, Hydraulik

| Abbildung | Formel / Formelumstellung | Formelzeichen / Einheiten |
|---|---|---|
| **Pumpenleistung, Hydraulik**<br>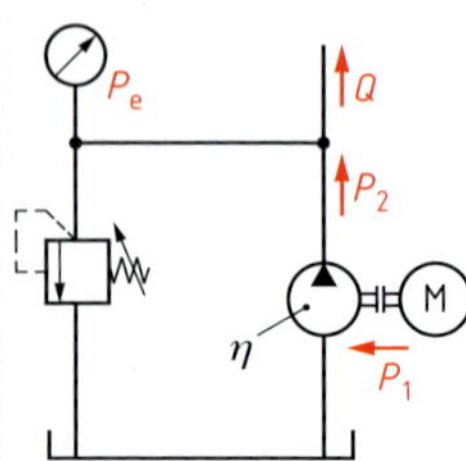 | **Zugeführte Leistung:**<br>$P_1 = M \cdot 2 \cdot \pi \cdot n$<br>$M = \frac{P_1}{2 \cdot \pi \cdot n}$ $n = \frac{P_1}{M \cdot 2 \cdot \pi}$<br>(**Zahlenwertgleichung:** $M$ ist in **N · m** und $n$ in $\frac{1}{\text{min}}$ einzusetzen. Das Ergebnis ergibt $P$ in **kW**.)<br>$P_1 = \frac{M \cdot n}{9550}$ $M = \frac{P_1 \cdot 9550}{n}$ $n = \frac{P_1 \cdot 9550}{M}$<br>**Abgegebene Leistung:**<br>(**Zahlenwertgleichung:** $Q$ ist in $\frac{\text{l}}{\text{min}}$, $p_e$ in **bar** einzusetzen. Das Ergebnis ergibt $P$ in **kW**.)<br>$P_2 = \frac{Q \cdot p_e}{600}$ $Q = \frac{P_2 \cdot 600}{p_e}$ $p_e = \frac{P_2 \cdot 600}{Q}$<br>**Wirkungsgrad:**<br>$\eta = \frac{P_2}{P_1}$ $P_1 = \frac{P_2}{\eta}$ $P_2 = \eta \cdot P_1$ | $P_1$ zugeführte Leistung (an der Pumpenantriebswelle) kW<br>$P_2$ abgegebene Leistung (am Pumpenausgang) kW<br>$M$ Drehmoment N · m<br>$n$ Umdrehungsfrequenz (Drehzahl) $\frac{1}{\text{min}}$<br>$p_e$ Überdruck bar<br>$Q$ Volumenstrom $\frac{\text{l}}{\text{min}}, \frac{\text{dm}^3}{\text{min}}$<br>$\eta$ Wirkungsgrad der Pumpe<br><br>In den Zahlenwertgleichungen sind „9550“ und „600“ Umrechnungsfaktoren. Ein Umrechnen der Einheiten entfällt, sofern ausschließlich die vorgegebenen Einheiten verwendet werden (siehe Formel).<br><br>$1\,\text{Pa} = 1\,\frac{\text{N}}{\text{m}^2} = 0{,}01\,\text{mbar}$<br>$1\,\text{bar} = 10\,\frac{\text{N}}{\text{cm}^2} = 0{,}1\,\frac{\text{N}}{\text{mm}^2} = 10^5\,\text{Pa}$<br>$10\,\text{bar} = 1\,\frac{\text{N}}{\text{mm}^2} = 100\,\frac{\text{N}}{\text{cm}^2} = 1\,\text{MPa}$ |

**Beispiel**

$Q = 50\,\frac{\text{l}}{\text{min}}$

$p_e = 120\,\text{bar}$

$P_2 = ?$

$$P_2 = \frac{Q \cdot p_e}{600}$$

$$P_2 = \frac{50\,\frac{\text{l}}{\text{min}} \cdot 120\,\text{bar}}{600} = \underline{\underline{10\,\text{kW}}}$$

5

## Druckübersetzer, Hydraulik

| Formelzeichen / Einheiten | | | Formel / Formelumstellung | Abbildung |
|---|---|---|---|---|
| $p_{e1}$ | Überdruck im großen Zylinder | (z. B.) bar, $\frac{N}{cm^2}$ | $p_{e1} \cdot A_1 \cdot \eta = p_{e2} \cdot A_2$ | **Druckübersetzer, Hydraulik** |
| $p_{e2}$ | Überdruck im kleinen Zylinder | (z. B.) bar, $\frac{N}{cm^2}$ | $p_{e1} = \frac{p_{e2} \cdot A_2}{A_1 \cdot \eta}$ | |
| $A_1$ | große Kolbenfläche | (z. B.) mm², cm² | $p_{e2} = \frac{p_{e1} \cdot A_1 \cdot \eta}{A_2}$ | |
| $A_2$ | kleine Kolbenfläche | (z. B.) mm², cm² | $A_1 = \frac{p_{e2} \cdot A_2}{p_{e1} \cdot \eta}$ | |
| $\eta$ | Wirkungsgrad des Druckübersetzers | | $A_2 = \frac{p_{e1} \cdot A_1 \cdot \eta}{p_{e2}}$ | |
| | | | $\eta = \frac{p_{e2} \cdot A_2}{p_{e1} \cdot A_1}$ | |



$$1\,\text{Pa} = 1\,\frac{N}{m^2} = 0{,}01\,\text{mbar}$$

$$1\,\text{bar} = 10\,\frac{N}{cm^2} = 0{,}1\,\frac{N}{mm^2} = 10^5\,\text{Pa}$$

$$10\,\text{bar} = 1\,\frac{N}{mm^2} = 100\,\frac{N}{cm^2} = 1\,\text{MPa}$$

**Beispiel**

$p_{e1} = 10\,\text{bar}$

$A_1 = 180\,\text{cm}^2$

$A_2 = 8\,\text{cm}^2$

$\eta = 0{,}92$

$p_{e2} = ?$

$$p_{e2} = \frac{p_{e1} \cdot A_1 \cdot \eta}{A_2}$$

$$p_{e2} = \frac{10\,\text{bar} \cdot 180\,\text{cm}^2 \cdot 0{,}92}{8\,\text{cm}^2} = 207\,\frac{\text{bar} \cdot \cancel{\text{cm}^2}}{\cancel{\text{cm}^2}} = \underline{\underline{207\,\text{bar}}}$$

## Luftverbrauch Pneumatik

| Abbildung | Formel / Formelumstellung | Formelzeichen / Einheiten |
|---|---|---|
| **Einfachwirkender Zylinder**<br>s<br>A $p_e$ $p_{amb}$ | $Q = A \cdot s \cdot n \cdot \frac{p_e + p_{amb}}{p_{amb}}$<br>$s = \frac{Q \cdot p_{amb}}{A \cdot n \cdot (p_e + p_{amb})}$<br>$n = \frac{Q \cdot p_{amb}}{A \cdot s \cdot (p_e + p_{amb})}$<br>$A = \frac{Q \cdot p_{amb}}{s \cdot n \cdot (p_e + p_{amb})}$ | $Q$ Luftverbrauch (z. B.) $\frac{dm^3}{min}$<br>$s$ Hublänge (z. B.) mm<br>$n$ Hubzahl (z. B.) $\frac{1}{min}$<br>$A$ Kolbenfläche (z. B.) $mm^2$, $cm^2$<br>$p_e$ Überdruck (excedens, überschreitend) (z. B.) bar<br>$p_{amb}$ Luftdruck (ambient, umgebend) (z. B.) bar<br><br>$1\,Pa = 1\,\frac{N}{m^2} = 0{,}01\,mbar$<br>$1\,bar = 10\,\frac{N}{cm^2} = 0{,}1\,\frac{N}{mm^2} = 10^5\,Pa$<br>$10\,bar = 1\,\frac{N}{mm^2} = 100\,\frac{N}{cm^2} = 1\,MPa$<br>$p_{amb} = 1{,}013\,bar \approx 1\,bar$ |

**Beispiel**

$s = 150\,mm$

$n = 100\,\frac{1}{min}$

$A = 12{,}6\,cm^2$

$p_e = 8\,bar$

$p_{amb} = 1\,bar$ $Q = ?$

$$Q = A \cdot s \cdot n \cdot \frac{p_e + p_{amb}}{p_{amb}}$$

$$Q = 12{,}6\,cm^2 \cdot 15\,cm \cdot 100\,\frac{1}{min} \cdot \frac{8\,bar + 1\,bar}{1\,bar} = 170100\,\frac{cm^2 \cdot cm \cdot (\cancel{bar} + \cancel{bar})}{min \cdot \cancel{bar}} = 170100\,\frac{cm^3}{min}$$

$$= 170{,}1\,\frac{dm^3}{min} = \underline{\underline{170{,}1\,\frac{l}{min}}}$$

5

## Luftverbrauch Pneumatik

| Formelzeichen / Einheiten | | | Formel / Formelumstellung | Abbildung |
|---|---|---|---|---|
| $Q$ | Luftverbrauch | (z. B.) $\frac{dm^3}{min}$ | $Q \approx 2 \cdot A \cdot s \cdot n \cdot \frac{p_e + p_{amb}}{p_{amb}}$ | **Doppelt wirkender Zylinder** |
| $s$ | Hublänge | (z. B.) mm | $s \approx \frac{Q \cdot p_{amb}}{2 \cdot A \cdot n \cdot (p_e + p_{amb})}$ | 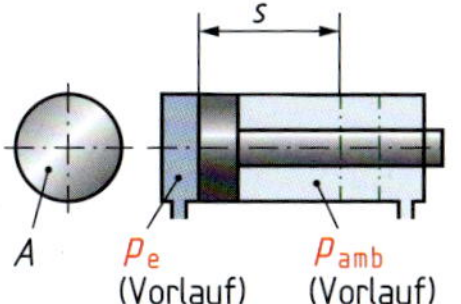  |
| $n$ | Hubzahl | (z. B.) $\frac{1}{min}$ | $n \approx \frac{Q \cdot p_{amb}}{2 \cdot A \cdot s \cdot (p_e + p_{amb})}$ | |
| $A$ | Kolbenfläche | (z. B.) $mm^2$, $cm^2$ | $A \approx \frac{Q \cdot p_{amb}}{2 \cdot s \cdot n \cdot (p_e + p_{amb})}$ | |
| $p_e$ | Überdruck (excedens, überschreitend) | (z. B.) bar | | |
| $p_{amb}$ | Luftdruck (ambient, umgebend) | (z. B.) bar | | |

$1\,\text{Pa} = 1\,\frac{N}{m^2} = 0{,}01\,\text{mbar}$

$1\,\text{bar} = 10\,\frac{N}{cm^2} = 0{,}1\,\frac{N}{mm^2} = 10^5\,\text{Pa}$

$10\,\text{bar} = 1\,\frac{N}{mm^2} = 100\,\frac{N}{cm^2} = 1\,\text{MPa}$

$p_{amb} = 1{,}013\,\text{bar} \approx 1\,\text{bar}$

**Beispiel**

$s = 100\,\text{mm}$

$n = 180\,\frac{1}{min}$

$A = 8\,cm^2$

$p_e = 10\,\text{bar}$

$p_{amb} = 1\,\text{bar}$ $\quad Q = ?$

$$Q \approx 2 \cdot A \cdot s \cdot n \cdot \frac{p_e + p_{amb}}{p_{amb}}$$

$$Q \approx 2 \cdot 8\,cm^2 \cdot 10\,cm \cdot 180\,\frac{1}{min} \cdot \frac{10\,\text{bar} + 1\,\text{bar}}{1\,\text{bar}} \approx 316\,800\,\frac{cm^2 \cdot cm \cdot (\cancel{bar} + \cancel{bar})}{min \cdot \cancel{bar}} \approx 316\,800\,\frac{cm^3}{min}$$

$$\approx 316{,}8\,\frac{dm^3}{min} \approx \underline{\underline{316{,}8\,\frac{l}{min}}}$$

## Griechisches Alphabet

| | | | | | | | | | | | | | | |
|---|---|---|---|---|---|---|---|---|---|---|---|---|---|---|
| Α | α | alpha | Ζ | ζ | zeta | Λ | λ | lambda | Π | π | pi | Φ | φ | phi |
| Β | β | beta | Η | η | eta | Μ | μ | mü | Ρ | ϱ | rho | Χ | χ | chi |
| Γ | γ | gamma | Θ | ϑ | theta | Ν | ν | nü | Σ | σ | sigma | Ψ | ψ | psi |
| Δ | δ | delta | Ι | ι | iota | Ξ | ξ | xi | Τ | τ | tau | Ω | ω | omega |
| Ε | ε | epsilon | Κ | κ | kappa | Ο | ο | omikron | Υ | υ | ypsilon | | | |

## Dezimale Vielfache

| Vorsatz | Vorsatzzeichen | Zehnerpotenz | Bedeutung | Beispiel |
|---|---|---|---|---|
| Tera | T | $10^{12}$ | Billionenfach | 1 Terawatt = 1 TW = 1 000 000 000 000 W |
| Giga | G | $10^{9}$ | Milliardenfach | 1 Gigawatt = 1 GW = 1 000 000 000 W |
| Mega | M | $10^{6}$ | Millionenfach | 1 Megawatt = 1 MW = 1 000 000 W |
| Kilo | k | $10^{3}$ | Tausendfach | 1 Kilowatt = 1 kW = 1 000 W |
| Hekto | h | $10^{2}$ | Hundertfach | 1 Hektowatt = 1 hW = 100 W |
| Deka | da | $10^{1}$ | Zehnfach | 1 Dekawatt = 1 daW = 10 W |

## Dezimale Teile

| Vorsatz | Vorsatzzeichen | Zehnerpotenz | Bedeutung | Beispiel |
|---|---|---|---|---|
| Dezi | d | $10^{-1}$ | Zehntel | 1 Deziwatt = 1 dW = 0,1 W |
| Zenti | c | $10^{-2}$ | Hundertstel | 1 Zentiwatt = 1 cW = 0,01 W |
| Milli | m | $10^{-3}$ | Tausendstel | 1 Milliwatt = 1 mW = 0,001 W |
| Mikro | µ | $10^{-6}$ | Millionstel | 1 Mikrowatt = 1 µW = 0,000 001 W |
| Nano | n | $10^{-9}$ | Milliardstel | 1 Nanowatt = 1 nW = 0,000 000 001 W |
| Piko | p | $10^{-12}$ | Billionstel | 1 Pikowatt = 1 pW = 0,000 000 000 001 W |

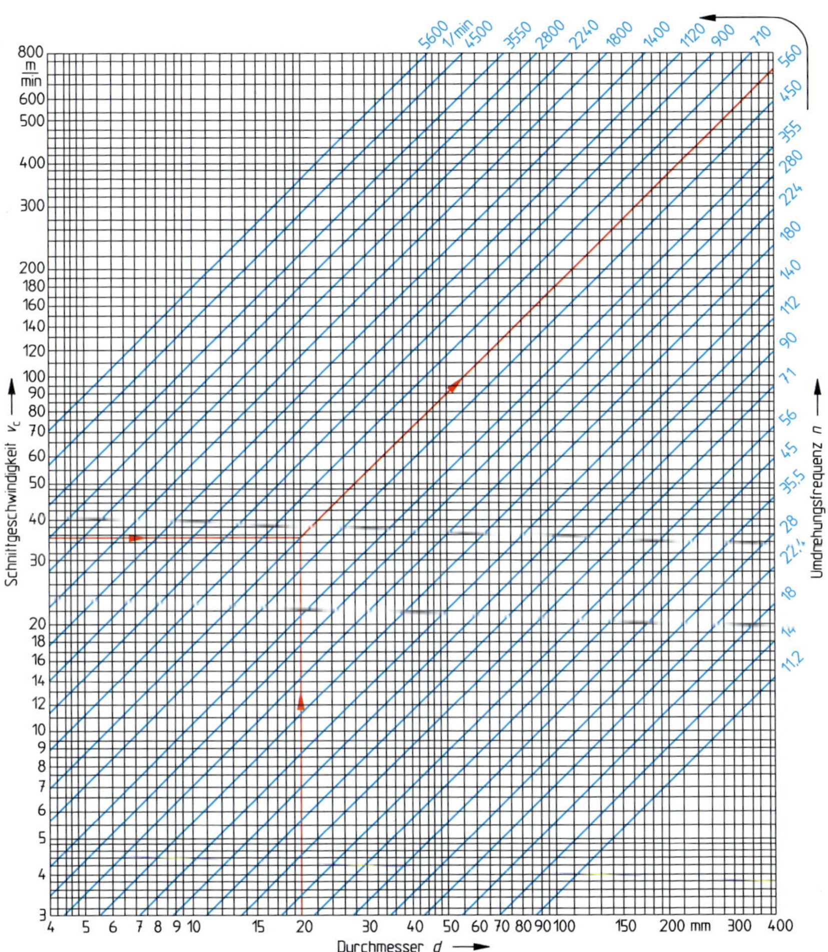


**Zusammenhang zwischen Umdrehungsfrequenz (Drehzahl), Durchmesser und Schnittgeschwindigkeit**

Die Beziehung $v_c = \pi \cdot d \cdot n$ kann grafisch dargestellt werden.

**Beispiel:**

$d = 20\,\text{mm}$, $v_c = 35\,\frac{\text{m}}{\text{min}}$

Am Treffpunkt der beiden Pfeile lässt sich die zugehörige Umdrehungsfrequenz $n = 560\,\frac{1}{\text{min}}$ ablesen. (Zwischenwerte werden geschätzt.)

# Sachwortverzeichnis

## Symbole



## A



## B



## C



## D



## E



## F



## G



## H

## I



## K



## L



## M



## N



## O



## P

## W



## Z

**Tabellenbuch für**
**Metalltechnik**
*von W. Dax, N. Drozd, W.-D. Gläser, G. Kotsch, B. Kumler, H. Laier, J. Slaby, A. Uhlemann, A. Weiß, K. Zeimer*
Bestell-Nr. **3291**

**Grundkenntnisse**
**Industrielle Metallberufe**
**Lernfelder 1–4**
*von R. Haffer, A. Becker-Kavan, G. van den Boom, F. Brandt, C. Braun, V. Lindner, M. Reusmann, E. Schulz, J. Timm*
Bestell-Nr. **3010**

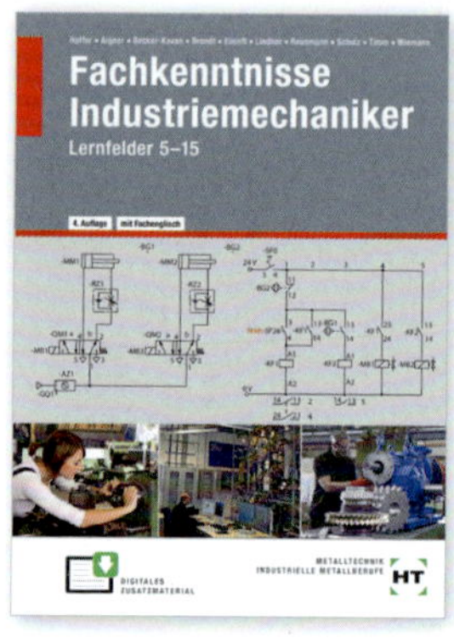


**Fachkenntnisse**
**Industriemechaniker**
**Lernfelder 5–15**
*von R. Haffer, H. Aigner, A. Becker-Kavan, F. Brandt, M. Einloft, V. Lindner, M. Reusmann, E. Schulz, J. Timm, A. Wiemann*
Bestell-Nr. **3017**

**Fachkenntnisse Zerspanungsmechaniker**
**Lernfelder 5–13**
*von R. Haffer, A. Becker-Kavan, M. Finloft, M. Reusmann, E. Schulz, B. Weihrauch*
Bestell-Nr. **3020**

**Fachkenntnisse Werkzeugmechaniker**
**Lernfelder 5–14**
*von R. Haffer, R. Hönmann, M. Lambrich, B. Weihrauch*
Bestell-Nr. **3026**

**Prüfungsbuch Metall- und Maschinentechnik**
*von P. Schultheiß*
Bestell-Nr. **3150**

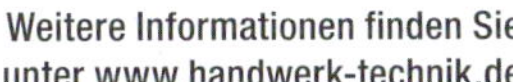